全球大气观测计划(GAW)第160号报告
世界气象组织第1251号

世界气象组织/全球大气观测计划(WMO/GAW)降水化学观测手册

——指南、数据质量目标和标准操作规程

GAW 降水化学科学顾问组 编著
张晓春 佘万明 潘志东 等 译

气象出版社
China Meteorological Press

图书在版编目(CIP)数据

世界气象组织/全球大气观测计划(WMO/GAW)降水化学观测手册:指南、数据质量目标和标准操作规程 / GAW 降水化学科学顾问组编著;张晓春等译. —北京:气象出版社,2020.12

ISBN 978-7-5029-7059-8

Ⅰ. ①世… Ⅱ. ①G… ②张… Ⅲ. ①降水化学-手册 Ⅳ. ①P426.61-62

中国版本图书馆 CIP 数据核字(2019)第 220260 号

Shijie Qixiang Zuzhi/Quanqiu Daqi Guance Jihua(WMO/GAW)Jiangshui Huaxue Guance Shouce
——Zhinan、Shuju Zhiliang Mubiao he Biaozhun Caozuo Guicheng

世界气象组织/全球大气观测计划(WMO/GAW)降水化学观测手册——指南、数据质量目标和标准操作规程

出版发行:气象出版社
地　　址:北京市海淀区中关村南大街 46 号　　邮政编码:100081
电　　话:010-68407112(总编室)　010-68408042(发行部)
网　　址:http://www.qxcbs.com　　E-mail:qxcbs@cma.gov.cn
责任编辑:王萃萃　　终　　审:吴晓鹏
责任校对:张硕杰　　责任技编:赵相宁
封面设计:楠竹文化
印　　刷:北京建宏印刷有限公司
开　　本:787 mm×1092 mm　1/16　　印　　张:15.5
字　　数:384 千字
版　　次:2020 年 12 月第 1 版　　印　　次:2020 年 12 月第 1 次印刷
定　　价:90.00 元

世界气象组织

声　明

WMO 出版物中使用的名称和本出版物中的材料的表述方式，并不代表 WMO 秘书处对各国、领土、城市或地区、当局的法律地位或对其边界划分的观点立场。

本出版物的纸质版本由世界气象组织根据要求提供。

GAW 降水化学科学顾问组

Karin Acker
Brandenburg Technical University Cottbus
Lehrstuhl Luftchemie und Luftreinhaltung
（Chair for Atmospheric Chemistry and Air Pollution Control）
Volmerstraße 13
D-12489 Berlin，Germany
Telephone：＋8-49-30-63925670
Email：*ack@btu-lc.fta-berlin.de*

Richard Artz
NOAA Air Resources Laboratory
1315 East West Highway
Silver Spring，MD 20910，USA
Telephone：＋1-301-713-0972
Email：*richard.artz@noaa.gov*

Van Bowersox
NADP Programme Office
2204 Griffith Drive
Champaign，IL 61820，USA
Telephone：＋1-217-333-7873
Email：*sox@sws.uiuc.edu*

Timothy Coleman
Atmospheric Sciences Research Centre
251 Fuller Road
Albany，NY 12203，USA
Telephone：＋1 518 437 8702
Email：*tlc@asrc.cestm.albany.edu*

Hiroshi Hara
Field Science Centre，
Tokyo University of Agriculture and
Technology（TUAT）
Saiwaicho 3-5-8，Fuchu，Tokyo 183-8509
Japan
Telephone：＋81-42-367-5818
Email：*harahrs@cc.tuat.ac.jp*

Alexey Ryaboshapko
Institute of Global Climate and Ecology
Glebovskaya str.，20-B
Moscow 107258，Russia
Telephone：＋7-095-160-58-67
Email：*agryaboshapko@mail.ru* or
alexey.ryaboshapko@msceast.org

Jan Schaug
Senior Scientist，Regional air pollution issues
Norwegian Institute for Air Research
P.O. Box 100，N-2007Kjeller，Norway
Telephone：＋47-63-89-81-56
Email：*Jan.Schaug@NILU.no*

Robert Vet
Environment Canada
Meteorological Service of Canada
4905 Dufferin Street
Toronto，Ontario，Canada M3H 5T4
Telephone：＋1-416-739-4853
Email：*robert.vet@ec.gc.ca*

SECRETARIAT：

Alexander Soudine

Leonard A. Barrie
Environment Division

致　谢

作者对以下组织和个人在本文件起草中提供的支持表示感谢：

• WMO全球大气观测计划，特别感谢John Miller博士、Alexandre Soudine博士和Leonard Barrie博士。

• 美国国家海洋大气局，特别是海洋和大气研究办公室、空气资源实验室和美国国家气象局。

• 加拿大环境部的加拿大气象局，特别感谢Bill Sukloff和Mike Shaw的努力和贡献。

• 美国国家环境保护局，研究和发展办公室和美国能源部对QA/SAC的慷慨支持。

• 弗吉尼亚大学环境科学系的Bill Keene教授，在有机酸测量方法和海盐硫酸盐贡献方面的技术支撑和编写工作。

• Volker Mohnen教授，纽约州立大学，奥尔巴尼分校。

• Jane Rothert，美国国家大气沉降计划，中心分析实验室，对于实验室分析方面提供的技术咨询。

• Wenche Aas，挪威大气研究所(NILU)。

• Yukiko Dokiya教授，日本江户川大学。

• Akira Nakamura先生，日本北海道大学。

• Izumi Noguchi先生，日本北海道环境科学研究所。

• Sinya Seto博士，日本广岛县公共卫生与环境科学研究所。

• 加拿大国家大气化学(NAtChem)数据库和加拿大环境部大气和降水监测网络(CAPMoN)提供了降水化学摘要统计表和现场记录表格。

译者前言

大气沉降是世界气象组织/全球大气观测计划(WMO/GAW)所关注的六个重点领域(气溶胶、温室气体、反应性气体、臭氧、紫外辐射、大气沉降)之一,它是地气系统物质交换的一种重要形式,是大气中存在的气体和颗粒物从大气中移除并沉降在地球表面的过程,包括干沉降和湿沉降。其中,湿沉降是指通过降水携带和冲刷使气体和颗粒物输送到地球表面的过程,它是一种高度集中于降水时段的快速传输过程。湿沉降过程一方面可以对空气进行净化,另一方面,空气中大量的有毒有害物质也可以通过降水沉降到地表,对生态系统造成不可逆转的影响和破坏,最为典型的代表就是众所熟知的"酸雨"现象。

降水化学则是研究大气降水中的化学组成,以及降水过程中化学成分的特性及其变化规律的科学。同时,降水化学也涉及天气、气候过程,在降水过程中,常常伴随着水汽的凝结、成核、增长、输送等物理、化学过程,并受到外部气象条件以及大气成分等因素的影响。而在降水到达地表后,其中所含的化学成分还将参与地表的物质平衡和循环过程。根据降水化学成分及其分布特征等变化趋势,可以了解到一个地区或区域的经济发展、能源消耗、大气污染的变化,并进而评估空气质量和生态环境质量等的优劣程度。因此,深入地了解降水的化学组成、酸的来源、变化特征、物理化学过程以及形成转化机理等,对于大气污染防治以及我国的生态文明建设等均具有重要的指导意义。

为确保各区域和国家机构在全球范围内所开展的降水化学观测具有一致性、可比性和准确性,并提高全球降水化学观测数据的质量,《世界气象组织/全球大气观测计划(WMO/GAW)降水化学观测手册——指南、数据质量目标和标准操作规程》以全球200多个监测站组成的全球降水化学观测网为基础,对WMO/GAW长期以来的降水化学运行、数据管理、实验室间比对结果和经验等进行了系统的总结,重点介绍了GAW降水化学观测的质量目标,观测站选址,代表性降水样品的采集、处理、储存,样品的化学分析,质量保证/质量控制以及数据管理等方面的内容和要求,每一章都附有参考文献,附录中也提供了与特定章节相关的详细资料,以期使读者能更好地理解和应用本手册。

鉴于降水化学观测工作在我国生态文明建设中的重要性,也为能对降水化学观测工作提供参考和指南,译者于2017年就开始着手准备《世界气象组织/全球大气观测计划(WMO/GAW)降水化学观测手册——指南、数据质量目标和标准操作规程》一书的翻译工作。同时,在翻译过程中,也经常浏览WMO降水化学观测网站,及时对部分章节的最新内容进行更新和编译。

参加本书编译工作的有9位同志,主要分工是:致谢、词汇表、单位和术语定义,贾小芳、纪翠玲;第1章,佘万明、纪翠玲;第2章,佘万明、纪翠玲;第3章,张晓春、佘万明、王垚;第4章,张晓春、潘志东、贾小芳、刘丽莎、王垚、柳世波、毛传林;第5章,纪翠玲、佘万明;第6章,纪翠玲、佘万明、张晓春、潘志东;附录A,张晓春、纪翠玲、佘万明、王垚;附录B,佘万明、纪翠玲；附录C，刘丽莎、贾小芳、柳世波、毛传林、王垚；附录D，佘万明、潘志东；附录E，刘丽莎、贾小芳；附录F，佘万明、纪翠玲；附录G，贾小芳、佘万明；附录H，贾小芳、刘丽莎。张晓春、佘万明、纪翠玲、潘志东负责对全书进行了校对补充、整理和审校。

在本书的编译、出版过程中，有关专家和工作人员付出了辛勤的劳动，在此特向参与翻译、编辑出版的各位专家和工作人员，表达诚挚的感激和谢意。

尽管译者从事酸雨和降水化学观测和业务管理等工作多年，但近年科学技术发展迅速，本书涉及面广，专业较多，译者颇感水平有限，加之时间紧迫，翻译疏漏欠妥之处恐难避免，尚望广大读者不吝赐教和指正。

译者

2019年10月

缩略语

AAS	原子吸收光谱法
ac	交流电
AC	自动比色法
ACS	美国化学学会
AES	原子发射光谱法
BDL	低于检测限
Ca^{2+}	钙离子
$CaCO_3$	碳酸钙
$CaSO_4$	硫酸钙
CAPMoN	加拿大大气和降水监测网络
$CHCl_3$	三氯甲烷,又称氯仿
CH_3COO^-	乙酸根离子
CH_3COOH	乙酸
Cl^-	氯离子
CoV	变异系数
CRM	认证标准物
CsCl	氯化铯
csv	逗号分隔值(计算机文件格式)
dc	直流电
DI	去离子
DL	检测限
DQO	数据质量目标
EANET	东亚酸沉降监测网络
EDL	电极放电灯
EMEP	欧洲大气污染物监测及远距离输送评估合作计划
F^-	氟离子
ftp	文件传输协议
GAW	全球大气观测计划

GAW-PC	全球大气观测降水化学计划
GFAA	石墨炉原子吸收光谱法
H^+	氢离子
HCl	盐酸
HCO_3^-	碳酸氢根离子,也称为碳酸氢盐离子
$HCOO^-$	甲酸根离子
HCOOH	甲酸
HDPE	高密度聚乙烯
HNO_3	硝酸
H_2O	水
HPICE-ASI	高效离子排斥色谱
H_2SO_4	硫酸
IC	离子色谱
ICP-AES	电感耦合等离子体原子发射光谱法
ICP-MS	电感耦合等离子体质谱法
IEC	离子排斥色谱
ISC	离子抑制柱
ISO	国际标准化组织
K^+	钾离子
KCl	氯化钾
KNO_3	硝酸钾
La_2O_3	氧化镧
Mg^{2+}	镁离子
MgO	氧化镁
$MgSO_4$	硫酸镁
Na^+	钠离子
NaCl	氯化钠
Na_2CO_3	碳酸钠
NADP	国家大气沉降计划(美国)
$NaCH_3COO$	醋酸钠
NaHCOO	甲酸钠
$NaHCO_3$	碳酸氢钠
$NaNO_3$	硝酸钠
Na_2SO_4	硫酸钠
NCDC	国家气候数据中心(美国)

NH_3	氨
NH_4^+	铵离子
NH_4Cl	氯化铵
NH_4NO_3	硝酸铵
NILU	挪威大气研究所
NIST	国家标准与技术研究所(美国)
NMHS	国家气象水文局
NO_2^-	亚硝酸根离子
NO_3^-	硝酸根离子
NSS sulphate	非海盐硫酸盐
pH	溶液酸度的度量,定义为氢离子浓度(以每升的摩尔数给出)的负对数:$pH=-\log_{10}[H^+]$
PO_4^{3-}	磷酸根离子(正磷酸盐)
POPs	持久性有机污染物
QA	质量保证
QAPjP	质量保证项目计划
QA/SAC	质量保证/科学活动中心
QC	质量控制
SD	标准偏差
SHF	样品历史登记表
SO_3^{2-}	亚硫酸根离子
SO_4^{2-}	硫酸根离子
SOP	标准操作规程
UNEP	联合国环境署
USA	美利坚合众国
UTC	世界时
UV	紫外线
WDC	世界数据中心
WDCPC	世界降水化学数据中心
WMO	世界气象组织

单　　位

℃	摄氏度
a	年
cm	厘米
d	天
g	克
$g \cdot m^{-2} \cdot a^{-1}$	克每平方米年
h	小时
kg	千克
$kg \cdot hm^{-2} \cdot a^{-1}$	千克每公顷年
km	千米
L	升
m	米
M	摩尔浓度[摩尔浓度是浓度的单位,定义为每升溶液中溶质的摩尔数]
mM	毫摩尔浓度
mg	毫克
$mg \cdot L^{-1}$	毫克每升
min	分钟
mL	毫升
mm	毫米
mol	摩尔,含有 6.02×10^{23} 个原子或分子的化学量
$m \cdot s^{-1}$	米每秒
N	当量浓度[当量浓度是浓度的单位,定义为每升溶液中溶质的克当量数]
pH	酸度的单位,定义为 $pH = -\log_{10}[H^+]$
p*Ka*	弱酸的平衡常数,定义为 $pKa = -\log_{10}(Ka)$,其中 Ka 表示目标物质的解离常数(在弱酸和碱的情况下通常称为解离常数)
t	吨(10^6 克)
μ	微(10^{-6})
$\mu eq \cdot L^{-1}$	微当量每升
μm	微米(10^{-6}米)
$\mu mol \cdot L^{-1}$	微摩尔每升
$\mu S \cdot cm^{-1}$	微西门子每厘米[通常用于电导率测量的单位]

术语定义

准确度	观测值与可接受的参考值间的一致程度。准确度包括随机误差和系统误差。
等分	对试样整体的代表比例。
分析物	将在化学分析中进行浓度测量的物质。
审计	系统评估，以确定管理、运行功能或活动的质量。
偏差	测量值与真实值间的持续正偏差或负偏差。在实践中，它表示同类样品的分析值和参考值之间的差值：偏差＝测量平均值－参考值。
空白样品	通过使用去离子水或化学基质（试剂）制备和处理，并在测量系统（采样和分析）中进行分析的人工制品。
盲样	提交分析的样品，提交者已知其构成和身份，但对分析人员来说是未知的样品。盲样用来测试实验室分析人员或实验室在执行测量过程中的熟练程度。
总体样品	整个采样期间持续暴露在大气中的样品。这种情况发生在采样期间，当样品容器在未降水期间打开，使得一些未知量的干沉降进入样品。由于干沉降过程受风速、温度、植被、地表类型和其他变量的影响，因此总体样品容器内的干沉降不能代表现场环境中的干沉降。由于总体沉降测量和单独的湿沉降测量间的差异，因而不可能准确地估算干沉降。
校准检查溶液	由已知离子浓度合成的或真实的降水样品，在每次分析运行中，用其对分析的性能进行独立检查。
认证值	证书上显示的报告标准物质性质的数值。
保管链	确保样品、数据和记录实体安全的全流程监管。
并行采样器	为评估样品采集的精密度，在相距 30 m 内布设的两个或多个降水化学采样器。
可比性	衡量测量方法和数据集相似的程度。
完整性	获得的有效数据量与预期数据的比值（即收集到的雨水样品数量与实际发生的雨水数量的比值），通常表示为百分比。
控制图表	关于时间或测量顺序的测试结果的图表，以及当系统处于统计控制状态时预期的限值（Taylor，1987）。

数据质量目标	测量程序和结果数据的既定质量目标。它可用一些术语衡量(即准确性、精确性、完整性、代表性和可比性),为检验是否满足需要,需要启动质量保证计划和质量控制程序。
去离子水空白	用来测试实验室或现场使用的去离子水是否污染的空白样品。新制的去离子水应具有等于或小于 0.05 $\mu S \cdot cm^{-1}$的电导率。非新制去离子水的可接受值电导率为电导率小于 1.5 $\mu S \cdot cm^{-1}$。
检测限(DL)	可以达到 99%置信度(或一些其他预定置信水平)的分析物的大于零的最小浓度。如果任何分析物浓度小于定义为 DL 的最小浓度,则认为该分析物浓度与零浓度无差异。这种分析物浓度称为低于检测极限浓度或 BDL。
干沉降	这个词有两个含义:首先,它是由于"空气表面"边界上的直接接触而使物质转移到下表面的过程,包括大气湍流扩散、吸附、吸收、撞击和重力沉降;导致露水或霜冻形成的水蒸气在表面上的凝结是另一种过程。干沉降也持续存在于降水过程中。干沉降过程受到下垫面类型(例如土壤、岩石、水、植物物种)和表面条件(例如湿度、叶面积、气孔开口)的影响,干沉降是下表面上沉降的物质质量(在单位时间内的单位面积上)。
复本	包括或有两个相同的样品或分析过程。
现场空白样品	当降水化学采样器安装后,在采样期结束时没有发生降水,将空白试样添加到降水样品采样器(桶、袋或漏斗、瓶和连接管)中。野外空白用于评估测量中的误差(采样和分析过程)。
四分位数范围	四分位数范围是一个强大的尺度估算方法,等于上下四分位数(第 25 和第 75 百分位数)之间的差异。对于常规样本,可以通过将四分位数范围除以 1.34898 来估计标准偏差。
Kimwipes™	用于清洁采样容器、实验室仪器和其他表面的纸巾的商品名。
Kleenex™	用于清洁采样容器、实验室仪器和其他表面的纸巾的商品名。
修正的中位数绝对偏差(M. MAD)	整个站网的精度,被定义为: $M.MAD=\frac{1}{0.6745}Median(\lvert x_i-Median(x_i)\rvert)$ 其中:x_i=目标变量。
降水覆盖率(%PCL)	观测期间(例如月份、季节、年份)降水发生的百分比。

总降水百分比(%TP)	与有效化学分析和有效样品采集相关的降水观测的完整性。
降水样品容器空白	在清洗容器之后且在采样之前,将去离子水加入降水采样容器后形成的样品。该空白用于评估容器清洁过程。
精密度	通过特定测量程序重复测量相同样品的一致程度,用与平均值的离差来表示。通常用样品组的样品标准偏差表示。总体精密度是完整的降水化学观测系统的精密度,包括现场采样和实验室分析。
质量保证(QA)	涉及规划、质量控制、报告和补救措施,以确保测量、数据、产品或服务符合规定的质量标准的系列综合活动。
质量保证/科学活动中心(QA/SAC)	WMO 建立并在 GAW 计划框架内运作的用于收集和分发环境观测数据的一系列国际中心。美洲 QA/SAC 位于美国纽约州奥尔巴尼,负责收集和分发 GAW-PC 数据。
质量控制(QC)	为了测量和控制产品或服务的质量,以满足用户需求的整个技术活动系统,目的是提供令人满意、充足、可靠和经济的质量。
标准物质	是一种已经充分确定具有一个或多个特性的物质,用于校准仪器、评估测量方法或给物质特性赋值。
重复测量	对目标样品进行两次或更多次有代表性的采样测量。重复分析用于评估分析精度。
代表性	表示群体数据准确和精确特征的程度,例如空间或时间代表性。
加标	已知质量的分析物,添加到样品中并用于确定回收效率或用于其他质量控制目的。
拆分样本	在整个实验室分析程序中,对同一个样品进行两个或多个单独部分相同处理。分析实验室分离样品对评估实验室程序相关的精度有益。
标准差	标准偏差是正态分布离散程度的量度,如下式所示: $$s=\sqrt{\frac{\sum_{i=1}^{n}(x_i-\overline{x})^2}{n-1}}$$ 其中: x=每个单独的数值; $\overline{x}$=所有数值的平均值; n=数值的个数。

标准操作规程(SOP)	一套规定下的操作、分析说明或实施的详细书面流程，并作为执行某些例行或重复任务的方法。
可追溯性	通过记录的标识跟踪历史、应用或位置的能力。为了校准，将测量设备可追溯到国家或国际标准、主要标准、基本物理常数或性质、参考物质。出于数据收集的目的，它将整个项目中产生的计算、数据与项目质量要求联系起来。
验证	为满足指定性能标准，系统地测定样品、测量方法或单位。
湿沉降(WD)	这个词有两个含义。首先，通过液相(水滴)和固相(冰晶)从大气中清除气体或颗粒的过程，该过程涉及通过云内的液滴/冰晶去除(云内清除)，以及通过降雨/雪花的去除(云下清除)。其次，湿沉降是物质在降水中从大气沉降到下表面的质量(在单位时间内沉降到单位面积)。

目　录

1 引言

本书为全球大气观测计划(GAW)降水化学和沉降观测提供指南。它描述了标准操作规程等,并为降水化学观测方法和观测过程提供指南。第1章描述了GAW降水化学和沉降观测的背景和目的,阐述了这些测量的质量目标。本章结尾概括了本书的大纲。

1.1 背景

大气沉降是人为活动产生或自然存在的气体和颗粒从大气中移除并沉积在地球表面的过程。当与降水相关时,它被定义为湿沉降。降水(American Meteorological Society,2000)包括在重力作用下大气中水蒸气凝结形成的任何沉降产物。降水的形式包括雨、雪、雨夹雪、冰雹和霰。当雾影响到地表或地表面结露时会发生其他形式的湿沉降,尽管重力不会控制这些形式的沉降。所有其他形式的沉降被定义为干沉降。总大气沉降包括湿沉降和干沉降。本手册主要介绍湿沉降,并聚焦于如何对降水量和化学成分进行有代表性的测量。没有对雾和露进行介绍。

全球大气观测计划(GAW)将大气沉降确定为“由于自然生态系统的酸化和富营养化,有毒物质和金属物质的生物累积,对生物地球化学循环、生物多样性、人类健康和全球气候变化产生影响的一个主要环境问题”。随着世界人口以及商品和服务需求与食品和能源安全要求的不断增长,这些问题的重要性日益增加。许多大气沉降的影响都与燃烧产物有关,尤其是在能源生产、陆地和海洋运输、工业生产、农作物生产和畜牧业中排放的硫和氮化合物。海盐也是沿海地区硫和其他主要离子的重要来源。测量碱性阳离子也是很重要的,以便充分评估超过酸化敏感生态系统能够承受但不会导致长期有害影响的酸沉降量的潜在影响。对气候变化、健康效应和生物地球化学循环的关注,已经拓展了所关注的污染物的集合,其中包括黑碳、碳化合物、磷、汞和其他有毒物质和金属。

关于大气沉降环境效应的背景资料在全球降水化学和沉降评估文献的引言部分(Vet et al.,2014)进行了总结,该评估是由21名科学家组成的国际小组在GAW科学顾问组(SAG-PC,现在是总大气沉降科学顾问组)的主持下完成的。评估的目的是为国际科学和政策界提供有关最佳可用的具有区域代表性的降水化学和大气沉降的数据和信息。评估的特性图表、表格和地图,主要用于给出全球范围内大气沉降的空间分布和时间趋势。在地理覆盖范围太稀疏的地区,则通过综合测量和模式预估来生成地图。评估的主要产品是有质量保证的离子浓度、湿沉降、干沉降估计值和模式结果的数据集。评估的数据集可通过世界降水化学数据中心的网站获取。图1.1是该评估中使用的台站分布图。

评估确定了湿沉降测量和监测中的一些重要需求:

1)致力于对所有主要离子进行长期、区域代表性的测量,以便综合评估全球的空间分布

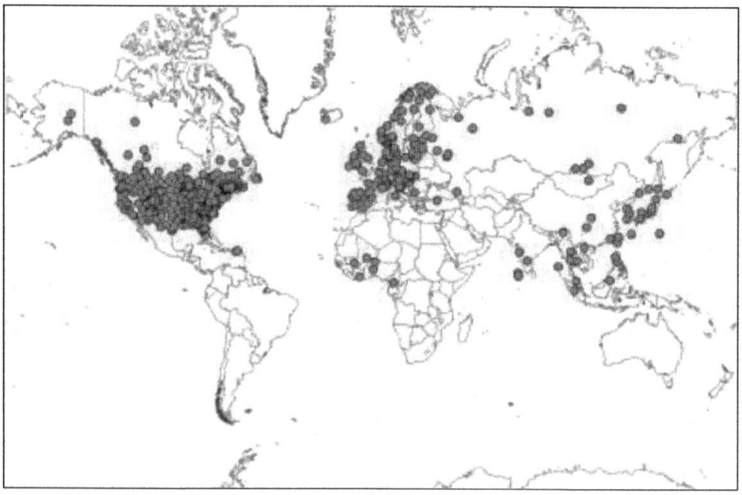

图 1.1　全球评估中使用 2005—2007 年数据的降水观测站分布

和时间变化趋势；

2)增加了数据稀疏地区沉降测量的地理覆盖范围，如南美洲、非洲大部分地区、亚洲、大洋洲以及北美洲部分地区等；

3)拓展了测量项目，包括了总氮(无机氮和有机氮)、总磷(正磷酸盐、可水解和有机的磷)和有机酸(甲酸盐、乙酸盐、草酸盐)；

4)采用了标准化的样品采集和化学分析方法，重点是可接受的数据质量目标。

本手册重点介绍了代表性降水样品的采集、处理、储存、样品的化学分析、质量保证/质量控制以及数据管理等的标准方法。

基本信息链接：

1) 世界气象组织：https://public.wmo.int/en；

2) 全球大气观测：https://public.wmo.int/en/programmes/global-atmosphere-watch-programme；

3) GAW 观测站信息系统：https://gawsis.meteoswiss.ch/GAWSISS/index.html#/；

4) GAW 总大气沉降计划：http://www.wmo.int/pages/prog/arep/gaw/precip_chem.html；

5) 美洲质量保证与科学活动中心：http://www.qasac-amerriicas.org/；

6) 世界降水化学数据中心：http://www.wdcpc.org；

7) 降水化学和沉降的全球评估：http://www.wdcpc.org/assessment：

①期刊文章

https://www.sciencedirect.com/science/article/pii/S1352231013008133? via%3Dihub；

②评估数据集

http://www.wdcpc.org/content/global-assessment-data-sets。

1.2 GAW降水化学和沉降观测的目标

1.2.1 运行

1)确保各区域和国家机构在全球范围内所实施的观测具有一致性。

2)协调GAW全球、区域、地方和贡献观测网络开展的降水化学和沉降测量,从而推进:

①数据质量目标的实施;

②降水样品的采集、处理和化学分析的标准操作规程和指南的使用;

③本文件中提出的质量控制/质量保证和数据管理实践的应用。

3)鼓励参加由质量保证科学活动中心组织的每半年一次的实验室间比对研究。

4)鼓励通过世界降水化学数据中心存档和发布降水化学和沉降数据。

5)继续鼓励致力于开展长期、区域代表性的所有主要离子的测量。

6)协助建设新的站点,特别是在数据稀少和代表性不足的地区,同时提供培训和能力建设的机会。

7)探索新的数据产品和促进数据使用的方法。

1.2.2 组织

1)寻求与其他GAW测量计划的联系。

2)寻求促进气体和气溶胶物质的联合测量,以支持进行干沉降的估算。

3)促进科学、教育、监管和规划群体用户使用降水化学和沉降数据。

1.2.3 研究支持

1)促进大气沉降的科学评估,特别是在全球和区域尺度上量化沉降模式和趋势。

2)为评估大气沉降对主要生态系统(如沿海和敏感地区)的影响和制定控制措施提供数据。

3)为评估模式和测量与模式融合方法提供数据。

4)鼓励对目前没有测量需求但具有科学价值的化学物质进行测量,例如总氮、总磷、有机酸、汞、黑碳、碳化合物、有毒物质和其他持久性有机污染物。

表1.1 本指南所涉及的化学测量

分析物	状态	优选方法	替代方法
硫酸盐、硝酸盐、氯化物	必需的	离子色谱(IC)	
氨	必需的	流动注射分析(FIA)	IC
钙、镁、钠、钾	必需的	电感耦合等离子体发射光谱	IC、火焰原子吸收
pH	必需的	电极	
电导率	必需的	电导池	
碳酸氢盐	必需的	IC(当pH>6时)	从pH计算
总氮	可选的	FIA(消解)	

续表

分析物	状态	优选方法	替代方法
总磷	可选的	FIA(消解)	
有机酸	可选的	IC	离子排斥色谱

1.2.4 数据质量目标

数据质量目标(DQOs)是建立和维持测量系统质量的基础。DQOs 是数据达到测量系统目标时可以被接受的总体不确定程度的声明。

GAW 降水化学测量的 DQOs 见表 A.1。几十年的降水化学测量和统计分析经验有助于形成这些 DQOs 的形式和数值。每一个参与的组织都有责任审核表 A.1 中的 DQOs,并调整他们 GAW 降水化学测量计划以达到或超过这里所列出的 DQOs。有关 DQOs 的进一步讨论见第 6 章。附录 A 详细描述了如何建立数据质量目标,以及参与的组织如何与数据质量目标进行比较并计算出他们自己的数据质量指标的方法。

1.3 关于本手册

本手册阐述了 GAW 降水化学和沉降观测的运行目标、观测站选址要求、现场和实验室操作规程、数据管理和质量保证等内容。本手册各章节旨在促进最新的测量方法、高水平的质量保证和质量控制程序、经过验证的仪器和高度一致的实验室技术的使用。术语表定义了本书使用的缩写词、度量单位和通用术语;每一章都附有参考文献。附录提供了与特定章节相关的详细资料,是本手册不可分割的部分。

本手册组织如下。

(1) 引言

- GAW 背景
- GAW 降水化学和沉降观测的目标
- 数据质量目标

(2) 选址

- 选址注意事项和要求
- 全球和区域观测站
- 站址文档

(3) 现场条款

- 样品采集和现场设施
- 现场仪器及日常检查和维护
- 采样周期
- 样品保存、处理和运输
- 现场空白
- 样品文档

(4) 实验室操作

- 分析和首选方法列表
- 样品处理、化学分析、校准控制和验证、重复性分析、空白、峰值回收率、稀释检查、质量控制图表和控制溶液等质量保证和质量控制
- 实验室数据有效性和报告
- 分析测量规程

(5) 数据管理

- 数据采集、报告、合并和格式化
- 数据提交至 QA/SAC、QA/SAC 数据质量保证程序
- 数据质量保证
- 数据分析
- 数据归档及分发

(6) 质量保证与质量控制

- QA/QC 目标
- 数据质量目标
- QA/QC 的各个方面，选址、现场、实验室和数据等

附录 A：数据质量目标和评估

附录 B：站点描述记录表

附录 C：质量控制溶液的准备

附录 D：共识标准和认证标准物质的资源

附录 E：利用离子平衡标注降水结果有效或无效：EMPA 提出的方法

附录 F：向 QA/SAC 提交 GAW 降水化学数据的指南

附录 G：台站注册登记表

附录 H：非海盐硫酸盐订证算法

参考文献

American Meteorological Society，2000. Glossary of Meteorology：Second edition [M/OL]. http://amsglossary. allenpress. com/glossary/search? id=precipitation1.

Vet R，Artz R S，Carou S，et al，2014. A global assessment of precipitation chemistry and deposition of sulfur，nitrogen，sea salt，base cations，organic acids，acidity and pH，and phosphorus[J]. Atmos Environ. Doi. org/10. 1016/j. atmosenv. 2013. 10. 060.

在本书中，国家气象水文局（NMHS）一词被确定为参与 GAW 降水化学计划的国家机构。NMHS 一词也可指其他已被指定为负责 GAW 的参与机构或组织。每个 NMHS 负责将本文件提供给其现场、实验室和数据管理人员，并在必要时将本报告翻译成其官方语言。

2 选址

本章描述了目前组成GAW降水化学观测的全球和区域观测站，说明了确定这些站点所应执行的标准和规范。同时，给出了降水化学采样器和雨/雪计现场安装指南，并给出了所需要的现场文件。

2.1 基本要求

站点环境特征会对降水样品的质量造成严重的影响。因此，选址是观测站网设计的一个关键部分。

GAW计划已在区域和全球站的基础上建立了观测指南。GAW降水化学观测计划进一步细化了降水化学观测的选址指南。虽然有时很难达到特定的选址标准，但是各国在选址方面仍有一定的自由度。如果将一个现有观测网络中的站点确定为GAW降水化学观测站，那么必须要非常仔细地评估这个站点是否能达到本章的选址标准。如果是希望找到一个新的站点，那么选址标准可以用来选择一个最好的站点。

2.2 站点分类

在GAW计划中，将观测站分为两类，可以进行包括降水在内的较为广泛的观测。

1)全球观测站：提供解决全球尺度的大气环境问题所需要的观测，例如气候变化、平流层臭氧耗损、对流层臭氧增加和大气氧化能力的变化等。全球观测站位于偏远地区，污染物的水平(背景)较低，可以代表较大区域的大气状态。

2)区域观测站：主要提供用以帮助评估全球大气环境问题中区域特征的观测数据，如酸性干湿沉降、污染物的长距离输送、生物地球化学循环、大气和海洋之间污染物的交换、生物燃烧、温室气体的生物源和汇，以及其他问题等。区域观测站不像全球观测站那样地处偏远地区，污染物处于中等水平，可以代表周围几百千米的区域。

贡献伙伴观测站：不是GAW计划的全球或区域观测站，但它仍向GAW世界数据中心提交观测数据。在本手册编写时，正在对贡献伙伴观测站进行定义，将在未来的GAW报告中对其进行描述。

2.3 站网密度

现行指南中对于GAW网络密度的要求是，在每个主要的气候带和每个主要的生物群落区应至少有一个全球观测站(例如，Bailey，1989；Bailey et al.，1986)，但目前这一目标还没有实现。

对于区域观测站而言，站网密度应能满足充分解决区域或国家所感兴趣的全球环境问题和环境难题的需求。

2.4 GAW观测站的选址标准

GAW计划为其全球和区域观测站建立了适用于较多组分测量（即，不仅仅是降水化学测量）的选址标准（WMO GAW Report No.99，1995）。尽管很难找到能够完全满足条件和长期观测的地点，但是这些选址标准已经建立了。一般而言，取决于观测的要素。

1）全球观测站最好位于偏远地区（如果可能的话，最好是原始地区），并且满足以下条件：

①在观测站周边各方向的一定范围内（30～50 km），预计土地的利用在至少50年内不会发生重大变化；远离主要的人口和工业中心；远离高速公路和机场。如果可能的话，可在岛屿、山脉和主要的森林保护区内。

②不要有频繁的火山爆发、森林火灾和沙尘暴等主要自然现象的影响。

③可以合理地假设观测站的环境空气完全不受当地污染源的影响，在一年中均匀分布且至少有60%的时间里几乎不受区域污染源的影响，并且来自于至少30～50 km远的源区的化学成分，经长距离输送后，仅有稀释后的残余部分到达观测站。

④开展全面的地面气象观测。

2）区域观测站应位于：

①在农村或郊区，应尽可能远离人口和工业中心，在一年中的大部分时间没有受到当地空气污染源的影响；

②在气象/气候观测站内或附近开展地面和测风观测。

对于这两类观测站，必须特别注意每个台站在自然和人为排放以及地形特征方面的区域代表性。

其他选址考虑的因素包括：科学家们的研究兴趣、已有的基础设施、与国家和/或区域相关联的问题和目标（特别是在发展中国家），以及所有相关方（包括实验室）的长期承诺等。

GAW全球观测站被视为研究中心，期望对WMO GAW第99号报告中列出的GAW观测计划的所有或大部分变量进行观测，而区域观测站则有更灵活的观测计划。全球观测站也可作为区域观测站的参考站。观测站的运行时间应不少于10年。

2.4.1 GAW降水化学观测站选址指南

降水采样的地点应能代表较大的区域。应避免紧邻城市和工业区。为有助于现场判定，表2.1给出了观测站与各种排放源之间的最小距离。

表2.1中给出的距离仅供参考。建议在选址过程中，评估当地排放源对观测现场空气和降水化学观测的影响，在评估时应考虑气象和地形条件，同时还应考虑表2.1所述活动的估计排放量。

表 2.1　GAW 降水化学观测站与各种排放源之间的最小距离指南

潜在干扰	最小距离(km)		示例、备注和当地注意事项
	全球观测站	区域观测站	
SO_2 或 NO_x 点源			如果排放源(如发电厂、炼油厂、化工厂、冶炼厂或其他主要工业设施)位于采样器的上风方向,那么所指示的区域距离应加倍。
>100 t/a	50	20	
>1000 t/a	100	50	
主要工业生产基地	150	50	
城镇,人口数量 1000～10000	25	10	未来人口增长和相关土地开发利用,特别是当城镇和村庄位于观测站附近时,应认真考虑。如果人口中心位于采样器的上风方向,那么所指示的区域距离应加倍。
城镇,人口数量 10000～25000	50	20	
城市,人口数量 25000～100000	100	50	
城市,人口数量>100000	200	100	
主要高速公路、机场、铁路、船运航线、港口等	25	5	移动污染源,例如航空、地面或水路交通及它们所经过的媒介(例如跑道、滑行道、道路、轨道或可航行的河流等),与采样器间的距离不应小于 500 m。
支线公路、交通流量大的公路	5	1	尤其要关注观测站地点周围的当地公路网。交通流量、类型以及路面将在很大程度上对现场观测产生影响。
支线公路、交通流量小的公路	1	0.5	
运营中的饲养场	50	2	可接受的距离将根据运营规模的大小而有较大变化。即使是很小的动物聚集区,也不应在500 m以内。如果能在采样点闻到饲养场、奶站或动物粪便的气味,那就说明距离太近了。
强化农业生产活动	10	2	农产品、燃料、车辆或其他来源物料的露天存放地点应远离采样器至少 500 m。
有限的农业生产活动	1	0.4	储存少量农产品、燃料或其他来源料时,应与采样器保持至少 200 m 的距离,并应妥善密封。
停车场或大面积铺面	0.5	0.2	停车和维修场地也应保持在离采样地点至少 300 m 远的地方。
有燃料燃烧的建筑物	1	0.4	
污水处理厂	20	2	
活火山、喷气口等	100	20	包括间歇喷泉和泉水在内的地热场所可能会产生大量的排放,应避免。
天然盐、土、碱的源区	2	2	被风吹来的来自盐碱地区的物质和来自海岸线的海洋飞沫都可能会污染样品。
树林、建筑物	0.05	0.05	

观测场场址在空气中的暴露度应具有代表性。理想的场址是平坦或适度起伏地形中的暴露良好的场地。如果无法避免山谷，则场址应位于具有明显夜间逆温层上方山谷的一侧。沿海的场址由于海陆风效应使风的日变化明显，因此也不予推荐。由于植被是许多空气污染物的汇，因此，当风从某个特定方向吹来时，必须避免植被（如耸立的树木）对降水的遮挡，从而导致出现降水量或样本浓度降低的情况。一般来说，采样点周围不应有强烈干扰物质的自然源，如地热区、火山和遭受扬尘影响的区域。为避免海洋飞沫污染的影响，应将采样器安装在充分远离海岸线的内陆地区。

应特别注意来自于工业作业、郊区/城市等地区的相关污染源。诸如发电厂、化工厂和制造厂等大型工业企业应距离采样器至少 50 km，最好是更远一些。如果排放源位于采样器的上风方向（大多数情况下全年平均为东西气流），则这一距离应增加到 100 km。这一标准也同样适用于人口接近 25,000 人的城郊/城市地区。对于较大的人口中心（大于 100,000 人），采样距离应不小于 100 km。如果是人群处于采样器的上风方向，则这一距离应加倍到 200 km。超过 100～200 km，通常认为工业源和城市源与区域内的空气进行了充分的混合。在人口稠密的大陆地区（例如美国东北部、西欧的部分地区、中国东南部），对于区域观测站而言，可能无法满足所有的距离指南的要求。

2.4.2 现场要求

无论是在夏季和冬季，观测站都应该可以进入，并且受到故意破坏的风险较低。降水化学采样器和标准雨量计的安装应尽可能符合以下要求。

1）在未受干扰的土地上安装采样器和雨量计。自然植被、水平的区域是首选，但草地和坡度在±15%以内的区域也是可以接受的。应避免采样器 30 m 范围内坡度有突然变化。采样器四周约 30 m 范围内应有地表覆盖物。在农场区域，采样器四周至少 30 m 范围内应围绕有植物缓冲带。

2）保持现场植被高度小于 0.5 m，且不高于降水化学采样器或雨量计高度的一半（从地面到采样口的距离）。

3）确保构筑物在与水平方向成 45°角度时，不会投影到采样器或雨量计上（30°被认为是最优角度限值，但 45°是可接受的最大角度限值）。因此，如图 2.1 所示，从采样器到障碍物之间的距离，必须至少等于障碍物的高度，最好是障碍物高度的两倍。采样器到居民住宅楼之间的距离，应是住宅楼高度的两倍（约 27°），当它们处于盛行风的上风方向时，距离采样器不应该少于 30 m。风速计塔、杆和架空的电线等均被认为是构筑物，必须满足这些现场要求。

4）为减少风湍流的影响，请勿封闭采样器的底座。任何超过 1 m 高且能够偏转风向的物体，不应位于采样器周边 5 m 范围内。

5）根据国家气象水文局（NMHS）的标准，雨量计应安装在距降水化学采样器 5～30 m 范围内。一般来说，雨量计的承水口应不高于降水化学采样器的采样口，对于某些雨量计，放置时应尽可能地靠近地面（但应足够高以避免地面飞溅）。

6）在年降水中有超过 20%是降雪的区域，应为雨量计安装合适的防风罩。建议由气象专家来安装防风罩。

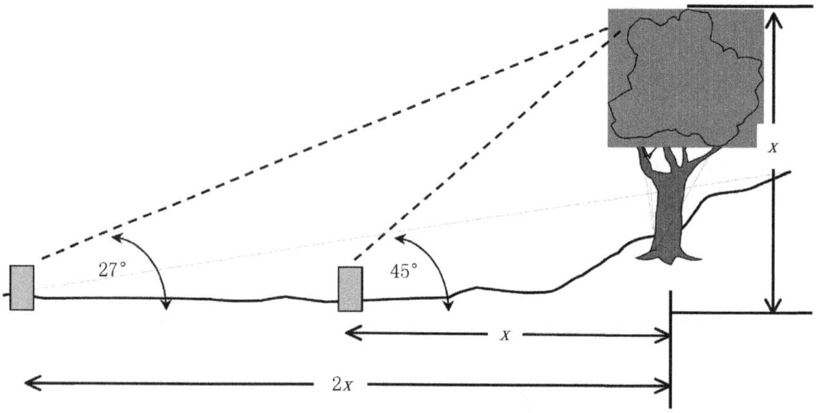

图 2.1　如何安放采样器和雨量计使其远离附近物体

7)在每年有超过 0.5 m 积雪的区域,采样器和雨量计可以安装在一个从地面架起的平台(或多个平台)上。平台的高度应不高于预期的最大积雪。在年降水中有超过 10%或更多的是降雪的区域,应为采样器配备适当的平衡雪屋顶,如果已安装了,则请全年保持。

8)如果需要,可以安装防护栏,以减少动物的破坏或侵犯。建议使用开放式网状镀锌链条围栏。围栏的安装必须符合上述第 3)和第 4)项的要求。

有关现场设施和降水采样器、雨量计操作的详细讨论,请参见第 3 章。Bigelow(1984)、Dossett 和 Bowersox(2001)提供了选址手册中的样例。

建议但不是必需的,降水观测站可位于一个标准的气象观测站(GAW 或其他站),这个站应完全满足这一章所规定的选址要求。通过利用其他并行的气象参数进行数据解释,将增强降水化学数据的价值,对于异常的降水测量报告而言,气象数据则是非常有用的。

2.5　站址文档

每个观测站(或其指定的机构或 NMHS)都需要保留站址的书面描述(区域、本地和现场尺度),以及对站址进行更改的所有历史记录。以下项目将有助于 NMHS 跟踪站址变化,并评估其是否符合选址标准和现场要求。

1)GAW 降水化学观测站点描述记录表(附录 B)。

2)区域、本地和现场的草图。

3)观测站址的彩色或黑白照片,在采样器周围区域的 8 个方向上,以 45°间隔显示(即面向北、东北、东、东南、南、西南、西、西北拍摄的照片)。照片应在距采样器 5～7 m 的距离的拍摄,采样器和雨量计应显示在前景中,在每张照片的背面应清楚地标注站址、日期和方向。

4)区域地图,最好是地形图(1∶24,000 比例或近似比例),观测站的位置用带圆圈的 X 标识。如果站点靠近地图的边界,则应包括相邻地区的地图。

观测站的工作人员应保留文档的副本以作为他们自己的记录,并用于定期的站址评估。

有关 GAW 地面观测站的信息可从 GAW 站网信息系统(GAWSIS)中获得,该系统由位于瑞士的质量保证/科学活动中心(QA/SAC)与 WMO 秘书处、GAW 世界数据中心和其他 GAW 代表合作设计开发。

GAWSIS 的目标是为 GAW 团体成员和其他感兴趣的人提供最新的、可搜索的关于站址描述、联系人、观测项目和可用数据的信息。GAWSIS 现行使用的网站是:

http://www.empa.ch/gaw/gawsis/

任何新站点或关闭的站点的信息应向 WDCPC 和 GAWSIS 报告。

注意:目前 WDCPC 没有维护 GAW 降水化学观测站的站址文档的存档(如照片、站点历史、站点质量保证信息、站点地图等)。每个 GAW 降水化学计划参与者都有责任通过互联网(如果可能的话)向对他们观测数据感兴趣的用户提供站点文档。

2.6 现场评估和站点变更

理想情况下,每个站点每年应由观测网络相关人员进行一次检查,每 5 年独立进行一次审计(Martini et al.,1994)。对场地的任何更改都应详细记录,并由 NMHS 对订正的表格和地图进行维护(如 2.5 节所述),包括在区域、地方规模以及现场尺度的变化等。这里给出了一个站址变化的例子,应记录的内容包括:在数千米之外建造了一个新的工业生产基地;站点附近的城市和郊区发展;在观测场地附近有新的农业活动;新的(有干扰的)仪器塔安装在现场降水采样器或雨量计附近。如果认为变更场址使化学成分和空间代表性无效:1)必须进行恢复以使场址符合要求(如果可能的话);2)不再作为 GAW 观测站;或 3)必须根据观测数据的代表性对观测站重新进行分类(如,从全球观测站变为区域观测站)。

必须记录观测场址的变化,以便数据用户能够确定测量的变化是否与站点的物理变化相关。

1)所有观测站的场址移动距离超过原始位置 30 m 时,都应给出新的场址草图和图片。仅当观测站点移出旧地图时才需要新的地图。

2)如果观测站的仪器设备移动超过 1 km,则认为它是一个新的观测站点。WDCPC 将为其分配一个新的站号。新的观测站必须提供坐标、开始日期等信息(有关数据提交内容请参阅第 5 章)。

3)应以书面形式描述观测站场址变更的原因。

所有场址变更的文件应由 GAW 降水化学观测参与者(如,NMHS 或其指定人员)保存,并应按要求提供给感兴趣的数据用户。有关场址变更或关闭的信息应报告给 WDCPC 和 GAWSIS。

参考文献

Bailey R G,1989. Explanatory supplement to ecoregions map of the continents[J]. Environmental Conservation,16:307-309. With separate map at 1 : 30,000,000.

Bailey R G, Hogg H C,1986.A world ecoregions map for resource reporting[J]. Environmental Conservation,13(3):195-202.

Bigelow D S,1984. Instruction Manual,NADP/NTN Site Selection and Installation. July 1984,National Atmospheric Deposition Programme[Z]. http://nadp.sws.uiuc.edu.

Dossett S R,Bowersox V C,2001. Instruction Manual,NADP/NTN Site Selection and Installation. Revisions of Chapter 3 and Appendix A. National Atmospheric Deposition Programme[Z]. http://nadp. sws. uiuc.edu.

Martini L, Mohnen V, 1994. GAW QA/QC, Wet Deposition System, Audit Questionnaire. Annex E. In Report of the Workshop on Precipitation Chemistry Laboratory Techniques,Hradec Kralove,Czech Republic, 18-21 October 1994. WMO GAW Report No. 102. WMO, Case postale No. 2300, CH-1211 Geneve 2[R].

WMO GAW Report No. 99,1995. Status of the WMO Global Atmospheric Watch Programme,as of 31 December 1993. WMO,Case postale No. 2300,CH-1211 Geneve 2[Z].

3 现场条款

本章介绍了 GAW-PC 中测量湿沉降的方法，讨论了样品采集、处理、文档和运输规程，未包括测量雾或云水的方法。由于湿沉降是计算化学物质浓度和降水量的乘积，因此使用了两种不同的现场观测仪器。降水化学观测使用的是仅在降水期间打开的湿式降水采样器，降水量的测量使用的是标准雨量计，旨在最大限度地提高雨和雪的采集效率，而没有考虑降水的化学性质。

3.1 现场测量的基本组成

以下几点总结了所有 GAW 降水化学现场测量的基本组成部分。

1）将现场操作的责任分配给一个人。这个人将确保设施配备正确，供应可用，设备按规范运行，并遵循标准的操作规程（第 3.2 节）。

2）每一个观测场址都必须有一个干净的房间或实验室，可以对样品进行称重，并可以进行其他观测和样品处理活动。通过称量样品来测量样品量，而不是将样品转移至量筒或类似容器中来测量体积（第 3.2.1 节）。

3）为每个站点配备一个降水化学采样器，用于收集化学分析样品。主要目标是使用湿式自动降水化学采样器仅收集湿沉降样品；尽管 GAW 降水化学观测也意识到在当地条件下可能无法实现这一目标（第 3.2.1.1 节）。

4）为每个观测站点配备标准雨量计，用于降水量的测量。NMHS 或指定的负责机构应根据每个站点的气象条件来选择最准确和最具代表性的雨量计（第 3.2.1.2 节）。

5）每天当地时间 09:00 收集样品。如果经费不允许每天到现场进行采样和分析样品，建议采用多日的采样周期，最长可以到 7 d（即每周采样）。在 7 d 采样的周期里，每个周二的当地时间 09:00 开始采样。GAW 降水化学观测计划强烈反对采样周期超过 7 d（第 3.2.2 节）。

6）最大限度地减少样品的处理周期，缩短储存时间，将样品快速运送到分析实验室，及时进行样品分析。由于 NMHS 的目标是要准确测量不稳定的成分，如有机酸，因此需要考虑样品的实际保存（第 3.2.3 节）。

7）最好是在单独的设备服务中心对降水样品可能接触到的所有表面（如漏斗、瓶子、管路、水桶等）进行清洁。使用试剂等级的去离子水（电导率 $<0.5\ \mu S \cdot cm^{-1}$）。测试降水样品采集器的清洁度，以确保最终清洗的溶液的电导率不超过 $1.5\ \mu S \cdot cm^{-1}$（第 3.3.1 节）。

8）每月应对样品采集器的清洁度和处理程序（如现场空白）进行至少一次测试。每年应向 WDCPC 报告这些和其他 QA/QC 测试的结果（第 3.3.2.3 节）。

9）对于每一个样品，用重量分析法测量样品的体积。还应按照 NMHS 的标准要求进行降水量的标准测量。现场化学成分的测量不在 WDCPC 存档的测量标准序列中,故不推荐(第 3.4 节)。

10)在样品历史表格中记录每一个样品的有关信息,观测员应在表格中填写数值信息和观测结果(第 3.5 节)。

3.2 样品采集

降水样品的特点是离子浓度较低且非常容易受到污染。现场采样的目的是采集有代表性的样品用于化学成分分析,样品处理时应保持其化学性质的完整。一般而言,最好的办法是通过指定一个人来负责样品的采集。

现场设备

湿式自动降水化学采样器

标准的气象雨/雪量计

配备有以下设施的房间或实验室:

供电;

温度控制;

冰箱;

排水;

去离子水系统(电导率<1.0 $\mu S \cdot cm^{-1}$);

电子秤或三梁天平;

桌子或实验室长凳和椅子。

可选设施:

pH 仪;

数据采集器;

个人计算机;

电话。

如果样品采集器需要在现场清洁,则需要:

电导率仪;

去离子水净化系统。

3.2.1 现场设施

GAW 降水化学观测计划建议每个站点都应有一个可以进行现场测量的房间或实验室,并与现场仪器间的距离应超过 50 m。房间应配备电力、温度控制、冰箱、排水、去离子水系统(电导率<1.0 $\mu S \cdot cm^{-1}$)、电子秤或天平(量程为 15 kg,灵敏度为 1 kg)、桌子或实验室长凳和椅子。如果在操作室里不能制作去离子水,则可以由分析实验室提供,并用干净、密封的聚乙烯容器运送。由于容器本身污染的可能性,强烈建议不要使用量筒或其他容器来测

量样品的体积。相反，应通过称重方式称量样品，并将重量转换为体积（密度为 1.0 g·L^{-1}）。操作室内可选的设备包括用于记录现场测量的数据采集器、个人计算机和电话。

尽管 GAW 降水化学观测计划认识到当地条件可能无法实现（参见第 3.2.1.1 节）其测量湿沉降的主要目标。湿沉降采样意味着仅在发生降水时打开采集器。为此，每个观测场地都应配备一个湿式降水采样器。与此采样器相配套，每个站点都必须运行 NMHS 降水化学观测网络标准的雨/雪量计。如前所述，因为采样器和雨量计的功能不同，二者都是必需的。现场仪器的电力供应，可以来自于电力公司的交流电（AC），也可来自电池或太阳能电池阵列的直流电（DC）供电。

只要没有违反 GAW-PC 的选址标准，观测场址最好位于标准的气象观测站（第 2.4.2 节）或具有标准高度的温度、风向和风速测量的地方。使用商业气象仪器需要严格遵守制造商的规范和定期校准检查，本手册中没有包含它们的安装和现场操作。

3.2.1.1 降水化学采样器

如前所述，主要目标是测量湿沉降的化学成分。具有以下设计和技术性能的降水化学采样器可以实现这一目标。

1）采样器能够自动采集湿沉降样品。

2）采样器在降水期间打开和在干沉降期间关闭的灵敏度，能够按照标准操作规程的要求，由制造商进行设定或根据当地条件进行调整。

3）降水样品采集器（如，桶或漏斗和瓶子）和降水样品可能接触的所有表面必须对所测量的化学成分是惰性的。

4）采样器应密封并在干沉降期间能够保护样品不受污染。

5）降水进入采样器（即承水口）的高度必须在地面以上 1～1.5 m，在可以采集到较高降雪量的区域，采样器可以升高到雪地上方的平台上（请参阅第 2.4.2 节的指导）。

GAW 降水化学观测并不赞同使用特殊的降水化学采样器，而是允许每个 NMHS 选择能够满足上述要求并最适合其使用环境的采样器。要获取有关降水采样器的许可信息，NMHS 人员应与 WMO 秘书处或 QA/SAC 联系以获得相关建议（有关联系信息请参阅第 1 章）。表 3.1 提供了详细的规范，可作为评估采样器性能的指南。

典型自动的湿沉降采样器具有以下构成：降水样品采集器（漏斗和瓶子、桶等）、在样品采集器承水口上能够打开和关闭的盖子、感雨器、具有电子控制装置的电机驱动机构，以及安装各组件的支撑结构。降水样品采集器应具有足够的容积，以容纳在采样期间采集到的所有降水。建议采样系统可以手动激活，以进行测试、清洁和日常维护。模块化的设计允许拆卸独立组件，以用最少的工具和专业知识来实现快速维修，如感雨器。

降水样品应仅与降水样品采集器接触，并且取决于采集器的设计，包括样品直接进入采集器的漏斗、管路等。与样品接触的所有表面必须是化学惰性的，使主要的无机成分既不会被吸附也不会从这些表面上脱附。有关测试表明，聚乙烯、聚丙烯和 Teflon™（或 Teflon™ 涂层）是较为满意的材料。玻璃和金属容器不是用于测量主要离子的良好材料，必须避免使用，因为它们容易对阳离子产生正面和负面的影响。

感雨器检测到降水并发送电信号，激活电机驱动器，打开样品采集器的承水口。当降水结束时，盖子关闭并密封采集器的承水口。通常，感雨器会加热融化雪或冰以防止由于露水或雾凇造成的盖子打开错误。这需要对温度控制进行优化，过热的感雨器会过快地蒸发降水并使气流紊乱，干扰雪花的下落和微小液滴接近感雨器的表面。有关感雨器性能的综合评估，请参阅 Winkler(1993)和 Vet(1991)。液滴的尺寸、降水类型和强度、温度、风速以及感雨器的形状和方向都会影响感雨器的响应，应避免感雨器灵敏度的不足(Winkler,1993)。为了防止在小雨期间重复循环地打开和关闭盖子，一些采样器在检测到最后一次降水后会延迟一或两分钟再关闭盖子。延迟的持续时间必须与暴露于干沉降的最小样品要求相匹配。在观测网络中的站点，根据 NMHS 的政策对感雨器的性能进行标准化非常重要。

表 3.1 湿式自动降水化学采样器性能指标

范围	无人值守(无用房干预)采集到降水量为 0.05～25 cm 的降水样品
灵敏度和误操作	在任何类型或速率的降水开始后 5 s 内开启。在降水停止后 120 s 内关闭。 在没有降水的情况下不会打开
准确度:与标准雨量计相关的样品体积	+0%～−20%,降水量为 0.05～0.25 cm; +0%～−10%,降水量> 0.25 cm 降水,降雪除外 *
实时记录	在获得记录请求 5 min 内记录盖子打开和关闭,并提供重要功能组件(如感雨器)状态的报告
温度范围	−45～+50℃
风速限制	在 15 $m \cdot s^{-1}$ 稳定风速和 25 $m \cdot s^{-1}$ 阵风风速条件下,样品采集器能正常打开和关闭
可靠性,可维护性,可用性	定期维护时间≥90 d; 平均无故障时间> 500 d; 平均维修或维护时间≤60 min
供电	交流电源供电(在供电中断期间可选 12 V 直流电池供电)或配有太阳能电池板充电的 12 V 直流电池供电
高度	采样器承水口和传感器位于下垫面上方 1.0～1.5 m 处,可以轻松调节,以保持高出积雪 1.0 m
降水样品采集器	与降水接触的采集器的所有表面(包括漏斗、瓶子、管路等)对于测量的成分是化学惰性的;采集器应足以容纳采样期间的所有降水
降水采样器承水口	在干燥天气时,盖子必须密封承水口以防止蒸发或气体和颗粒的侵入
飞溅污染	仪器表面的飞溅不得进入承水口

* Goodison 等,1998。

在干燥天气里，采样器的承水口必须保持盖紧和密封。这可以防止蒸发，确保样品和大气之间不会发生气体交换，并防止气溶胶和其他空气污染物进入采集器。化学惰性的压缩垫或垫圈应安装在盖子的下侧，以确保盖子紧密密封采样器的承水口。

降水自由下落进入采样器时，不应受到任何东西的干扰，采样器的设计应能防止飞溅、反弹的雪花和冰粒进入或离开采样器。在雪积聚在采样器表面的地区，可能需要进行特殊调整。防止雪从盖子吹入采样器的一种方法是在盖子顶部安装一个不锈钢或 Teflon™ 涂层的尖顶罩子。只有符合标准操作规程，才能实施这些调整。仪器制造商的指南或其他观测网的经验可能会对所需要的调整有所帮助。

在条件限制的情况下，可采用不使用湿式自动降水采样器的采样策略。

1）一种替代方案是使用手动的湿式采样器采集样品。无污染、手动的湿式采样需要观测员提供全天候的现场天气条件预报，以便使他们能在降水开始之前打开干净的采集器，并在降水停止时盖住样品。如果观测员证实采集的仅仅是降水期间的样品，则手动湿式沉降采样器的数据是可接受的。这应该在样品历史表格中进行记录（参见第 3.5 节）。需要注意的是：在向 WDCPC 提交手动的湿沉降数据时，SAMPLE_PROTOCOL 元数据结构中的 Sampling_Type 字段请选择“Manual_Wet_Only”。这将使得 WDCPC 能够正确标记数据。有关数据提交和格式的详细信息请参阅第 5 章。

2）另一种替代方法是使用主体（即连续敞开的）采样器采集样品，但是 GAW 降水化学观测计划是强烈反对用这种方法的。如果 NMHS 确认主体样品是在足够远离污染和局部粉尘（粗颗粒）源的地方采集的，因而可以忽略干沉降的污染，那么来自于主体采样器的数据是可以接受的。即使在这些环境中，主体采样器的采集器也必须每天进行更换。WDCPC 将这些数据识别为主体数据，并附上一条警告，指出“由于样品在干燥天气期间暴露，这些数据可能会有未知数量的偏差”。如果 NMHS 有能够量化这些偏差的数据，并能够根据需求生成可用的数据，那么 WDCPC 将附加以下警告声明：“可获得估算偏差大小的数据。更多信息请联系 WDCPC”。

3.2.1.2 降水量测量

GAW 降水化学观测计划要求每一个站点使用 NMHS 指定的标准或等效的雨量计来测量降水量。手动雨量计是首选。降水量通常用于计算地球表面区域通过降水沉降的化学物质的质量（如，湿沉降通量或负载）。标准雨量计是测量降水量最准确和最有代表性的方法。因此，每个站点必须使雨量计与降水化学采样器同步运行。仅当标准雨量计发生故障或暂时停止使用时，才使用降水化学采样器的采样体积来计算湿沉降通量。在数据记录中应记录此类案例。

环境因素可能导致雨量计的测量值过高或过低。其中最重要的因素是风速、降水类型、温度、地面覆盖和吹雪。由于雨量计周围气流的干扰会随着风速的增加而增加，因此，测量误差也会随着风速的增加而增加。对于降雨而言，WMO 建议使用坑式雨量计来减少风对雨量计捕集效率的影响（Sevruk et al.，1984），但在许多 GAW 站点使用坑式雨量计是不现实的。在大风和低温下，对雪的捕集率不足就是一个特别明显的问题。在 WMO 关于固态降水测量的出版物中，Goodison 等（1998）报告了当前使用的雨量计的雪捕集率不足的问题。基于七年的跨国别研究，GAW 降水化学观测计划提出以下建议。

1）避免使用加热的自动（如翻斗式）雨量计。

2）受保护的场地优于露天场地。可将雨量计放在水平的地面上，因为地表植被自然缓冲了风的直接作用力。注意使雨量计与树木和其他高大植被之间有足够的间距，这样降水就不会经由植被吹进雨量计中，而且植被也不会干扰降水自由地落入雨量计。降水化学采样器可能需要额外的间距以避免样品污染（参见第 2.4.2 节）。

3）如果降雪占到年降水量的至少 20%，则雨量计必须配备合适的防风圈（见第 2.4.2

节)，并应在雨量计同一高度测量风速和温度。这些数据可用于校正雪的捕捉率，尽管目前GAW降水化学观测计划没有建议进行此类修正。由于可能存在污染，因此不建议在降水化学采样器周围使用防风圈。

4)鼓励NMHS的人员阅读Goodison等(1998)的报告，以避免在选择风暴露位置模型时表现不佳。Hellmann、Belfort(防风和非防风)、Tretyakov(非防风和双栅式)和Nipher雨量计进行了测试，部分这样的雨量计在高风速下的性能非常差。

3.2.1.3 降水化学的雪样采集

采集有代表性的雪样进行降水化学测量会带来一些特殊的问题。大多数的降水化学采样器上的电子传感器都不会像检测雨一样有效地检测到雪，特别是轻微的小雪和干雪。小雪、干雪也可能落进打开的容器或漏斗，然后再被吹出来。雪可能会粘在采样器的部件上，然后被吹进样品采集器里。冰有可能会裹住采样器的部件并妨碍其正常运行。大雪甚至可能会填满采集器并溢出，阻碍采样器的运行。由于冬季条件和冰、雪特征等随场地位置、海拔和暴露情况的不同等而有很大差异，因此，没有标准的雪化学采样器，也没有解决这些问题的通用方法。

一些采样器特别适用于改进雪样的采集。将采集器的盖子和其他活动部件加热到约4～5℃，可有助于防止雪和冰的堆积而影响样品采集或采样器的操作。对于带有漏斗的采样器，如果漏斗的深度太浅而无法容纳全部积聚的样品，则有可能需要给予足够的加热来融化冰和雪。

在加热时应小心，以避免由于蒸发或升华而增加样品的损失。不用加热样品的一种方法是使用开口的采集器而不是漏斗。在极冷的地区，建议在湿式采样器上使用开口的圆柱形聚乙烯采集器(直径为20～30 cm)。采集器的高度应至少为其直径的两倍，以减少雪从采集器中被吹出来的可能性。

3.2.1.4 常规仪器检查和维护

标准操作规程应包括降水化学采样器和标准雨量计的常规检查和维护(以及其他的气象仪器，如果有的话)。常规检查包括：

1)检查降水化学采样器的正常操作，特别是传感器响应和加热(如，传感器激活采集器采集降水样品，否则关闭并密封降水样品采集器)；

2)检查雨量计是否渗漏、损坏和正常运行。

日常维护包括清洁采样器和雨量计部件，这对于仪器的正常操作至关重要。清洁与样品接触的所有采样器的表面(例如漏斗、桶、瓶子、管路和过滤器等)也是必不可少的。为使仪器能在冬季正常运行，可能需要额外的定期或季节性的维护，如安装/移除雨量计的漏斗，安装防风圈，或者给标准雨量计添加防冻剂或油。

每个观测站的每种仪器都应有操作手册，手册中应包括故障排除指南等内容。

3.2.2 采样周期

在降水化学采样器上，从安装到收取样品采集容器的时间称为采样周期。采样周期的确定取决于观测网的目标、影响样品质量的因素和运行成本。因为采样周期的延长，以及样品采集和分析之间时间增加，样品变质的可能性也随之增加。

GAW 降水化学观测计划建议采样周期为 24 h，并在每天的固定时间收取样品，最好是当地时间 09:00。这需要实验室拥有足够的资源来分析每日的样品，支撑现场的日常运行，以及需要足够的人员进行日常现场巡视。如果到现场巡视和较多样品数量所需要的费用无法维持日采样，建议采用多日的采样周期，最长可以到 7 d(即周采样)。选择 7 d 采样周期时，每周二的当地时间 09:00 开始周采样。无论是日采样还是周采样，最为重要的是避免在降水过程中收取样品。这样做是为了降低在下雨或下雪期间处理样品时造成污染的可能性，最好是等到降水事件间歇时再进行收取。如果几小时后降水过程没有暂停，则应收集样品并在样品历史记录表格上给出说明(参见第 3.5 节)。

采样周期规范

采样器类型	持续时间	开始时间	GAW 适宜性	注释
湿式	24 h	地方时 09:00	强烈推荐	1)
湿式	多日 <7 d	地方时 09:00	推荐	2)
湿式	>7 d 2 周或月	地方时 09:00	不推荐	3)
湿式	事件或暴雨 持续时间可变	采集时间可变	不推荐	4)
主体	24 h	地方时 09:00	反对	5)
主体	多日	地方时 09:00	强烈反对	6)

1)需要每日现场巡视，这对某些偏远站点来说是不太可能的。

2)提供了较日采样更低成本的选项，样品量和现巡视较少。

3)如果样品在现场保留这么长时间，样品变质的可能性非常大。与每日或每周采样相比，更可能发生灰尘或其他物质的渗透。由于采样器故障或样品污染导致的样品缺失或无效，可能会使季节或年度平均值折中或无效。

4)需要全职的现场操作员，连续不断地观测降水。劳动密集且成本高。能够提供有价值的研究数据，但可能不适于长期监测。

5)由于样品可能被污染而不鼓励，但对于那些偏远、环境恶劣、干沉降较少且湿式采样器已被证明无效的站点来说，其 24 h 的主体数据可能可以被接受。在建立新的主体采样点之前，需经由 GAW 降水化学计划科学咨询小组同意。

6)采样周期超过 24 h 的主体样品，可认为被干沉降和/或其他材料污染。只有在有要求时，WDCPC 才会提供现存站点的数据。目前，不太可能接受新的主体采样点。

有两种周采样方案可供考虑：1)收取和分析自动湿式采样器中累积了一个完整星期后的样品；2)从自动湿式采样器中收取降水后每一日的样品，将样品倒入一个放在黑暗的、凉爽的(可能是冷藏)地方的储存容器中,并在累积一个完整星期后进行样品分析。方法1)最大限度地降低了现场巡视和现场操作的成本;然而,在环境条件下保留在采集器中的样品易受到污染、蒸发和化学降解的影响。由于样品化学变化的可能性会随采样周期的延长而增加,因此,GAW降水化学观测计划强烈反对超过一周的采样周期。长采样周期的另一个问题是,在一年中即使是仅仅损失少量样本,也会给代表季节或年度沉降数据的计算带来困难。在一些GAW的观测站点,配备了自动湿式采样器,可每日采集样品而无需每日到现场巡视。这些采样器能够在每24 h固定的时间更换一次样品容器(为保持一致性,最好是当地时间09:00),并将容器存放在冷藏装置中。这些采集器通常比其他自动采集器具有更高的电力要求,并且需要仔细地清洁连接管路和其他装置。

在一些地点遵循的采样方案是基于暴雨或降水事件。这意味着,现场操作人员必须在白天或晚上的任何时间来收集样品。它还需要给出明确的事件定义和方法,以使操作员能够判断事件结束并收取样品。气象雷达、风暴路径和强度信息以及良好的通信是准确遵循事件采样时间表的重要因素。时序安排和信息需求使得事件采样的成本特别高,除非有严格的采样计划,否则GAW降水化学观测计划不鼓励事件采样。

3.2.3　样品保存措施

无论采样周期的长短如何,在样品采集过程中,从现场运输到实验室期间以及在实验室进行分析之前,样品在现场总是存在化学降解的可能性。大多数观测网所采取的样品保存措施通常不能完全阻止化学降解。建议做法是,样品分析前在实验室中将其冷藏在4℃以下。仅仅冷藏是不能防止不稳定物质部分或完全损失的,例如甲酸和乙酸、亚硝酸盐和亚硫酸盐。氟化物和营养物,如正磷酸盐和铵盐,也可能受到影响。对于pH值在4.5～5.0的样品,有机酸的损失可能会使pH值增加十分之几。根据样品储存和运输的条件,铵盐每年平均损失可达15%。

各种保存措施都是要减少或消除化学降解。以下部分将简要介绍这些保存方法。无论是否使用杀菌剂,最佳的做法是尽量减少样品处理,缩短储存时间,将样品快速运送到分析实验室并及时分析样品。

3.2.3.1　冷藏

低于4℃冷藏样品可能是最常见的保存方法,它会减缓大多数化学和生物样品的降解。理想情况下,采集器可以在样品采集过程中进行冷藏,虽然这样做成本很高,并对偏远地区采集器的电力供应提出了额外的要求。由于大多数采集器没有配备冷藏装置,因此需要在现场收取样品后立即进行冷藏。对于日样品采集方案,采集样品后应立即冷藏并贯穿于样品储存和运输的整个过程,以减少铵盐的损失。对于周样品采集方案,冷藏是有效的方法,每天从降水化学采样器中收取样品,倒入冷藏的储存容器中,累积一个完整星期的样品,并在样品运输和储存的整个过程中都保持冷藏并直至分析。尽管如此,按照这些程序并不能排除有机酸和其他不稳定物质(例如亚硫酸盐和亚硝酸盐)的损失。

3.2.3.2　使用杀菌剂

另一种保存措施是在采集的样品里添加杀菌剂以防止微生物消耗降水中的有机酸和营

养物。这需要严格的质量控制规程，以确保这些添加剂不会污染样品。

迄今为止，杀菌剂主要用于研究目的，而用在业务运行方面的基础非常有限。氯仿是用于此目的的常用杀菌剂(Keene et al.,1983,2002;Keene et al.,1984,1986,1988)。氯仿有毒、有挥发性且容易造成污染，但它在阻止微生物活性、有机酸降解和铵的损失等方面非常有效。向样品中加入约 0.5 mL 超纯氯仿就足够了。由于氯仿的密度比水大且不溶于水，因此可以从氯仿层上方抽取样品进行分析，这可以防止样品分析过程中氯仿的问题。这种考虑是非常重要的，因为氯仿会使离子色谱仪的色谱柱降解，并使其失效。

添加到降水中的另一种杀菌剂是 5-甲基-2-异丙基苯酚或百里酚(Gillet et al.,1991; Ayers et al.,1998)。与氯仿这种挥发性的液体不同，百里酚在环境温度下是固体。虽然百里酚在环境条件下能够升华(在 64 ℃下，蒸气压＝ 1 mmHg)，但其升华的速度非常慢，因而可以直接添加到采集器的样品容器中。进入容器的降水"固定"地与百里酚接触，可在接触点处有效地阻止样品的生物降解。虽然它是一种有效的杀菌剂，但百里酚会混溶，可能会干扰某些分析过程。百里酚可引起呼吸道刺激，应在通风橱中进行处理，长时间接触可能会产生其他有害健康的影响。在使用百里酚之前，实验室人员必须测试其纯度，以确保其不含任何在降水中测量的化学物质，并确保其不会对色谱、分光光度、比色或其他分析方法产生干扰。

一般而言，NMHS 的目标是准确测量降水中的有机酸和磷酸盐，因此考虑使用杀菌剂或在不能采用冷藏措施的地方使用，例如在热带地区。为确保现场和实验室人员的安全，应严格遵守特殊处理预防措施。如果中心实验室在观测现场附近，则应由实验室人员将杀菌剂添加到降水样品容器中。在使用杀菌剂之前，应仔细检查纯度和对所有分析过程的干扰。由于使用杀菌剂需要对样品进行额外处理，因此应定期实施样品和杀菌剂处理污染可能性检查的质量控制程序。虽然杀菌剂可作为延缓化学分析的手段，但是颗粒物的溶解和无机化学反应可持续改变阳离子和阴离子的浓度以及降水的游离酸度。参见 Keene 和 Galloway(1984,1986,1988)、Keene 等(1983)、Herlihy 等(1987)和 Galloway 等(1989,1996)关于在降水样品中使用氯仿的研究。参见 Ayers 等(1998)、Gillet 和 Ayers(1991)有关使用百里酚的信息。第 4.4.6 节描述了分析含有氯仿的样品中的有机酸时必须遵循的实验室分析程序和样品处理注意事项。

3.3 样品处理和运输

3.3.1 降水样品采集器清洁和准备

使用前，清洁样品可能接触到的所有表面，清洁度应达到预定水平(电导率低于 1.5 $\mu S \cdot cm^{-1}$)。这适用于降水化学采样器以及其他与样品接触的表面，例如漏斗、管路、注射器或移液器。为了便于本节的描述，术语"降水样品容器"系指样品可能接触到的所有表面。

降水样品容器必须使用质量已知且有保证的去离子水进行清洁。由于去离子水的质量通常会制约容器的清洁度，**因此最好和最具一致性的做法是，使用一个可以最有效控制去离子水质量的单独中央设施(例如在分析实验室中)来清洁降水样品容器。**如果这样不太切合实际或成本太高，可以选择在现场清洗降水样品容器。如果在现场清洁降水样品容器，那么,现场必须要有一定量的去离子水,并且至少应配备测量电导率的装备。无论降水样品容器是在中央设施还是在现场进行清洁,都必须对去离子水进行常规质量控制检查。新鲜去离子水的电导率(在任何显著的 CO_2 吸收发生之前进行测量)应为约 0.5 $\mu S \cdot cm^{-1}$(即试剂纯去离子水)。对于已经存储了任何时间段的去离子水而言,其电导率必须小于 1.0 $\mu S \cdot cm^{-1}$。

通常不必要也不鼓励使用洗涤剂或酸溶液来清洁降水样品容器。如果使用了清洁剂或酸溶液,必须特别注意需要更长的时间和去离子水对残留物进行冲洗。替代洗涤剂或酸溶液的方法是使降水样品容器在去离子水中浸泡 24~48 h,浸出可能污染降水的可溶性和可交换的残留物。通常需要使用清洁的并吸收了去离子水的海绵,来擦拭降水样品容器表面以除去可见的残留物。应戴上橡胶手套清洗和处理降水样品容器,并反复冲洗容器表面,直至冲洗水的电导率降至 1.5 $\mu S \cdot cm^{-1}$以下。

GAW 降水化学观测计划建议,无论是在现场还是在实验室中清洗降水样品容器,最终冲洗水(即冲洗液)的电导率不超过 1.5 $\mu S \cdot cm^{-1}$。常规检查中,冲洗水的电导率不超过 1.5 $\mu S \cdot cm^{-1}$是必要的质量控制程序。有关在中心分析实验室清洗降水样品容器的讨论以及确保样品质量所需的其他测试,请参阅第 4.3.1.1 节。

降水样品容器在清洁后不要立即使用,必须通过甩掉多余水分的方式进行干燥,在容器仍然潮湿时,进行密封或用塑料覆盖并储存在干净的地方。应避免使用风干,因为许多污染物可溶于水并会粘在干燥的表面上。

强烈建议定期准备和分析降水样品容器、转移瓶、漏斗和其他容器的空白,以确保清洁度。这可以通过向容器中添加 25 mL 去离子水(新鲜去离子水的电导率为 0.5 $\mu S \cdot cm^{-1}$,或存储去离子水的电导率应<1.0 $\mu S \cdot cm^{-1}$),并且提交给实验室进行分析。

3.3.2 处理和运输样品及样品容器

应尽一切努力尽量减少样品处理和在容器间的转移。与样品接触的每一个表面都是降水中可溶性成分潜在的源或汇。在容器表面上可溶性或可交换的污染物可能引入正的浓度偏差。类似地,容器表面可能会吸附溶解的离子,从而引入负偏差。

3.3.2.1 处理和转移样品

由于化学变化的可能性,GAW 降水化学观测计划建议,应将使用降水样品容器将样品运送到实验室。然而,由于尺寸、形状或一些其他特性,这并不总是现实的。如果必须将样品转移到另一个容器中,应在实验室或清洁房间中进行,禁止在现场开放的环境中进行。只有在可能的情况下,才将样品直接从一个容器倒入另一个容器,以避免另一个接触面的污染。建议使用高密度的聚乙烯(HDPE)容器,不应使用移液管、注射器、漏斗等。

可以接受的做法,是使用实验室提供的干净的运输瓶,将样品从现场送到分析实验室。这些瓶子通常太小而不能装下整个样品,特别是对于非常大的体积,因此只有一部分样品能够被送去分析。必须小心并确保冷冻样品在倒入运输瓶之前已经完全解冻并充分混合。在倾倒样品时,应轻轻倒出液体,而留下昆虫、树叶和其他碎片等。

处理降水样品时一定要小心,尽量使样品在大气中的暴露程度最小化。这些考虑同样适用于降水样品容器在投入使用之前。一旦样品暴露了,应迅速盖住样品,然后密封严实,以尽量减少污染物质落入样品、蒸发和溢出的可能性。切勿将身体的任何部位(手、手臂或脸)从暴露的样品上移过。在容器之间转移样品时,即使您的手没有移过样品,也请戴上一次性塑料手套。切勿让任何东西,即使是戴着手套的手,来接触到样品可能接触的表面。作为额外的预防措施,建议在使用前和样品转移后,将密封的样品容器放入干净的塑料袋中。这一额外的塑料层,可保护样品不暴露于土壤、水和其他污染物。

3.3.2.2 样品储存和运输

用于储存和运输样品的容器应该是不易破损的,并且还可以密封以防止液体或气体渗漏。在储存和运输过程中,应采取措施减缓样品的化学变化或生物降解。建议的储存规程是将样品冷藏在 4 ℃以下(保存措施见第 3.2.3 节)。最佳的做法是缩短存储和运输时间。一旦实际情况允许,样品应在收集后尽快送去分析。快运服务可以加快样品到实验室的运送。样品运送时应放在带有“冷藏包”的隔热容器中,以保持内部温度低于 4 ℃。

虽然建议将样品快运到实验室,但花费和物流可能会导致更长的运输时间。另一种方法是使用常规的邮件服务,每周将样品运送到分析实验室。在将样品运送到实验室之前,应检查每个容器以确保密封、标签和包装完好。

对于冷藏运输的物品,应在样品容器的上方和下方放置“冷藏包”。应该有一些方法来检查样品温度不要超过 4 ℃。一种方法是在运输货物中装一个记录最高温度的温度计。另一种常见做法是用装有水的容器(不是样品),在样品运到实验室时测量水的温度。实验室人员应在收到样品时记录温度,并在超过温度限值时采取纠正措施,例如,为将要运输的货物添加绝热材料或更多的“冷藏包”。如果样品历史记录表(第 3.5 节)与货物放在一起,则应做好保护,以防止其受到样品可能泄漏而造成的损坏或破坏。

3.3.2.3 现场空白

推荐的检查样品采集和处理过程中清洁度的方法是采集现场空白。现场空白测试的是整个现场测量系统,而不仅仅是容器的清洁度(容器空白,如第 3.3.1 节和 4.3.1.3 节所述,从供应中随机选取准备使用的容器,并且仅限按清洁程序来测试容器的清洁度)。对于日采样,建议每月随机采集 2～4 个空白;对于周采样,每月采集 1～2 个空白。

为了采集现场空白,等到没有降水的采样期,将去离子水加入降水样品容器中并将其作为降水样品处理。在没有降水发生的情况下,使已安装在降水化学采样器中的容器保持一个采样周期。按照与处理降水样品相同的步骤和程序处理现场空白。为了完成测试,重要的是去离子水应与降水一样接触所有表面。对于漏斗和瓶子采集器,现场空白测试应确保去离子水与漏斗、连接管路和瓶子接触。当环境温度在零上时,可以将去离子水(或测试溶液)添加到安装在降水化学采样器的样品容器(漏斗/瓶子等)中。当环境温度在低于零度时,将样品容器从采样器中取出,在一个干净、温暖的房间里进行测试。在没有降水时,应等待一个采样周期。重要的是要遵循并记录进行现场空白测试的准确过程。

现场空白样品应送至与降水样品分析一样具有完整的阴离子和阳离子测量的分析实验室。现场空白分析应与其他质量保证信息一起报告,以便使科学家们能获得评估离子浓度测量的较低量化检测限所需的数据。这个信息应每年报送给 WDCPC。

在制备现场空白时,通常没有对添加到降水样品容器中的水样体积进行订正。选择的体积应尽可能接近完整的实验室测量程序所需的最小体积。这也代表了降水化学采样器能够可靠地采集到用于实验室测量的最小的降水量。例如,如果实验室测量需要 60 mL,请选择 100 mL 的空白样体积。如果可以的话,可考虑使用模拟降水溶液替代去离子水进行现场空白测试。使用去离子水和模拟降水的测试结果,是量化降水化学测量系统总体正负偏差的非常有效的手段。

3.4 现场测量

每个采样周期应报告至少两种测量要素,包括来自于降水化学采样器的样品体积和标准雨量计测量的降水量。应将这些测量结果间的相互比较作为降水化学采样器和雨量计性能的常规检查。较大的偏差可能意味着一个或两个仪器存在测量误差或故障。由于采样器和雨量计的空气动力学性能差异,以及采样器在打开之前必须首先感应到降水,因此采样器的降水量通常会小于雨量计的降水量。对于功能正常的降水化学采样器,除了大风、吹雪或结冰情况外,采样器和雨量计的降水量之间的差异应小于约 10%。

样品的体积必须采用重量测量的方法,因为这种方法效率高、准确且比体积测量更不易于污染和溢出。应使用已知的标准砝码定期(至少每年)检查天平的准确性。由于可能存在样品污染和溢出,因此强烈建议不要使用量筒进行体积测量。

雨量计的测量应与采集降水化学样品同步进行。无论降水化学采样器是否采集样品,每个采样周期都应报告雨量计的测量结果。除作为降水采样器采样效率和准确性的交叉检查之外,雨量计的测量还用于年度湿沉降和湿沉降通量的计算。

除样品体积和降水量的测量外,一些计划还记录了现场 pH 值和电导率的测量值。将这些值与实验室的测量值进行比较,可以评估样品在现场和实验室之间可能发生的化学变化。GAW 降水化学观测计划不建议进行现场化学测量,除非有较为全面的质量保证/质量控制(QA/QC)程序支撑,可以对测量结果进行验证。WDCPC 不对现场 pH 和电导率的测量值进行归档,因为它们不在标准的测量之列。

如果进行了现场化学测量,则一定不要对送到实验室进行分析的样品进行测量,而是从用于分析的样品中取出一部分来进行现场测量。测量应符合制造商的说明并遵循标准操作规程。必须丢弃现场化学测量后剩余的任何样品。切勿将进行现场化学测量的那部分样品再倒回到准备送到实验室进行分析的那部分样品里。

3.5 采样文档

有关每个样品的信息必须记录在样品历史记录表格中。这个表格记录了现场操作员进行定量和定性的信息和观察结果。它提供的信息将会影响实验室对样品进行化学分析的顺序和性质的决定,它还提供了用于数据筛选和验证的信息。样品历史记录表中的数据可直接输入数据库管理系统。样品历史记录表格中需要填写的内容包括:

1)站点名称;

2)站号;

3)站点操作员姓名;

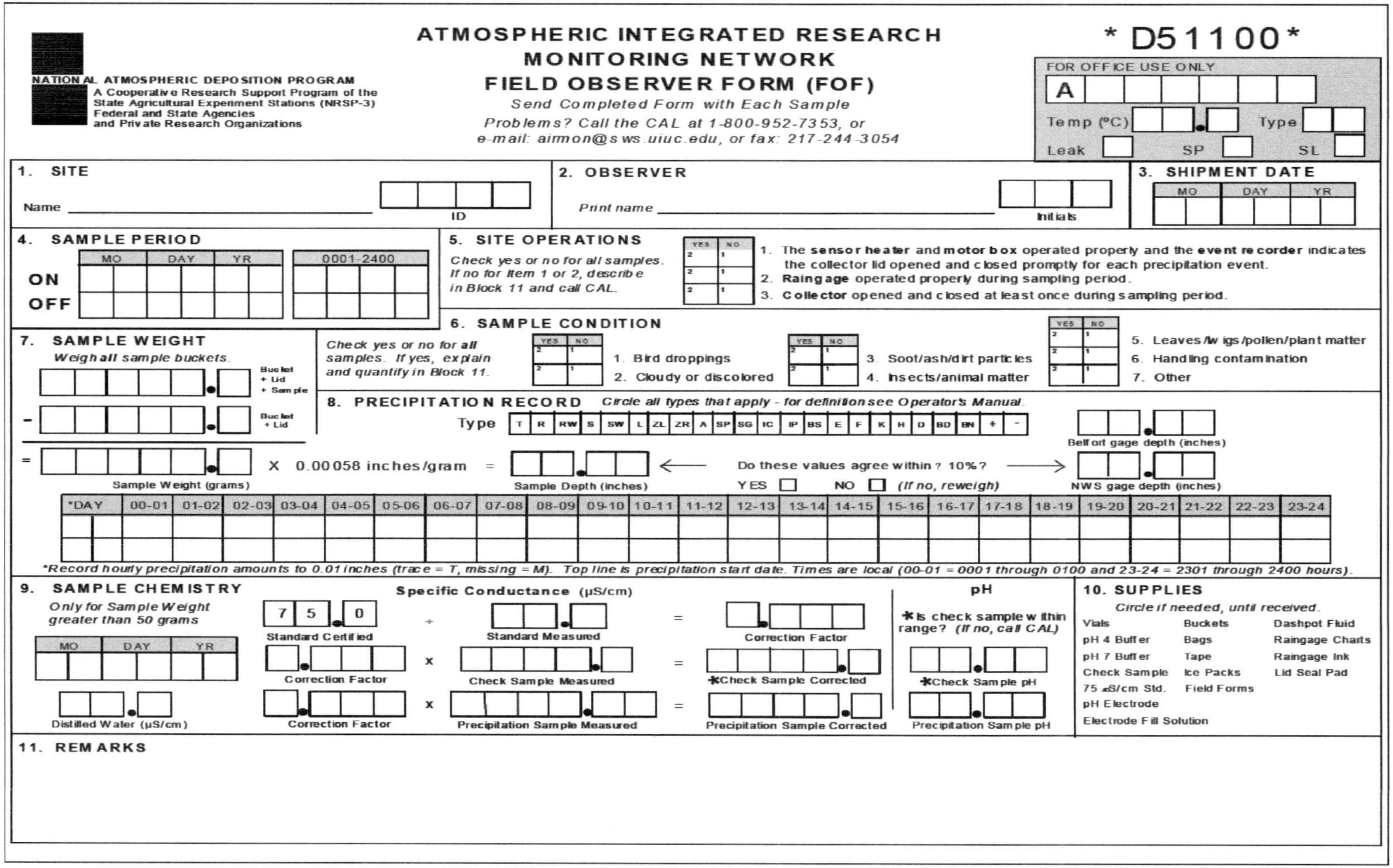

NATIONAL ATMOSPHERIC DEPOSITION PROGRAM
A Cooperative Research Support Program of the State Agricultural Experiment Stations (NRSP-3)
Federal and State Agencies and Private Research Organizations

ATMOSPHERIC INTEGRATED RESEARCH MONITORING NETWORK
FIELD OBSERVER FORM (FOF)

Send Completed Form with Each Sample
Problems? Call the CAL at 1-800-952-7353, or e-mail: airmon@sws.uiuc.edu, or fax: 217-244-3054

* D51100 *

FOR OFFICE USE ONLY
A
Temp (℃) Type
Leak SP SL

1. SITE
Name ______ ID

2. OBSERVER
Print name ______ Initials

3. SHIPMENT DATE
MO DAY YR

4. SAMPLE PERIOD

	MO	DAY	YR	0001-2400
ON				
OFF				

5. SITE OPERATIONS
Check yes or no for all samples. If no for Item 1 or 2, describe in Block 11 and call CAL.

YES NO
1. The **sensor heater** and **motor box** operated properly and the **event recorder** indicates the collector lid opened and closed promptly for each precipitation event.
2. **Raingage** operated properly during sampling period.
3. **Collector** opened and closed at least once during sampling period.

6. SAMPLE CONDITION
Check yes or no for all samples. If yes, explain and quantify in Block 11.

YES NO
1. Bird droppings
2. Cloudy or discolored
3. Soot/ash/dirt particles
4. Insects/animal matter
5. Leaves/twigs/pollen/plant matter
6. Handling contamination
7. Other

7. SAMPLE WEIGHT
Weigh all sample buckets.
Bucket + Lid + Sample
− Bucket + Lid
= Sample Weight (grams) X 0.00058 inches/gram = Sample Depth (inches)

8. PRECIPITATION RECORD *Circle all types that apply - for definition see Operator's Manual.*
Type T R RW S SW L ZL ZR A SP SG IC IP BS E F K H D BD BN + -

Belfort gage depth (inches)
Do these values agree within ± 10%? YES ☐ NO ☐ *(If no, reweigh)*
NWS gage depth (inches)

*DAY	00-01	01-02	02-03	03-04	04-05	05-06	06-07	07-08	08-09	09-10	10-11	11-12	12-13	13-14	14-15	15-16	16-17	17-18	18-19	19-20	20-21	21-22	22-23	23-24

**Record hourly precipitation amounts to 0.01 inches (trace = T, missing = M). Top line is precipitation start date. Times are local (00-01 = 0001 through 0100 and 23-24 = 2301 through 2400 hours).*

9. SAMPLE CHEMISTRY
Only for Sample Weight greater than 50 grams
MO DAY YR
Distilled Water (μS/cm)

Specific Conductance (μS/cm)
7 5 . 0 Standard Certified ÷ Standard Measured = Correction Factor
Correction Factor x Check Sample Measured = ✱Check Sample Corrected
Correction Factor x Precipitation Sample Measured = Precipitation Sample Corrected

pH
✱Is check sample within range? *(If no, call CAL)*
✱Check Sample pH
Precipitation Sample pH

10. SUPPLIES
Circle if needed, until received.
Vials, pH 4 Buffer, pH 7 Buffer, Check Sample, 75 μS/cm Std., pH Electrode, Electrode Fill Solution
Buckets, Bags, Tape, Ice Packs, Field Forms
Dashpot Fluid, Raingage Charts, Raingage Ink, Lid Seal Pad

11. REMARKS

图 3.1 大气综合研究观测网(AirMoN)样品历史记录表样例

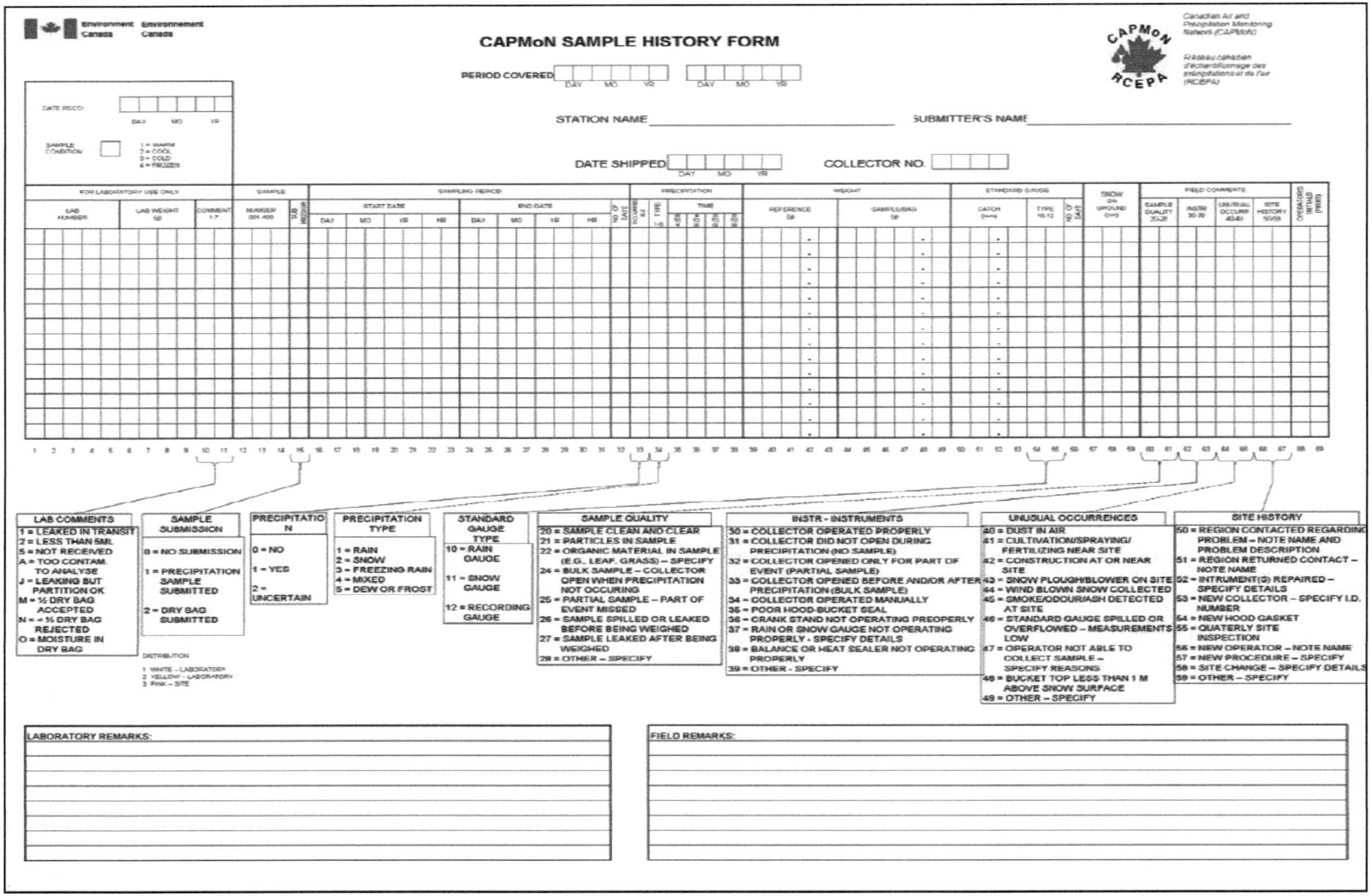

图 3.2　加拿大空气和降水观测网(CAPMoN)样品历史记录表样例

4)样品开始日期和时间；

5)样品结束日期和时间；

6)样品重量(含采集容器的重量)；

7)雨量计测量的降水量；

8)降水类型(雪、雨、冻雨、冰雹或混合类型)；

9)可见的样品污染(悬浮颗粒物、鸟粪、昆虫、植物残骸等)；

10)仪器状况(正常操作/不正常)；

11)操作员备注(异常情况、非标准操作规程,现场的农业、工业或车辆活动,其他观察结果或问题)；

12)供应需求(样品容器、去离子水、现场化学品供应、冷藏包)；

13)表格中有关采样期间干燥或接近干燥条件的报告条目("无降水"或"微量")。

GAW 降水化学计划不建议使用特定的样品历史记录表格,因为许多观测站已将记录表格用于一些区域或国际观测网络。GAW 观测网络使用的两种样品历史记录表的样例如图 3.1 和图 3.2 所示。样品历史记录表应为多副本的记录表。样品运送到实验室时应至少有一份副本,另一份应保留在现场。在两个位置都有副本,有助于确保这些有价值的记录不会丢失,如果对场地条件、样品或设备的状况有疑问时,有利于帮助现场和实验室人员之间沟通。

除了样品历史记录表之外,最好的措施是还应保存一份现场日志,记录样品到达和离开现场的情况,在现场巡视期间的总体天气情况,以及任何异常、问题或不正常情况的解释等。任何可能与样品质量或完整性有关的信息也应记录在样品历史记录表中。

参考文献

Ayers G P, Fukuzaki N, Gillet R W, et al, 1998. Thymol as a biocide in Japanese rainwater[J]. J Atmos Chem, 30: 301-310. For more information on use of thymol as a biocide, contact: greg.ayers@dar.csiro.au.

Galloway J N, Keene W C, Likens G E, 1996. Processes controlling the composition of precipitation at a remote southern hemispheric location: Torres del Paine National Park, Chile[J]. J Geophys Res, 101: 6883-6897.

Galloway J N, Keene W C, Artz R S, et al, 1989. Processes controlling the concentrations of SO_4^{2-}, NO_3^-, NH_4^+, H^+, HCOOT and CH_3COOT in precipitation on Bermuda[J]. Tellus, 41B: 427-443.

Gillett R W, Ayers G P, 1991. The use of thymol as a biocide in rainwater samples[J]. Atmos Environ, 25A (12): 2677-2681.

Goodison B E, Louie P Y T, Yang D, 1998. WMO Solid Precipitation Measurement Intercomparison[R]. In Final Report, Instruments and Observing Methods, WMO Report No. 67. WMO, Case postale No. 2300, CH-1211 Geneve 2.

Herlihy L J, Galloway J N, Mills A L, 1987. Bacterial utilization of formic and acetic acid in rainwater[J]. Atmos Environ, 21: 2397-2402.

Keene W C, Galloway J N, 1984. Organic acidity in precipitation of North America[J]. Atmos Environ, 18: 2491-2497.

Keene W C,Galloway J N,1986. Considerations regarding sources for formic and acetic acids in the troposphere[J]. J Geophys Res,91(D13):14466-14474.

Keene W C,Galloway J N,1988. The biogeochemical cycling of formic and acetic acids through the troposphere: An overview of current understanding[J]. Tellus,40B:322-334.

Keene W C,Galloway J N,Holden J D Jr,1983. Measurement of weak organic acidity in precipitation from remote areas of the world[J]. J Geophys Res,88(C9):5122-5130.

Keene W C,Montag J A,Maben J R,et al,2002. Organic nitrogen in precipitation over Eastern North America[J]. Atmos Environ,36:4529-4540.

Sevruk B,Hamon W R,1984. International comparison of national precipitation gauges with a reference pit gauge[R]. In WMO Instrument and Observing Methods, WMO Report No. 17. WMO, Case postale No. 2300,CH-1211 Geneve 2.

Vet R J, 1991. Wet Deposition: Measurement Techniques [M]//Hutzinger O. The Handbook of Environmental Chemistry, Volume 2 Part F, Reactions and Processes. Berlin: Springer-Verlag.

Winkler P,1993. Response of precipitation sensor to rain[J]. Meteorol Zeitschrift,2:35-44.

4 实验室操作

致谢

作者感谢以下组织和个人对 GAW 降水化学测量指南中本部分的支持。

- Christopher M. B. Lehmann 博士、中心分析实验室(CAL)主任、国家大气沉积计划(NADP)、伊利诺伊州水资源调查局、草原研究所、伊利诺伊州立大学乌尔班纳香槟分校，对离子平衡部分进行了明确，并使计算更加清晰。Lehmann 博士的审核和建议极大地提高了本文件的综合质量。

- EricGardrat、化学分析服务中心、图卢兹大气实验室，提供了有关碳酸氢盐分析和有机酸的咨询和指导。Gardrat 先生分享了提高这些部分综合质量的知识、程序和色谱图示例。

- Cheryl Sue、Hac Truong 和 Trang Huynh，加拿大空气和降水监测网络(CAPMoN)，分享了他们的专业知识和建议。CAPMoN 实验室的工作人员慷慨地分享了标准操作规程以及色谱图和图像的示例，大大丰富了文档内容。

- Jayne Simser，质量保证化学家，加拿大安大略省伯灵顿水、环境和气候变化国家研究所的质量管理者能力验证计划和标准物质生产技术经理，提供了有关杀菌程序和有证标准物质稳定性方面的建议。

- Robert Vet，科学和技术处科学家，加拿大国家大气化学(NAtChem)数据库和加拿大空气和降水监测网络(CAPMoN)，分享了各种研究人员的联系信息，并在资源匮乏时提供了支持。

- Nina M. Gartman 和 Lee-Ann Green、中心分析实验室(CAL)主任、国家大气沉积计划(NADP)、伊利诺伊州水资源调查局、草原研究所、伊利诺伊州立大学乌尔班纳香槟分校，提供了专业的审核。

- Van Bowersox、全球大气观测美洲质量保证与科学活动中心和世界降水化学数据中心管理者，提供了指导和建设性意见反馈，并对报告进行最后修改。

- GAW 降水化学测量指南的实验室操作部分是根据世界气象组织服务协议 3425-16/REM/CNS 编制的。

降水中主要化学成分的浓度很低，并且经常处于或接近灵敏分析仪器的检测限。只有在整个分析系统中使用适当的分析化学方法、灵敏的仪器和严格的质量保证/质量控制(QA/Q)程序，才能获得高质量、准确的结果。本章确定了 GAW 推荐的降水化学分析物及其优选的分析方法，描述了实验室质量保证和质量控制目标及其活动，采样处理和化学分析方法，以及实验室数据验证和报告。

4.1 实验室测量概述

GAW 建议在降水样品中分析以下化学成分：硫酸盐、硝酸盐、氯化物、钠、钾、镁、钙、铵、pH 值和电导率。必须分析或计算碳酸氢盐(以前的碳酸氢根离子)。尽管 GAW 目前不需要对总氮和总磷浓度进行分析，但在某些地区它们也可能很重要。对于怀疑具有高有机酸浓度的地区，建议对甲酸盐和乙酸盐进行分析，草酸盐测量可用于追踪生物质的燃烧(Gardrat，2016)。优选的分析方法和替代方法见表 4.1。

表 4.1　GAW 降水化学样品分析物及优选分析方法

分析物	状态	优选方法[1]	替代方法
Cl^-、NO_3^-、SO_4^{2-}	必需的	IC	
NH_4^+	必需的	FIA	IC
Ca^{2+}、Mg^{2+}、Na^+、K^+	必需的	ICP-AES	IC、FAA
pH	必需的	电极	
电导率	必需的	电导池	
碳酸氢盐[1]	必需的	IC	计算
总氮	可选的	FIA(消解)	
总磷	可选的	FIA(消解)	
有机酸	可选的	IC	IEC

IC＝离子色谱；ICP-AES＝电感耦合等离子体原子发射光谱法；FIA＝流动注射分析比色法；IEC＝离子排斥色谱法；FAA＝火焰原子吸收光谱法。

[1] 对于降水 pH 值大于 6 的地区，推荐使用 IC 测量碳酸氢盐。对于降水 pH 值小于 6 的地区，可以采用计算的方法来计算碳酸氢盐。

实验室还应负责测量过程中的质量保证/质量控制，以确保分析结果的质量。实验室应确定可能影响测量和分析结果的潜在问题。图 4.1a 举例说明了潜在问题的缘由。图 4.1b 给出了解决这些问题的因素。

一些问题可能的原因是：

1)样品质量差；

2)实验室条件差；

3)试剂质量差；

4)测量系统失控；

5)操作员缺乏经验。

实验室的目标是对每个样品中所需要的分析物进行测量。首先确定完整的分析物测量所需的最小体积是非常必要的。对于体积小于此最小值的样品而言，实验室必须遵循一定的测量优先级，即按照重要性顺序来完成分析。这些优先级可以根据降水化学网络的策略来设定。在没有这些策略的情况下，建议采用以下测量顺序：1)用离子色谱法测定硫酸根、硝酸根和氯离子；2)通过流动注射分析方法测量铵离子；3)通过电感耦合等离子体原子发射光谱法测定钙、镁、钠和钾离子；4)pH 值，以便于离子平衡计算；5)电导率，与计算的电导率进行比较，作为离子平衡计算的补充检查。

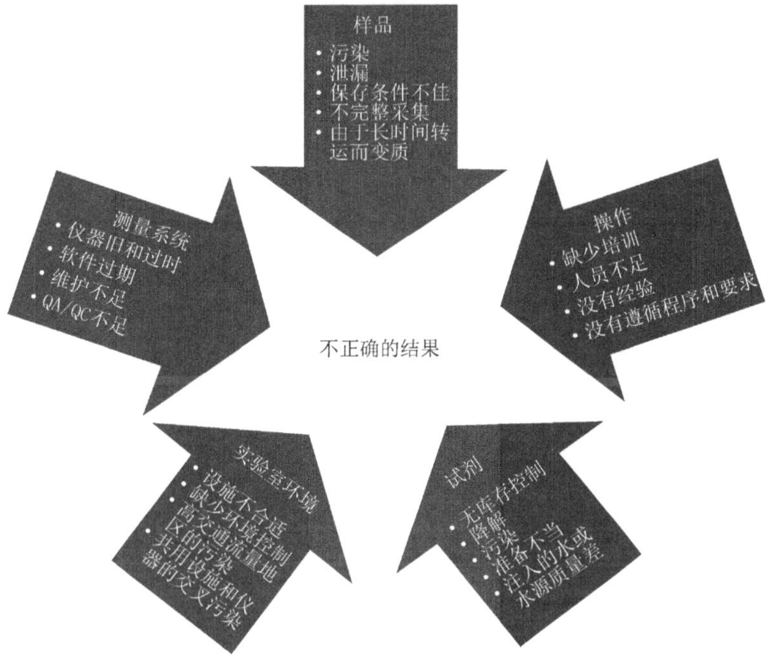

图 4.1a　可能影响分析结果质量的潜在问题的来源

> 减少潜在问题并实施良好的质量控制和质量保证计划是生成良好数据的关键。

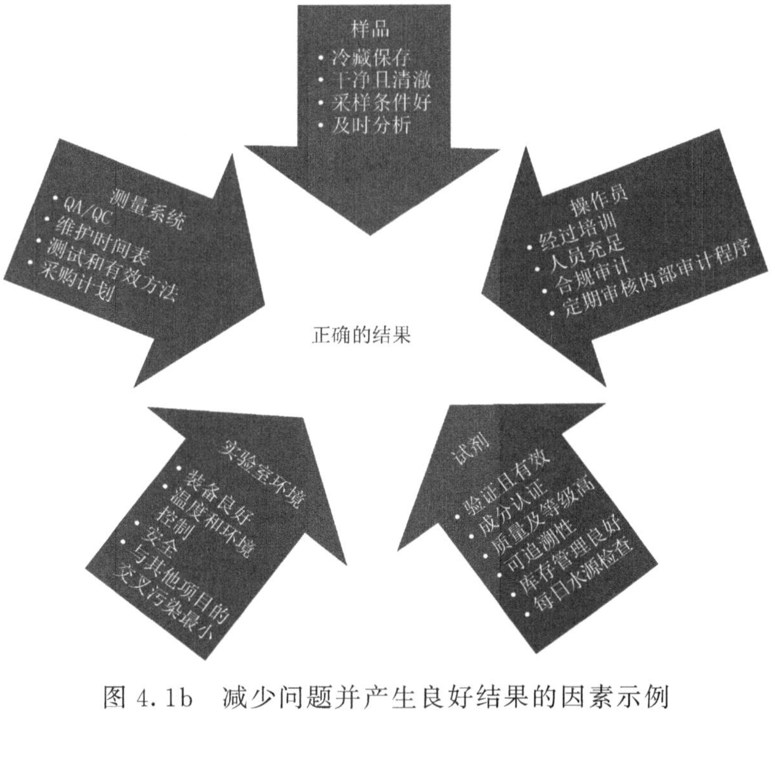

图 4.1b　减少问题并产生良好结果的因素示例

在设备和人员允许的情况下，应尽快完成分析，不要在测量之间有较长时间的延迟，尽量减少化学变化和样品变质的可能性。例如，理想情况下，阴离子和铵离子在同一天进行测量，紧接着测量 pH 值。如果无法做到这一点，因为铵离子通常是所需测量中最不稳定的，应尽快进行分析。如果一次只能分析一个金属离子，则建议顺序是钙、镁、钠和钾。

通常，不鼓励添加去离子水和稀释样品以完成所有必需的测量。在实验室或降水化学网络如果需要进行稀释，则必须遵循严格的标准操作规程来添加去离子水。在进行稀释之前，必须在每次分析运行中对去离子水进行测试。仅当测试表明去离子水中没有待测的成分时才能使用去离子水。需要特别小心以确保所有实验室器具都是清洁的。移液器必须进行校准(有关详细信息请参阅附录 C)。稀释会改变样品的游离酸度，因此必须在稀释样品前进行 pH 值的测量。图 4.2 概述了样品分析的优先顺序。

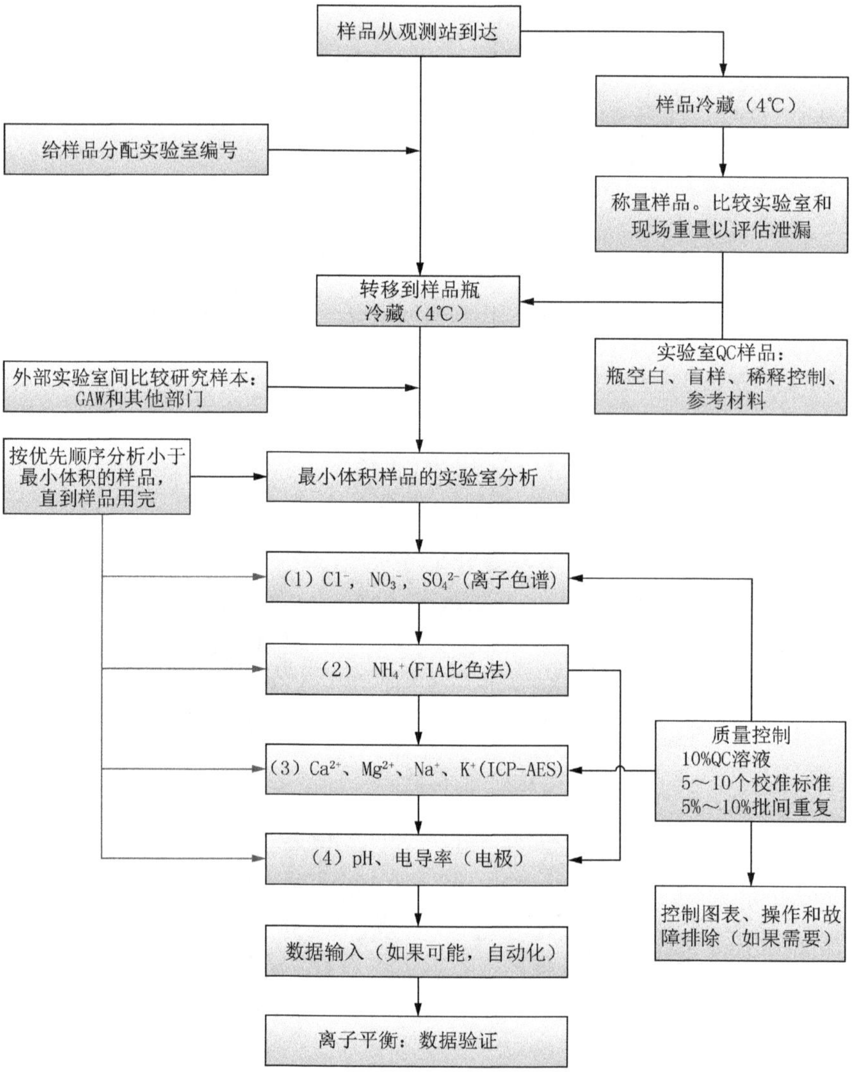

图 4.2 实验室优先顺序流程图示例

4.2 实验室数据质量目标(DQOs)

第 6 章和附录 A 中进一步讨论了 GAW 降水化学计划的 DQO。每个实验室都有责任实施一套适当的操作和 QA/QC 活动,以确保达到或超过这些目标。

每个实验室都应有一个 QA 管理员,负责执行和管理实验室的质量保证程序

4.3 质量保证和质量控制活动

实验室的质量保证(QA)和质量控制(QC)活动可分为三个不同的活动:

1)设定实验室数据质量目标;

2)采用并实施良好的质量保证/质量控制实践和程序;

3)报告质量保证/质量控制数据和信息。

在实验室的标准操作规程(SOPs)中应描述实验室如何执行质量控制程序的有关细节。质量保证活动的详细信息最好是在质量保证项目计划(QAPP)中进行描述。有关编写实验室质量保证计划的详细信息可联系美国环保局,例如,参考美国国家大气计划的网站。SOPs 和 QAPPs 应每年至少审核和更新一次,并且随时可供实验室工作人员使用。实验室工作人员是这些文件的合规性和进行维护以及实验室质量保证/质量控制系统的积极参与者。

质量控制程序包括但不限于以下活动。图 4.3 给出了详细信息。其他参考文献包括(STP-867,1985)(ASTM D6328-12)和(ISO/IE-17025,2005)。

1)在每次分析运行中执行 QC 检查;

2)绘制质量控制结果图表;

3)在 QC 测量结果表明分析系统出现问题时,应根据具体的纠正措施实施 QC 行动计划。这被称为多规则系统;

4)进行精确检查(批内和批间重复)。

质量保证程序包括但不限于:

1)定期分析标准参考物质(SRM)或有证标准物质(CRM);

2)参与实验室间比较研究,如由美洲的质量保证/科学活动中心(QA/SAC-Americas)举行的半年度研究;

3)进行内部审核和/或检验;

4)确保校准标样的可追溯性;

5)记录并遵守 SOP;

6)追踪采购程度以确保仪器和材料达到标准要求;

7)具有方法开发和记录方法开发研究的协议;

8)遵循协议顺利实施分析程序的变更;

9)实施定期维护并对实验室设备和仪器的维护进行记录;

10)记录分析员培训;

11)提供适合实验室工作的设施;

12)实施和遵守安全协议;

13)确保明确的实验室保管链。

每日

- 使用质量控制溶液(QCS)校准仪器并验证校准曲线。这些溶液的浓度应对应于预期或历史样品浓度的第10、第50和第90百分位数;
  - 每间隔10个样品,分析一次QCS;
  - 在每次运行期间和之后检查QC图表上记录和绘制的QCS数据;
  - 对5%~10%的样品进行重复分析;
  - 如果控制结果违反了QC的操作限制,则重复仪器校准和分析运行。
- 在每次分析运行中分析去离子水和试剂空白;
- 记录标准准备质量和计算;
- 执行仪器维护和更新维护记录。

每周

- 分析以下空白:
  - 所有样品容器,包括样品瓶和小瓶;
  - 被送往现场的样品容器;
  - 从现场收到的容器空白。
- 在样品流中插入并分析SRM或CRM。一定不能让分析人员知道这些样本的身份,以确保CRM和SRM以与所有其他样本相同的方式进行分析;
- 在控制图上绘制SRM和CRM数据。检查系统错误并根据需要采取措施;
- 进行稀释检查并绘制结果;
- 对降水样品进行离子平衡检查,并根据需要重复分析;
- 评估重复的样品分析数据并根据需要进行改善;
- 评估内部盲样,审计样本数据并根据需要采取措施。

每半年

- 参加GAW实验室间比对研究;
- 参加其他可能的实验室比较研究;
- 准备实验室质量保证报告以供发布;
- 审查所有的SOPs并根据需要进行修改;
- 对规程进行内部实验室审核。

图4.3 实验室QA/QC活动示例(建议频次)

4.3.1 化学分析的QA/QC

参与GAW降水样品分析的化学实验室,将通过遵守分析系统的质量保证/质量控制程序来实现高质量绩效。以下部分将QA/QC活动进行讨论。

1)使用标准来校准分析仪器以确保准确性。

2)质量控制程序的应用:

①QCS——在分析运行期间评估仪器功能；

②重复分析——从批内和批间的变化来计算分析精度；

③空白样品——检查背景污染，包括实验室去离子水源；

④盲样本——检查系统错误，包括无意的协议错误；

⑤稀释检查——评估高浓度样品稀释工具的准确性，并确保稀释样品不受基质效应或精度差的影响。

3)使用 SRM 和 CRM——评估实验室准确性。

4)实验室间比较——评估实验室准确性和相对于其他实验室的偏差。

4.3.2 仪器校准控制和验证

仪器校准是每个实验室 SOP 的重要组成部分。每个实验室必须实施质量控制程序，以保证校准的准确性。

在实验室日志中记录有关校准标样制备的所有信息。

文档：校准标样品制备的日期；

与校准标样品制备相关的计算；

校准标样品制备中使用的质量和体积；

新材料的说明及使用时间；

制备校准标样品和溶液的操作员姓名。

永久保存实验室日志。

推荐的过程如下：

1)使用具有纯度证书的可溯源的超纯试剂来制备储备校准溶液。

2)通过称量成分的质量来制备校准溶液。使用经校准的分析天平和超净工具。请参阅附录 C 中实验室仪器和工具的校准和操作测试程序。确保称量皿已经过杂质测试。请参阅 4.3.14 节中的质量控制——库存消耗品。

3)使用最佳数量的校准标样(通常为 5 个)来表示不超出仪器量程的分析范围。确保校准标样的浓度范围为预期降水样品浓度的 2%～98%。

4)在校准曲线的非线性部分使用额外的校准标样。对分析范围的不同部分准备各自不同的校准曲线，以降低非线性程度。

5)不要为超过最高校准标样的样品测量外推校准曲线，而是应将样品稀释到校准范围内。使用离子色谱仪时，浓度非常高的样品会使色谱柱过载。通过减少定量环的长度来避免这种情况，然后再准备高浓度的校准曲线。

6)纠正仪器响应随时间的变化。室温变化和其他因素可能导致仪器不稳定或漂移。经常运行校准标样以纠正这些变化。

7)在每次分析运行(批次样品)开始时进行校准，并验证校准曲线是否偏斜，仪器响应是否与之前有效的分析运行相当。在运行结束时重新校准，并将此运行结束的校准与运行开始的校准进行比较。在分析运行之间和之内的峰面积、吸收能力和其他仪器响应等应相似。

8)检查校准曲线是否在每个单独分析物的可接受限度内，并且校准曲线的相关系数(R^2)大于或等于0.995。

9)至少，在每批10个样品中分析一个QCS。不稳定的分析物，如碳酸氢盐和有机酸，每批10个样品中可能需要更多的QCS。

4.3.3 QC程序的应用

QC是一种根据预期结果测试数据输出样本来维护数据质量的系统。QC与QA的不同之处在于QC程序应用于样本分析期间，而QA是在数据收集之后发生。

理想情况下，QCS在整个分析过程中与降水样品一起进行分析，这确保了QCS和降水样品在相同的条件下进行分析。QCS结果绘制在控制图上，并明确标识出警告和控制限值。当QCS结果违反了QA管理者设定的规则时，这些图表可以用作启动纠正措施的指南。行动方案是基于分析系统处于控制之下、一个结果或一组结果不太可能的统计概率。这组规则被称为多规则系统。可以为每个分析系统或整个实验室定制和开发多规则系统。应用多规则系统的专用的软件包可在市场上买到。

4.3.4 QC溶液

自然降水可用于制备QCS。这种方法需要大量的降水，必须进行杀菌并在4 ℃下储存。稳定性取决于杀菌、平衡和合适的储存条件。合成QCS的制备也可以从自然雨水开始，这有助于确保QCS的分析响应与对降水的响应相似。然而，对于不稳定物质，例如有机酸，使用自然雨水的QCS是不实际的。对于不稳定物质，QCS必须使用与制备校准标样不同的储备溶液来制备。有关详细信息请参阅附录C。

QCS测量的平均值来自于不同分析运行的至少20个单独的QCS的测量。必须在常规使用之前分析新的QCS，以确保结果落在校准范围和预期浓度的百分位数内。有效的新的QCS应连同旧的QCS一起分析，以确保测量结果具有可比性且在控制范围内。

通常制备三个或更多个QCS，理想的浓度是对应于所有样品浓度的第10、第50和第90百分位数。在每次分析运行中分析QCS以检查分析的性能。

4.3.5 质量控制图表

质量控制图在统计参考书中有详细描述。建议的参考文献是美国国家标准与技术研究所/SEMATECH统计方法手册的电子版本。

在分析运行期间绘制QC测量图，并监测违反实验室QC规则的值。可以采用手动绘图，鼓励分析员密切关注结果；也可以购买计算机程序，绘制结果、标记错误数据并对累加的QC数据集进行自动计算。这些程序使用下面描述的多规则系统，将应用规则来标记数据。图4.4给出了一个示例。

无论是使用手动还是自动绘制图表，都应定期审核数据，以确保仪器操作员完全符合质量控制规则。

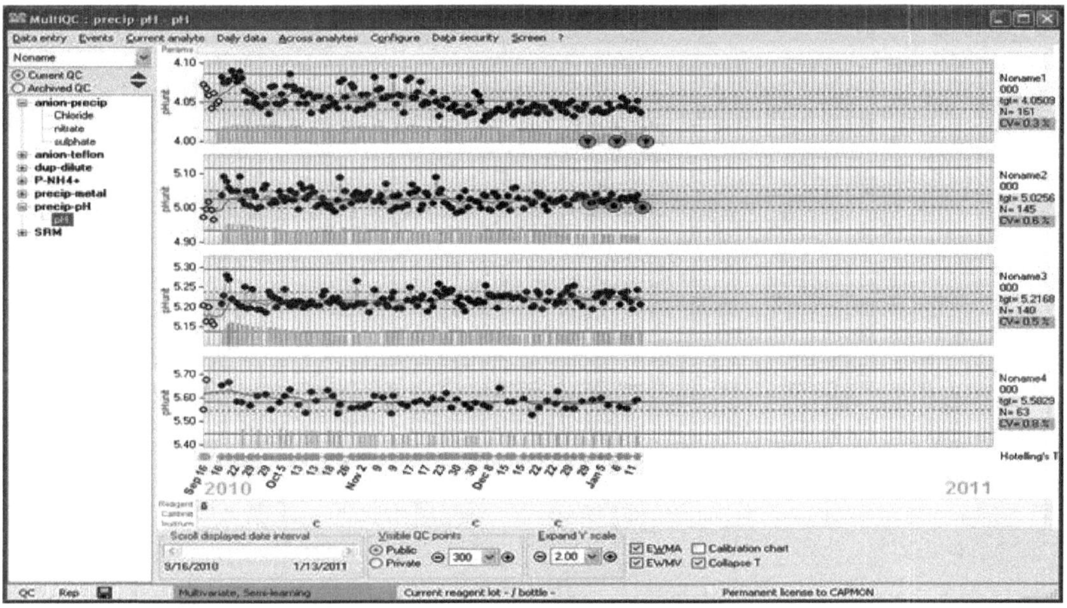

图 4.4　自动 QC 系统的输出示例

多规则系统

多规则系统使用决策标准的组合来确定分析系统或运行是否在控制之内或之外。

控制图通常假设分析的数据呈正态分布，控制限值是基于结果标准偏差（S）的倍数。下面给出了一个多规则系统的例子（Westgard，2010），见图 4.5—图 4.10。

规则一（3S）：如果 QC 测量值高于或低于平均值的 3S 或更多，则拒绝运行。3S 值是纠正措施限值，这意味着必须重新校准仪器并重复分析运行。

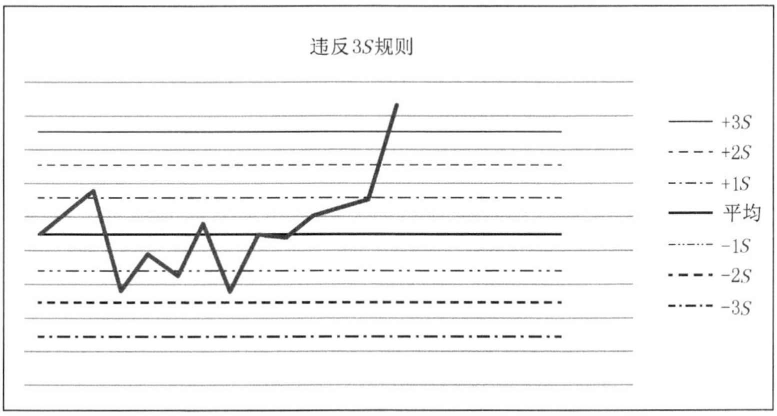

图 4.5　违反 3S 规则示例

规则二（2S）：如果连续两次 QC 分析高于或低于平均值的 2S，则拒绝运行。重新校准并重复分析运行。

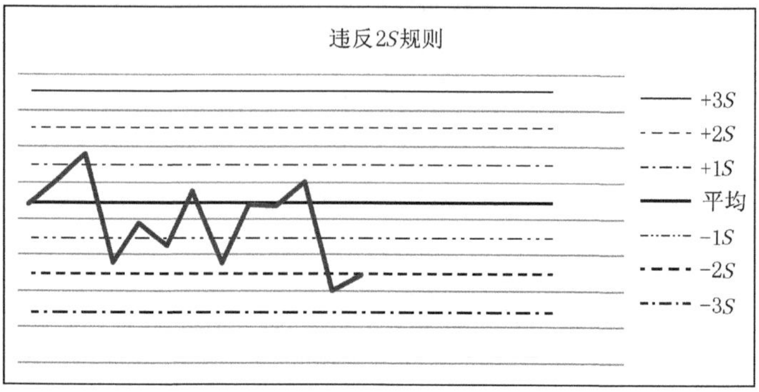

图 4.6　违反 2S 规则示例

规则三(4S):当一个 QC 值高于平均值的+2S,并且一个连续值低于平均值的-2S 时,或者相反时,拒绝运行。本规则仅在批内应用,而不应用于批间。重新校准并重复分析。

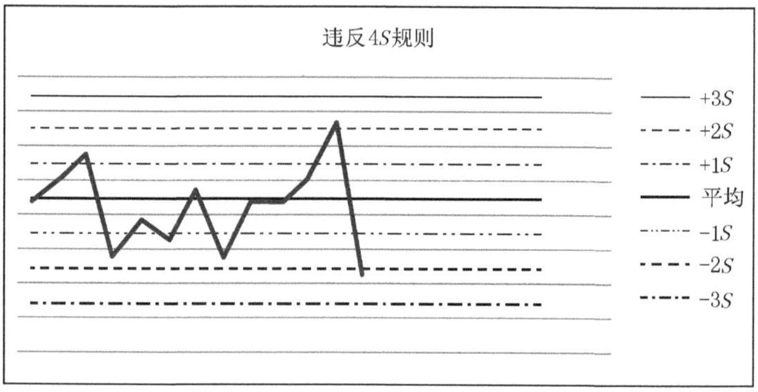

图 4.7　违反 4S 规则示例

规则四(10S):当 10 个 QC 值连续落在平均值的一侧时,应检查分析系统。检查校准日志以查看是否引入了新的校准标样,检查维护日志以查看是否对仪器进行了维护。这些动作可能会导致 QC 数据的偏差或偏移。数据偏移的另一个原因可能是系统性的实验室污染,例如去离子水桶中的细菌,则需要采取纠正措施来消除这个问题。

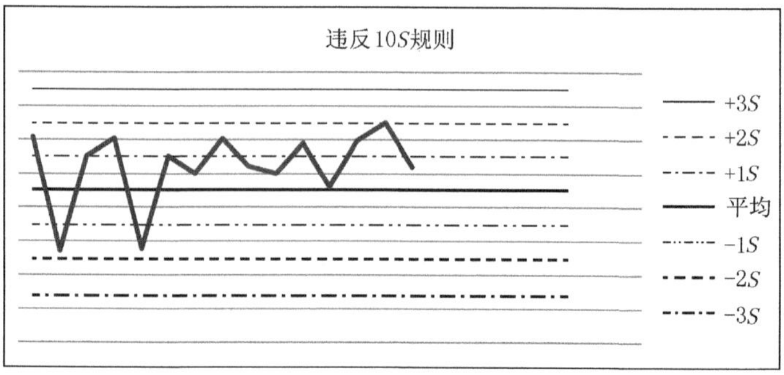

图 4.8　违反 10S 规则示例

规则五(7*S*):当7个QC值在一个方向上呈升高或降低趋势时,应检查分析系统。向上的趋势结果可能表明分析仪器中存在污染,需要进行维护。向下的趋势可能表明采样器探针越来越堵塞,进入分析系统的样品量越来越少。根据需要进行检查并采取措施。

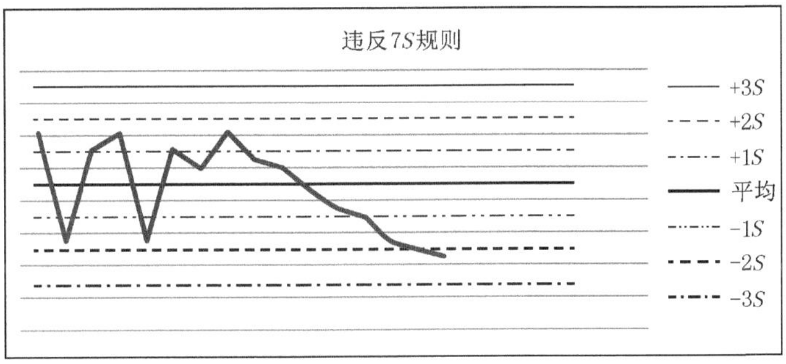

图4.9 违反7*S*规则示例

在控制图上标记维护期和事件,因而QC数据的趋势和变化可归因于特定活动。这个信息也应记录在实验室的日志中。

将新标准或试剂开始使用的日期直接标记到图表上,以直观显示新溶液对数据质量的影响。

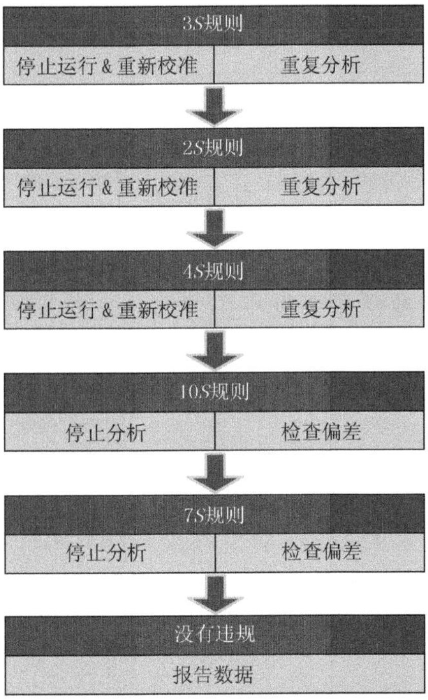

图4.10 QC决策图

控制图表应随时可用且保存至少两年。

4.3.6 重复性分析

重复分析,定义为在整个实验室程序中同等处理同一样品的两个等分试样,以提供分析精密度的量度。有两种类型的重复性分析:批内和批间。批间重复性分析获得分析的逐日可变性,并且是估算GAW实验室精密度的基础。

建议将至少2%~5%的样品量作为批间重复性分析。从样品流中随机选择样品进行重复分析,选择条件是它们具有足够的体积可以用于两次分析。重复性分析数据可以按百分比或绝对偏差来列表。

有几种绘制数据的方法。高浓度值将产生较大的绝对偏差,但百分比偏差较小。相反地,低浓度值会产生很小的绝对差异,但百分比偏差较大。在同一坐标轴上绘制彼此相邻的重复性数据,如图4.11所示,提供了一种识别较差相关数值的可视方法。

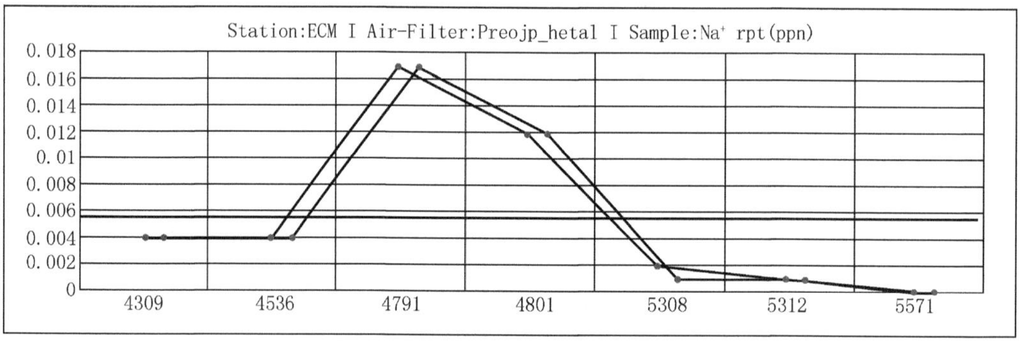

图4.11 重复性分析数据图表示例

重复分析中的偏差表明结果可能来自两个不同的样品,请检查样品标签和分析顺序,以了解可能的混淆情况。还应检查复制和粘贴的错误。如果无法解决偏差,请重复分析两个样品。可能需要重复分析一系列样品以确定样品是否被混淆。

请注意,有机物污染会导致样品变质并发生化学变化。随机选择样品进行重复性分析时,可能会选到受污染的样品,化学品的变质可能导致较大的偏差,不能代表实验室的精密度。为避免这种情况,应仅选择在现场和实验室观测中没有污染迹象的样品。

重复性数据用于估计实验室的精密度。附录A第A.3节给出了实验室精密度的推荐计算方法。

去离子水是降水化学实验室操作的重要组成部分。它用于清洁、溶液制备,是制备校准标样的基础。

4.3.7 去离子水的质量

4.3.7.1 背景

去离子(DI)水是经过去除矿物质和溶解离子处理的水。降水实验室需要表4.2(D1193-06,2011)中描述的ASTM D1193 I型去离子水。

表 4.2　去离子水质量指南(TM Associates,2009)

组分	参数	I 型的特性
离子	25 ℃时的电阻率	>18.0 MΩ・cm
离子	25 ℃时的电导率	<0.056 μS・cm^{-1}
有机物	总有机碳	<10 ppb**
悬浮粒子	粒径	<0.2 μm
胶质物	二氧化硅	<10 ppb
细菌	菌落形成单位	<1 CFU・mL^{-1}

* 电阻率和电导率互为倒数。

** 1ppb=10^{-9}。

4.3.7.2　仪器

图 4.12 说明了去离子水系统的构成。这些系统可以包括但不限于以下部分。

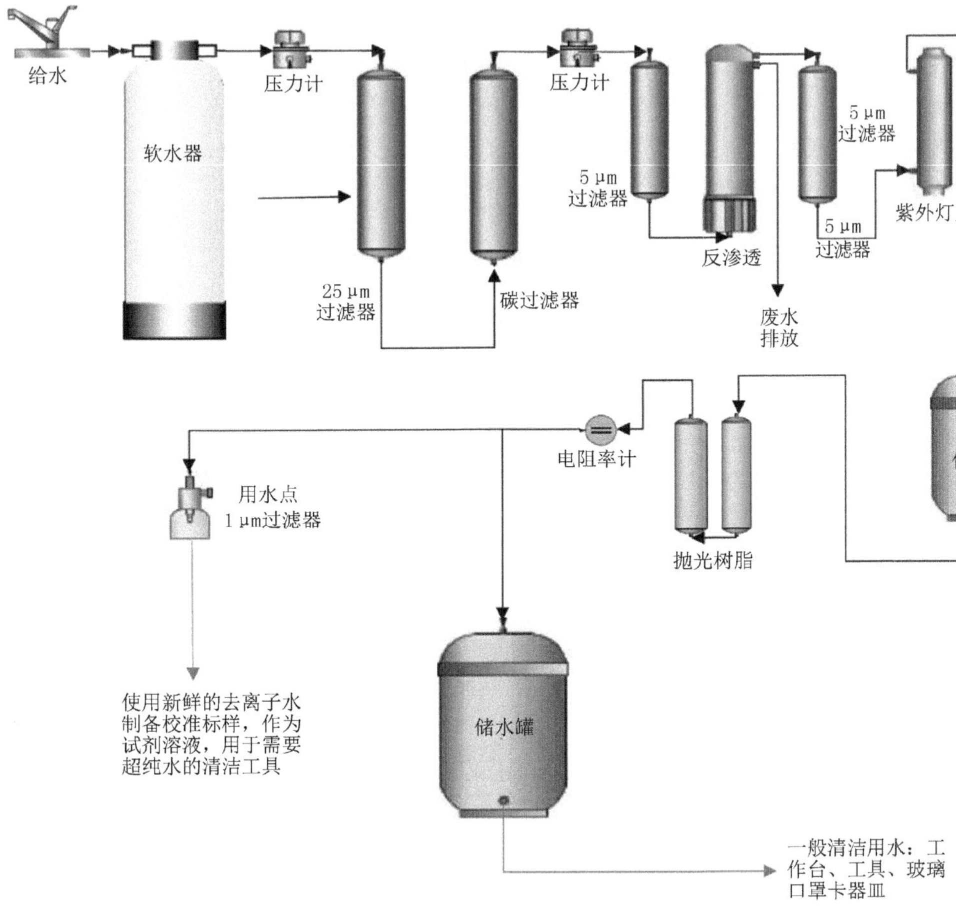

图 4.12　去离子水系统示例

1)软水器(可选)。所有的去离子水系统都最好与软水器一起使用,用钠离子交换去除钙和镁离子。与钙和镁离子不同,钠离子不会在预过滤器和反渗透(RO)膜上收集和钙化。

注意:软水盐是分析实验室中潜在的污染源。将盐袋储存在远离仪器的地方。如果可能,将软水器隔离在一个单独的区域内。

2)预过滤包:

①0.25 μm的颗粒物过滤器;

②炭过滤器;

③预过滤器前后的压力表。

3)主过滤系统:

①反渗透(RO)系统;

②5 μm的颗粒物过滤器(在RO系统的前后);

③炭阻过滤器(可选);

④压力表。

4)储水罐:

①紫外线(UV)灯;

②水罐数量取决于系统配置和使用情况。

5)抛光树脂:

①树脂过滤器(3~4);

②水质显示器(可选)。

6)使用点(POU)系统:

①分液器;

②0.1 μm的过滤器。

每个实验室必须根据其用途确定最佳的DI系统。制造商给出的技术参数各不相同。以下是一些注意事项(TM Associates,2009):

1)需要多少去离子水?

2)有多少位置需要接入DI?需要什么样的DI供应(POU分液器、水罐、连续供应)?

3)POU距DI系统有多远?可能需要泵。

4)自来水的质量是多少,自来水管线中的压力是否为至少345 kPa(50 PSI)或以上?可能需要泵。

5)DI系统是否有足够的空间,软水盐是否可以从分析实验室中分离出来,特别是在分析钠或氯化物的情况下?

6)未来的分析计划是否可能需要特殊的DI水?

4.3.7.3 标准

去离子水系统应可以显示输出电阻率。这个读数必须每年用已经过验证的备用测量设备来验证。通常,系统服务供应商会进行此项操作并颁发质量证书。或者,实验室可以购买电阻率测量设备来进行年度检查。测量设备必须由有资格颁发性能证书的外部机构进行校准和认证。校准应在年度维护期间进行。

4.3.7.4 维护

去离子水系统与实验室其他仪器同样重要，需要照看、维护，记录读数、程序和服务等。系统需要进行以下维护。

1)在系统设计时，如果水不通过内部泵循环，则应每天制备去离子水并使其通过预过滤器。

2)如果使用量增加，应每周或更频繁地检查软水盐的含量。根据需要加盐。仅应使用软水器专用盐。检查盐是否在储罐内“桥接”，在固体盐覆盖层下面没有留下气穴。使用结实的棒打破盐桥，并确保软水盐未硬化形成固体块。

3)保留一本记录预过滤系统上仪表读数的日志。找到过滤器之间可接受的压力差范围。当仪表上的压力开始彼此接近时，表明过滤器变得太过渗透并且需要更换。此外，当过滤器之间的压力差太高时，说明其中一个过滤器可能堵塞并应更换了。

4)每年更换炭过滤器和反渗透(RO)膜，或当读数和指示器显示膜变质时。理想的新膜可以去除所有给水 98%～99%的杂质。随着使用年限的增加，膜变得更具渗透性并且过滤的水更少。如果去除率百分比降至 90%以下，则需要更换 RO 膜。如果有氯气通过炭床，它会迅速降解 RO 膜。在确定维护频率时，必须要考虑去离子水的使用量和当地自来水的质量。

5)每次使用时应检查抛光树脂的电阻率计，当电阻率不稳定或低于 8 MΩ 时，应更换过滤器。

6)应让服务人员每年更换系统中的所有管路，以避免细菌生长或卷曲。每年对分布系统进行一次冲洗或消毒，以消除系统中细菌的增长。

7)每年应更换紫外灯。

8)更换抛光树脂时也应更换 POU 过滤器。

4.3.7.5 去离子水的使用

(1) 空白

1)“空白”或空白样品是一种 QC 样品，取自于去离子水系统和玻璃器皿和设备冲洗。应测试与样品直接接触的所有材料的空白，包括样品瓶、试管、瓶子和收集容器等。还应测试管帽、手套、称量皿和其他偶然接触样品或样品流的材料的空白。请参见 4.3.14 质量控制库存消耗品的相关内容。

2)当供应商变更、产品变更或收到新批次的材料时，必须对材料进行空白测试。新材料在投入使用前必须进行测试。这些测试结果应记录在日志中。拒绝使用会对样品造成污染的材料。实验室管理人员和材料供应商应在购买之前共同制订对材料进行测试的计划。被拒绝的材料绝不应供给实验室人员使用，应退回给供应商废弃。请参见 4.3.14 质量控制库存消耗品的相关内容。

3)在每个分析批次，应分析一个去离子水空白和一个试剂空白(如果可能)。在去离子水或试剂空白中不应有可检测的分析物。仪器噪声可能会产生检测限附近的信号。在时间轴图上绘制出空白结果，这将向分析员和质量保证管理员表明分析系统的背景水平是否随时间增加。图 4.13 给出了去离子水空白随时间增加的示例。

(2) 标准和试剂

1)校准标样必须直接用 POU 分液器端的去离子水来制备。

2)每种方法都应规定是否可以使用来自于保存容器或 POU 分液器的试剂。

(3) 清洁

1)使用从去离子水系统抛光树脂回路中直接取出的去离子水,对所有与降水样品直接接触的管路、样品瓶和工具冲洗三次。见图 4.13。

2)使用去离子水清洁实验室的容器、玻璃器皿、表面、设备、工作台和地板。注意:请勿使用会污染样品和供应品的化学清洁剂和肥皂,尤其是含氨的清洁剂。

3)在可能的情况下,在超声波清洗槽中使用去离子水清洁仪器部件、玻璃料和其他无法擦洗的有小裂缝的设备。

4)不要使用清洁剂或酸溶液来清洁现场的样品容器。如果使用了清洁剂或酸,则只应使用最小的有效量。必须特别注意要冲洗掉残留物。优选的方法是使容器在去离子水中浸泡 24～48 h,这将浸出可能污染降水的可溶和可交换的残留物。用 Kimwipe® 试纸擦拭这些表面,清除掉样品容器表面可见的残留物。在清洁和处理样品容器并反复冲洗表面时,应佩戴经过预先测试的干净的一次性手套。

5)无论是在现场还是在实验室,应使用去离子水清洗所有的样品容器,直到最终冲洗水(即冲洗液)的电导率不超过 1.5 $\mu S \cdot cm^{-1}$。常规性的检查冲洗液的电导率是否超过 1.5 $\mu S \cdot cm^{-1}$。清洁后,将水从样品容器中摇出,用塑料密封或盖上容器口,并存放在干净的地方。注意:应避免风干,因为许多污染物可溶于水并会粘在干燥的表面上。

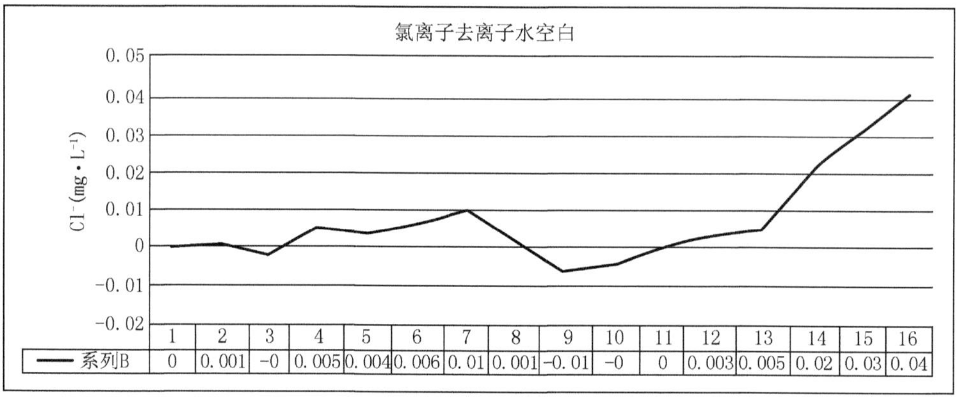

图 4.13 去离子水空白图示例

盲样的处理方式与普通样品没有区别。盲样用于增强实验室人员的信任,而不是为了找出错误。

4.3.8 盲样

盲样检查提供了另一种评估实验室数据质量的方法。只有质量保证管理员才知道盲样的浓度。这些检查评估实验室处理和分析样品的各种影响。它们用于测试各种分析物的偏差和精密度，或用于检测系统的污染。盲样对于评估分析系统的性能是有用的，而不是评估实验室分析员或其他人员。

盲样可以是去离子水、酸化的去离子水、SRM 或 CRM。建议每周进行盲样检验。使用具有已知值的样本，从而可以针对真实值绘制分析结果。使用均值作为真实的 SRM 或 CRM 值，将真值的范围作为控制的上限和下限。有关 CRM 图的示例参见图 4.14。

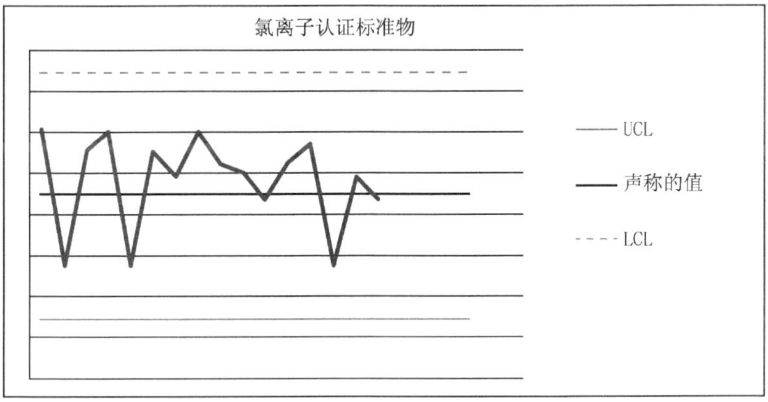

图 4.14　氯化物的 CRM 图

声称的值为平均值，UCL 和 LCL 分别是控制的上限和下限

将盲样品倒入样品容器中并分配一个实验室编号，使分析员无法将它们与所有其他样品区分出来。必须有足够的体积来完成所有的分析。在分析之后，质量保证管理者识别盲样并在 QC 图表上绘制数据。用于 QCS 的规则也同样适用于高盲样数据，但纠正措施是由质量保证管理员而非仪器操作员启动。

4.3.9　稀释检查

浓度高于分析仪器校准范围的样品，应稀释至浓度在校准范围之内。定期检查样品的稀释程序以确保稀释液对样品基质没有影响，并检查稀释液本身的准确性是非常重要的。

进行稀释检查不否定对移液器、天平和其他用于稀释的工具进行定期校准的必要性（参见附录 C）。

稀释测试的一种可接受的方法是，比较稀释前后样品等分样的测量值。不幸的是，大多数浓度超过校准限值的样品的体积太小而无法做到这一点。相反，可以使用 CRM，如果它们由降水基质组成，就消除了基质效应的可能性。稀释前后的测量可按图 4.15a 绘制成图表并进行比较。通常，稀释值是不太精确的。图 4.15a 中稀释的结果随时间下降的趋势说明程序或设备可能有问题。它也可能表明移液器将稀释剂泄漏到了样品中。以这种方式绘制的数据图表可让分析人员发现并检查此类问题。

评估稀释过程的另一种方法与前一部分中描述的盲样试验相似。QA 管理者通过向降水基质中添加已知的浓缩储备液来制备测试样品。首先分析降水基质。加入浓缩液，使所有分析物的浓度均高于所有程序的校准范围。可以从降水基质的体积和浓度以及浓缩储备液的体积和浓度计算混合物的预期浓度。

与盲样测试一样，将这种浓缩样品添加到样品容器中并分配一个实验室编号，以使分析人员无法将其区分出来。在分析之后，质量保证管理者可以将报告的浓度与预期浓度进行对比，参见图 4.15b，其中报告的值相对于计算值偏低。结果不一致，表明设备或程序存在问题。例如，移液管可能漏液或瓶口分液器可能由于没有妥善固定柱塞而不一致。

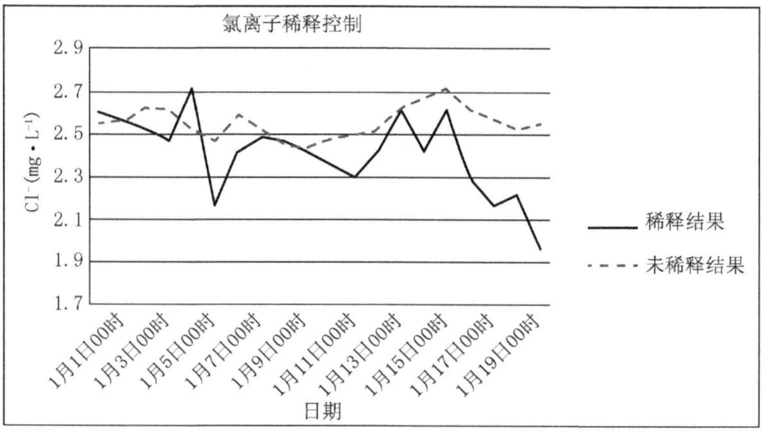

图 4.15a　稀释与未稀释的样品测量

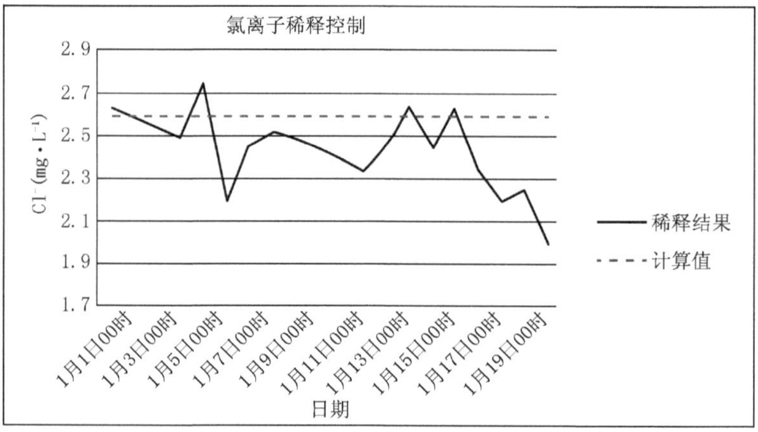

图 4.15b　稀释后报告浓度与计算浓度的比较

如果测量浓度和计算浓度的差异超过±10%，则有必要检查稀释系统。应暂停使用降水的稀释分析，直到进一步证实该方法能够满足±10%标准。

4.3.10　标准参考物质(SRM)和有证标准物质(CRM)

标准参考物质是由美国国家标准与技术研究院(NIST)颁发的符合 NIST 特定的认证标准的有证标准物质。这种物质应颁发分析证书，并报告其特征结果。SRMs 具有通过共识标准方法建立的组分值(NIST，2015)。

CRM 是以一个或多个属性的有效计量程序为特征。这种物质附有证书，证书提供了特定属性的值、不确定度和计量可追溯性声明（NIST，2015）。随着时间推移，CRM 可以由多个实验室进行分析，并对结果进行核对以建立其真值。与降水分析一起使用的 CRMs 必须包含典型的降水分析物，通常不包含其他分析物；也就是说，CRM 的基质应该类似于降水的基质。

实验室必须获得足够量的 CRM 或 SRM 物质，以使实验室能够建立结果数据库。联系供应商，并索取数量可持续一年的一批或多批的 SRM 或 CRM。溶液应该是大约 100 mL 的小等分试样。使用小等分试样可确保一批次或多批次的样本不会因反复打开和关闭容器而受到污染。

质量保证管理者应每周将 CRM 或 SRM 放入分析队列中。样本应放在实验室容器中并标记为样品，因此，对分析员来说样品的身份是盲样。将样品转移到实验室样品容器中，对容器的清洁程度和操作员处理样品的程序进行测试。在所有系统上分析 CRM 或 SRM，可为实验室管理者提供实验室操作的整体情况。

偏差定义为由于实验室样品处理或分析程序而导致的测量值和预期值之间的系统性差异。可以通过绘制 CRM 的结果来评估潜在偏差。附录 D 列出了一些获取 CRM 的来源。

4.3.11 实验室间比对研究

所有对 GAW 降水化学样品进行化学分析的实验室都必须参加 WMO/GAW 的实验室比对研究。每个国家的 GAW 人员必须向 WMO/GAW 的美洲 QA/SAC 实验室比对研究管理人员注册他们的实验室（或者多个实验室）。

实验室间比对样品是实验室绩效的一个指标。将这些样品放入样品流中，并将它们作为降水样品进行处理。

QA/SAC 每年两次将一套比对样品寄送到每个实验室进行分析。分析结果必须在规定的时间内提交给 QA/SAC。每个实验室还必须报告他们进行化学分析 GAW 站的名称。这项研究的结果将发布在 QA/SAC 网站。

未参与 WMO/GAW 实验室比对研究的国家的降水化学数据，将在世界降水化学数据中心（WDCPC）分离为一个单独的数据文件。

除非实验室通常都是多次分析降水样品，否则不要多次分析 GAW 实验室间比对研究样品。多次分析这些样品将会歪曲数据的最终分析和结果列表。

WDCPC 的目的是在数据档案中包含基于 WMO/GAW 实验室比对研究的实验室绩效标识。这些措施确保全球范围的 GAW 数据集是准确的和有可比性的。有关数据质量评估的进一步讨论参见第 6 章。

对绩效不满意的纠正措施如下。

WMO/GAW 实验室比对研究中一项或多项绩效不合要求时，表明需要采取纠正措施以提升绩效和改进数据质量。首先回顾一下实验室质量保证/质量控制程序，尤其是第 6 章。建议的纠正措施包括但不限于以下内容：

1)向 QA/SAC 请求额外的样品进行重复性分析；

2)安排另一位 GAW 实验室管理人员进行外部审计或专家访问；

3)升级内部实验室质量控制程序；

4)实施控制图表和多规则 QC 系统；

5)安排分析分离的样品并将结果与绩效令人满意的 GAW 实验室进行比较。在完成纠正措施之后再执行此项操作以确保程序的成功。

强烈建议 GAW 实验室参与其他实验室的比对研究，以进一步提供分析可比性的证据。这些研究包括：

1)由设在挪威大气研究院的欧洲监测和评估计划(EMEP)化学合作中心运行的 EMEP 实验室比对研究；

2)加拿大环境与气候变化计划中国家水研究所(NWRI)的比对研究；

3)东亚酸沉降监测网络(EANET)比对研究；

4)美国地质调查局(USGS)的比对研究。

有关这些研究的详细信息，请联系 WMO 的美洲 QA/SAC。

4.3.12 实验室 QA 报告

实验室应每年准备内部质量保证报告，并按要求提供给 GAW 数据用户(参见 NADP，2014)。这些报告记录了实验室生成数据的质量，可能包括所有类型的质量保证信息(例如，各种质量控制样品的统计摘要、实验室数据验证检查和实验室间比对研究结果等)。

实验室质量保证年度报告的总结表中应至少包括以下信息：

1)实验室 QA/QC 目标；

2)实验室程序(具有修订日期的实验室 SOP 清单)；

3)实验室水、试剂和供应空白检查的结果；

4)SRM 和 CRM 的分析结果数据；

5)控制图表的结果和问题分析；

6)再分析结果；

7)实验室参考标准数据；

8)WMO/GAW 实验室间比较研究绩效；

9)来自其他供应商的内部比对结果；

10)内部审核和产生的变化；

11)设备维护和维修；

12)期间重要的分析设备和供应商变更；

13)证书；

14)人员变动。

4.3.13 实验室数据检验和报告

4.3.13.1 手动数据输入验证

GAW 降水化学计划建议尽可能在仪器和计算机之间以电子方式传输数据。最大限度地减少手动输入数据。

最好是用计算机程序来检验所有记录(如,名称、日期、时间、地点、标识号和分析结果等)有无印刷错误。数据输入程序必须包括错误检查。对于必须手动输入的数据,建议使用以下错误检查程序:1)第一个数据输入员输入数据记录;2)第二个数据输入员输入数据记录;3)比较两次输入并识别差异;4)如果两次输入存在差异,验证并纠正数据输入。

替代方案是,找一个没有输入过数据的人,对5%~10%输入数据的正确性进行抽查。由于实验室的计算机系统类型、手动输入的数据量与计算机捕获的数据量不同,说明数据融合程序和基本统计检查则超出了本手册范围,故未给出。但是,如果发现错误,则应重新评估数据输入过程。遇到任何数据错误必须反馈给原始方,并根据实验室和/或现场记录进行检查。对数据库的更改必须由指定的质量控制人员授权和确认。

4.3.13.2 离子平衡检查

单个样品的离子平衡用于检查和标记数据。溶液的电中性原理要求总阴离子当量等于总阳离子当量。然而,也存在离子平衡不佳但数据仍然有效的情况。例如,样品采集点附近的森林火灾可能会增加降水样品中铵和有机酸的浓度,从而使pH值歪曲;但是,测量结果可能仍然有效。

如果离子平衡超过设定的限值(Lockard,1978-1983)(NADP/CAL,2012),则标记样品,并进行再分析。以下是如何评估离子平衡的逐步说明。

步骤1:使用表4.3中的因子将每种离子的分析测量值(即测量浓度)转换为化学当量浓度:

$$化学当量浓度(\mu eq \cdot L^{-1})=\frac{测量浓度(mg \cdot L^{-1})}{克分子量(g \cdot mol^{-1})}\times 1000\times 化合价 \quad 或$$

$$化学当量浓度(\mu eq \cdot L^{-1})=[测量浓度(mg \cdot L^{-1})]\times[化学当量转制换因子(\mu eq \cdot mg^{-1})]$$

表4.3 测量浓度($mg \cdot L^{-1}$)转换为化学当量浓度($\mu eq \cdot L^{-1}$)

离子	* 克分子量($g \cdot mol^{-1}$)	化合价	化学当量转换因子($\mu eq \cdot mg^{-1}$)
Cl^-	35.452	1	28.2072
NO_3^-	62.00506	1	16.12770
SO_4^{2-}	96.0651	2	20.81922
NH_4^+	18.03876	1	55.4362
Na^+	22.98977	1	43.49761
K^+	39.0983	1	25.57656
Mg^{2+}	24.305	2	82.2876
Ca^{2+}	40.078	2	49.90269
** HCO_3^-	61.01678	1	16.38894
*** $HCOO^-$	45.0174	1	22.2136
*** $CH3COO^-$	59.0440	1	16.9365
*** $C_2O_4^{2-}$	87.9974	2	22.7279

* 分子量(标准原子量2009,2012);

** 仅在分析HCO_3^-时使用,否则使用步骤2计算的值;

*** 如果进行了测量,则应包含在计算中。

对于 pH 大于 5.6 的样品,碳酸氢盐对离子平衡的影响最为显著。

步骤 2:如果未分析碳酸氢盐(以前的重碳酸盐),则从 pH 值计算碳酸氢盐浓度。

基于 pH 值和大气中二氧化碳(CO_2)的年平均混合比来计算每个样品的 HCO_3^- 浓度。利用 CO_2 的分压作为混合比的度量,这种关系表示如下:

$$HCO_3^-(\mu eq \cdot L^{-1}) = \frac{K_1 K_H P_{CO_2} \times (10^6)}{10^{-pH}}$$

代入常数,给出下式:

$$= \frac{(4.467 \times 10^{-7} mol \cdot L^{-1}) \times (0.0341\ mol \cdot L^{-1} \cdot atm^{-1}) \times (P_{CO_2} atm) \times 10^6 (\mu eq \cdot mol^{-1})}{10^{-pH} mol \cdot L^{-1}}$$

用单个变量替换常数,给出

$$= \frac{年碳氢化合物常数}{10^{(6-pH)}} (\mu eq \cdot L^{-1})$$

式中:

K_1:碳酸的解离常数,取 $10^{-6.35}$ 或 $4.467 \times 10^{-7} mol \cdot L^{-1}$;

K_H:CO_2 的亨利常数,取 $0.0341\ mol \cdot L^{-1} \cdot atm^{-1}$;

P_{CO_2}:CO_2 的年平均分压(atm)。

参数值的来源如下:

K_1:(无机酸和碱的解离常数,2011—2012 年);

K_H:(有机化合物的溶解度和亨利系数,2011—2012 年);

P_{CO_2}:(大气二氧化碳变化趋势,2018 年)。

值得注意的是,碳酸氢盐常数的变化与二氧化碳年平均分压有关。这是一个变量,因为二氧化碳的大气分压正在上升,这种增加意味着降水中碳酸氢盐的浓度也在上升。表 4.4 列出了 CO_2 和碳酸氢盐常数每 5 年的变化。这些值可用于上面的公式中,以计算与大气 CO_2 平衡的降水中的碳酸氢盐浓度。更加准确的方法是使用年度数据,可参见年度二氧化碳数据:http://www.qasac-americas.org/sites/default/files/Annual%20CO2%20Data.pdf。

表 4.4 二氧化碳年均分压和碳酸氢盐常数

年份	CO_2 分压(atm)	碳酸氢盐常数
1975	331.11×10^{-6}	5.044
1980	338.75×10^{-6}	5.160
1985	346.12×10^{-6}	5.272
1990	354.39×10^{-6}	5.398
1995	360.82×10^{-6}	5.496
2000	369.55×10^{-6}	5.629
2005	379.80×10^{-6}	5.785
2010	389.90×10^{-6}	5.939
2015	400.83×10^{-6}	6.106

对于常规实验室质量控制，使用前一年的 CO_2 分压值。对于离子平衡的回顾性测定，使用测量年份的 CO_2 分压。

步骤 3：按如下公式从 pH 值计算氢和氢氧根离子浓度：

$$H^+\ (\mu eq \cdot L^{-1}) = 10^{(6-pH)}$$

$$OH^-\ (\mu eq \cdot L^{-1}) = 10^{(pH-8)}$$

步骤 4：用步骤 1～3 中计算出的结果，计算阴离子和阳离子的浓度和：

式中：

$$阳离子 = (Ca^{2+}) + (Mg^{2+}) + (K^+) + (Na^+) + (NH_4^+) + (H^+)$$

$$阴离子 = (Cl^-) + (NO_3^-) + (SO_4^{2-}) + (HCO_3^-) + (OH^-)$$

步骤 5：按下式计算离子百分比(%)差异：

$$离子百分比差异(\%) = \frac{总阳离子当量浓度 - 总阴离子当量浓度}{总阳离子当量浓度 + 总阴离子当量浓度} \times 100$$

步骤 6：应用行动计划标记数据。

GAW 的离子平衡标准见表 4.5。如果达不到标准的要求，则应重复所有的化学分析(如果样品体积允许的话)。如果第二次结果的离子平衡有所改善，则请使用第二次的结果。如果第一次和第二次结果均超过预期的测量精密度并且离子平衡没有得到改善，则将数据标记为具有较差的离子平衡。不要仅基于离子平衡测试应将数据标记为无效。图 4.16 概述了利用表 4.6 中样品数据的离子平衡结果的行动计划纲要。

表 4.5 离子平衡标准要求(Lockard，1978—1983)

阴离子＋阳离子($\mu eq \cdot L^{-1}$)	可接受的离子平衡差异(I%D)
≤50	－60≤I%D≤＋60
＞50，且≤100	－30≤I%D≤＋30
＞100，且≤500	－15≤I%D≤＋15
＞500	－10≤I%D≤＋10

注意：世界上一些地区雨水的特征是 pH 值大于 6，其离子平衡计算受碳酸氢盐的影响较大。在这些地区，最好对碳酸氢盐进行分析而不是计算其浓度。

表 4.6 图 4.15 行动计划所需要的离子平衡结果

分析物	测量浓度($mg \cdot L^{-1}$)	评估步骤数	化学当量($\mu eq \cdot L^{-1}$)
CL^-	0.036	1	28.2072
NO_3^-	0.635	1	16.1277
SO_4^{2-}	1.821	1	20.81922
Ca^{2+}	0.132	1	55.4362
Mg^{2+}	0.040	1	43.49761
Na^+	0.015	1	25.57656
K^+	0.349	1	82.2876

续表

分析物	测量浓度($mg \cdot L^{-1}$)	评估步骤数	化学当量($\mu eq \cdot L^{-1}$)
NH_4^+	0.668	1	49.90269
pH=4.72			
pH 中的 H^+		3	18.88
pH 中的 OH^-		3	0.0005
pH 和 P_{CO_2} 中的 HCO_3^-		2	0.323
总浓度		4	124.86
步骤 5 的离子百分比差异(I%D)=20.7%			
样品中含有花粉			
见表 4.5:I%D>15%和 100<124.86 $\mu eq \cdot L^{-1}$<500。行动计划是必须的。			

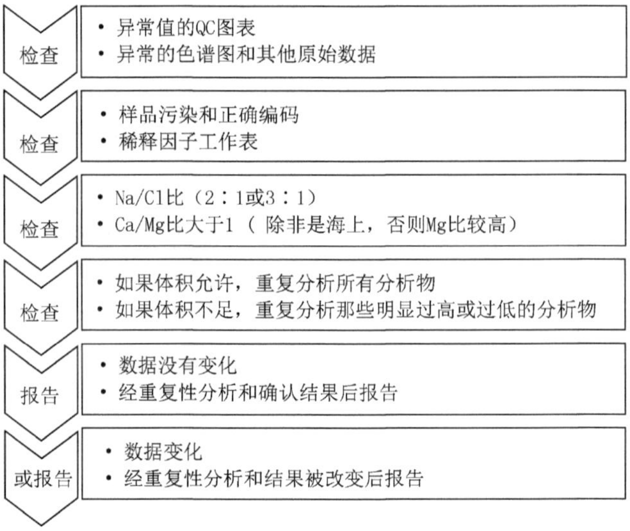

图 4.16 使用离子平衡结果的决策行动计划示例

4.3.13.3 测量与计算电导率的比较

对于稀释的溶液(例如低于 10^{-3} M),总电导率(或比电导)可以用各个离子的摩尔浓度和摩尔离子电导率(无限稀释)来计算,以 $\mu S \cdot cm^{-1}$ 为单位(NADP/CAL,2012)。计算公式如下:

$$每个离子的计算电导率 = 离子浓度(\mu eq \cdot L^{-1}) \times \Lambda_{\pm} \times 10^{-3}$$

$$总计算电导率 = \sum(每个离子的计算电导率)$$

式中,

$$离子浓度 = [实验室结果(mg \cdot L^{-1})] \times 氢微当量(表 4.3)$$

$$\Lambda_{\pm} = 离子电导率, S \cdot cm^2 \cdot mol^{-1}(表 4.7)$$

表 4.7 在 25℃ 时无限稀释条件下的摩尔离子电导率(Haynes,2015)

阴离子或阳离子	摩尔离子电导率 $\Lambda_{\pm}$(S·cm²·mol⁻¹)
H^+	349.7
Cl^-	76.3
NO_3^-	71.4
$1/2SO_4^{2-}$	80.0
NH_4^+	73.5
Na^+	50.1
K^+	73.5
$1/2Mg^{2+}$	53.0
$1/2Ca^{2+}$	59.47.0
* $HCOO^-$	54.6
* CH_3COO^-	40.9
* $C_2O_4^{2-}$	74.1
* HCO_3^-	44.5

* 仅当有效浓度测量时才包括在计算中。

用以下关系式比较降水样品的计算电导率和测量电导率：

$$电导率百分比差异=\frac{(计算电导率-测量电导率)}{测量电导率}\times 100$$

可接受的电导率百分比差异见表 4.8。如果达不到标准的要求，则应进行重复分析或在数据库中对样品浓度进行标记。

表 4.8 电导率平衡标准要求(Lockard,1978—1983)

测量的电导率(μS·cm⁻¹)	可接受的电导率差异(%)
≤5	≤±50
>5，且≤30	≤±30
>30	≤±20

4.3.14 库存管理和控制

库存管理对实验室的运行维持至关重要。如果工具或试剂耗尽或已知的供应商突然不存在了，将会导致流程突然停止。下面列出了一些注意事项。

4.3.14.1 库存控制

对于任何实验室管理者来说，大型实验室的采购和库存控制都是一项非常艰巨的任务。必须监控有效期、冷藏和储存空间等，以保证足够的实验室库存。

使用软件或电子表格系统来管理备用品和标记需要订购的商品。对项目进行分类以便于排序和查找。

维持实验室的运行不中断,应建立实验室所需的耗材和更换物品的最低数量。在达到最低要求时下达采购订单。说明供应商延迟交货以及项目可能不再可用的原因。通过执行空白检查来评估新的供应商(参见 4.3.7 节、表 4.9 和图 4.16)。

应对收到物品负责。清点物品并确保订购的体积与收到的体积一致。退还或更换损坏的物品并记账。

未过期的物品可以备存一些以节省费用。确保已过期的商品没有过多的库存。一般来讲,材料存储不应超过一年。

确保分离柱或 pH 电极等物品的数量足以维持运行,但不能保证它们随着时间的推移而变质。考虑维护计划,其中一些物品应在失效或耗尽之前按计划进行更换。例如,每年更换离子色谱系统上的分离柱。

物品的包装质量像物品本身一样重要。用塑料袋或内衬包装的样品瓶要比在纸箱中松散包装的瓶子更清洁。

4.3.14.2 质量控制——库存消耗品

如果供应商中止提供必需品,则必须找到物理和化学品质相当的替代品。测试这些材料的目的是确保分析过程中不存在背景污染,从而避免虚假结果或系统偏差。管路、样品瓶、瓶盖和移液器吸头等物品都与样品直接接触,应在类似于实际使用的条件下测试这些物品。例如,样品瓶中可能含有数周的样品,但移液器的吸头可能仅与样品接触几秒钟。因此,样品瓶与其中的测试溶液一起静置的时间应与通常将样品保持在其中的时间相同。

测试必须具有控制措施,以确保新物品比旧物品更好或相同。例如,如表 4.9 所示,对 100 mL 的样品瓶进行测试。分别使用 25 mL、50 mL 和 100 mL 三种不同体积的去离子水测试旧的和新的容器。使用 CRM 溶液进行相同类型的测试。使用去离子水进行测试,寻找可能从瓶壁中浸出或解析的化学物质。使用 CRM 溶液进行测试,寻找可能从瓶子中浸出的化学物质以及可能丢失或吸附到瓶壁上的化学物质。

表 4.9 新样品瓶测试设计样例

瓶子数量	测试溶液	容器	测试溶液体积(mL)
1	去离子水	旧的	25
2	去离子水	旧的	50
3	去离子水	旧的	100
4	去离子水	新的	25
5	去离子水	新的	50
6	去离子水	新的	100
7	CRM	旧的	25
8	CRM	旧的	50
9	CRM	旧的	100
10	CRM	新的	25
11	CRM	新的	50
12	CRM	新的	100

当物品不再可购得时，应与尽可能多的供应商联系，并在下订单前要求提供可以进行测试的样品。确保样品采用干净、密封的包装。例如，如果某个戴着污染手套或根本没戴手套的人将移液器的吸头放在袋子里，结果就不具代表性。

测试进入样品的所有化学物质（从容器中解析的）以及样品中损失的化学物质（被吸附到容器中）。如果使用容器的话，确保用样品防腐剂测试容器。例如，用作防腐剂的酸可以改变容器壁的吸附或解析特性。

移液器吸头也必须在类似的使用条件下进行测试。有关移液器漏液的测试和校准说明，请参阅附录 C。在对移液器吸头进行任何化学测试之前，首先测试它们是否漏液。然后通过称量 10 个单独分配的等分试样来检查吸头是否提供了精准的等分试样。如果移液器通过这些物理测试，按以下方法进行污染测试：

1）准备好Ⅰ型去离子水；

2）每次使用新的移液器吸头，抽取足够的去离子水等分试样并分配到试管中进行化学分析；

3）将相同量的去离子水加入另一个试管中作为控制样；

4）分析从移液管吸头中分配的去离子水和来自控制样的去离子水。

请注意商品的批号，供应商品的质量可能会因批次不同而不同。在实验室日志中记录所有新的批次，包括首次使用的日期和实验室样品的编号，以及其他需要记录的内容。应对供应品进行经常性的测试。在实验室的年度质量保证报告中报告供应商或供应品质量的所有重大变化。图 4.17 对供应品应进行的测试进行了总结。

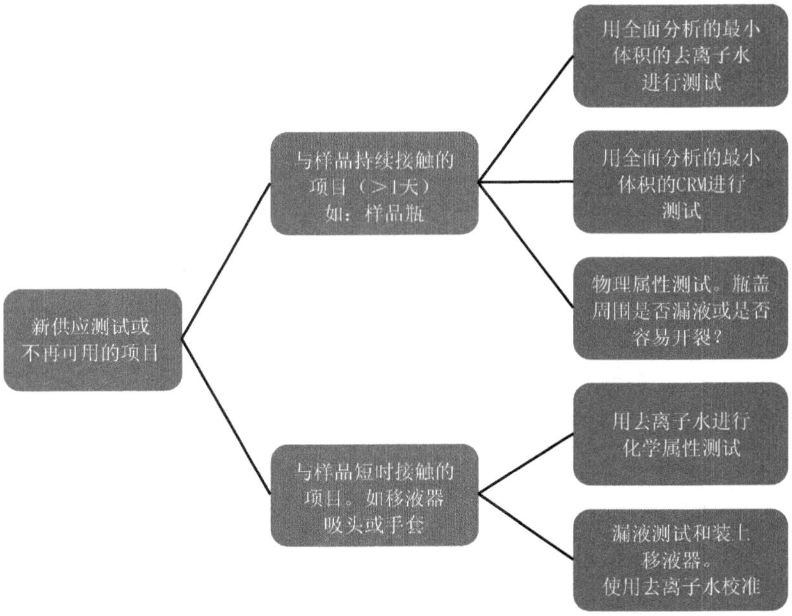

图 4.17　库存行动计划

与样品持续接触的实验室消耗品示例：

1)样品收集容器(桶、漏斗和瓶子、袋子、盖子、盖子衬垫和垫圈)；

2)实验室样品瓶和盖子；

3)管子和盖子。

短时接触样品的物品可能包括：

1)移液器吸头；

2)称重皿；

3)手套；

4)用于样品环和样品输送的仪器管线；

5)仪器传感探头。

检查供应品的外形尺寸非常重要。管线可能是化学清洁的，但是它们是否适合样品更换托盘？采样容器是否适合现场设备，尺寸是否会影响取决于采集面积的下游的计算？

4.3.14.3 质量控制——试剂

关于试剂采购的决定可能会受到储存要求、粉末原料的纯度、成本和废物处理等的影响。试剂和储备校准标样可以购买或定制，但需要对所有这些溶液进行测试以确保其准确性和质量。

一般而言，降水化学实验室不会购买大量的化学品和其他材料。大多数供应商对大客户感兴趣，因此降水化学实验室供应商的范围可能有限。如果供应商突然被另一家公司买断或停止供应重要的物品，那么实验室可能难以找到替换的供应商或更换的物品。

应制定用于制备校准标样的校准溶液或高纯度盐的测试计划(图 4.18)。应制定另一个用于实验室方法的化学试剂的测试计划(图 4.19)。在购买新的化学品时应考虑废物处理。

压缩气体的纯度和质量，包括实验室压缩空气和真空系统，都会影响到数据的质量。可将压缩气体视为试剂。

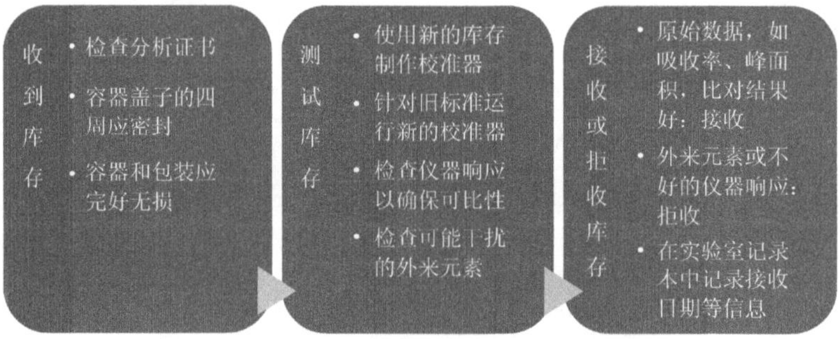

图 4.18 校准或库存溶液的检查顺序

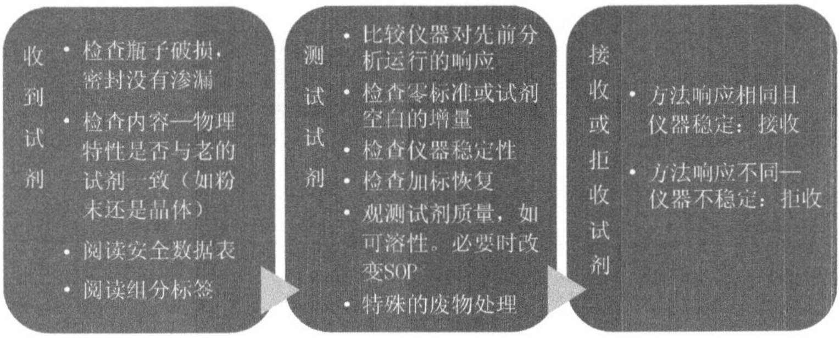

图 4.19　新试剂的检查顺序

主要作为校准溶液或标准物质使用的库存必须具有最高的纯度。这些物品应有分析证书，说明杂质含量。用于分析多个元素的仪器的标准不得包含任何其他元素。例如，如果预期用途是用于离子色谱的阴离子分析，则库存的氯化钠不得含有硫酸盐或硝酸盐。

试剂测试（图 4.19）可能包括：

1）用于制备比色法试剂的粉末；

2）非现场制备的试剂；

3）压缩气体；

4）色谱柱；

5）管线。

接收或拒收试剂时，应检查仪器的原始响应，尤其是零标准或空白。

4.3.15　人员选择和分析人员培训

4.3.15.1　人员选择

实验室的运行和质量取决于拥有敬业且负责任的员工。持续的培训和员工发展计划可以激发员工的兴趣并提高数据质量。

建立员工招聘的最低资格。分析人员的资格可能包括：

1）最低教育要求；

2）最低的分析背景经验；

3）良好的推荐信；

4）使用当前实验室设备的具体前期培训或经验；

5）团队成员证明；

6）沟通技巧证明；

7）组织技能证明。

4.3.15.2　培训

选择有经验的人员来培训新的分析人员。根据基本标准检查列出技能表。降水样品很容易被污染。新员工必须学会避免接触容器边缘或管子的开口。他们必须学会在需要时要戴上手套。

培训师应记录受训者的学习进度，直到培训师确认受训者能够胜任并且能够独立工作。

台阶式培训指南如图4.20所示。

图4.20　培训指南示例

4.3.16　实验室安全

实验室安全至关重要，必须始终注意安全预防措施。必须对所有员工进行安全培训。必须始终遵守当地和地区的法律。

有关安全措施的概述，可以访问美国职业安全与健康管理局的网站。

以下各部分并未尝试概述所有的安全考虑，因为它超出了本手册的范畴。所有实验室人员和访客必须始终强调以下安全措施。

1)实验室始终需要使用防护眼镜。

2)访客必须由经过培训的实验室人员陪同。

3)不得在实验室区域储存或食用食物和饮料。

4)实验室区域内不得使用化妆品和隐形眼镜。

5)隐形眼镜不得在实验室环境中佩戴，特别是在使用有机试剂时。

6)处理样品或试剂时，应始终佩戴防护手套和穿上实验室工作服。

7)所有实验室的SOP必须说明与方法相关的具体的安全问题和有害化学品。

8)应使用通风橱，避免吸入气化物。

9)必须定期维护实验室通风橱，并且每年至少进行一次测试，以确保表面速度符合规格。

10)只有极少量的化学废品可存放在实验室适当的容器(或根据需要的二级容器)中。应按照安全说明书处理所有的化学废品。

11)必须在所有实验室区域中保持最近的实验室化学品目录，并且每月至少更新一次。

12)所有储存和使用的化学物质的化学品安全说明书(SDS),应保存在工作人员和访客易于获取之处。

13)所有实验室都应制定化学卫生计划(CHP),说明特定设施的关注点。适当的CHP将包括但不限于所需的个人防护装备、控制装备清单和操作(如排风橱)、员工培训计划、医疗计划和安全等。

14)制订疏散时的应急响应计划(ERP)。

15)即使是非实验室的工作人员,对所有人员的安全培训也是必不可少的。在实验室附近工作的办公室管理人员等也必须接受基本的安全培训。

16)应对收到的所有化学品容器本身或标签是否损坏进行检查。不应接收损坏的物品。

17)所有实验室都应有一名安全管理人员,负责制订CHP并定期进行内部安全审核(每年不少于一次)。

18)安全培训可包括:

①受训人员基本熟悉疏散通道和火灾报警器;

②如何阅读安全说明书;

③消防安全,包括何时以及如何使用灭火器;

④正确运输和使用压缩气体;

⑤安全符号及其含义;

⑥疏散方案;

⑦处理处置化学废弃物;

⑧使用通风橱;

⑨各种手套以及如何正确使用;

⑩何时清理化学品溢漏以及何时打危险品泄漏应急电话;

⑪如何清理小量泄漏;

⑫基本急护;

⑬基本心肺复苏(CPR)。

4.3.17 内部审计

实验室管理规范(GLP)是指一种控制系统,可确保实验室测试的均匀性、一致性、可靠性、可重复性、质量和完整性。实验室应定期进行内部审核,以确保遵守实验室管理规范的原则,并确保实验室分析能提供连续、可靠的数据。

内部审核的信息为实验室管理人员和实验室工作人员提供关于实验室是否遵循质量保证实践和程序、质量体系是否为研究人员和客户提供了高质量的数据等信息的反馈。

内部审计的一些基本步骤如下。

1)明确审计目的。审计不是针对性的,也不是为了找工作人员的过错。审计是分析向客户提供数据的程序的有效性。

2)明确审计范围。是否只审核分析的过程,是否包括数据管理、程序设计、网站和现场操作?

3)选择最适合审计范围的审计小组成员。开展这项工作需要哪些特殊的知识或技能?

4)明确审计权限。可能是QA管理者或第三方,例如客户。

5)明确绩效标准。确定已实施的质量体系的组成部分,并根据已知标准进行衡量。

6)审计小组成员必须充分了解审计流程。在审计之前,小组成员必须可以获得手册、以前的审计报告以及质量控制和质量保证文档。

7)审计必须仔细列出计划安排,因为实验室很忙,工作人员在回答问题时需要接纳观察员。审计人员需要看到实验室的工作,同时尽量减少对实验室操作的干扰。

8)审计小组必须制定实验室和数据要求的检查表,列出要检查的具体问题。主要功能是收集数据,以便向实验室管理人员和工作人员提供反馈。

9)在观察实验室工作时,审计小组成员可以提出问题以寻求澄清,但不得警告或批评工作人员。重点是遵守既定的流程和程序,而不是查找工作人员的过错。

10)审计完成后,审计小组应听取实验室管理人员和工作人员对主要调查结果的报告。积极的反馈非常重要。应该感谢实验室允许小组成员接近实验室的工作和文档。

11)审计小组的最后一项活动是编写报告,报告应真实地描述在运行或安全方面的任何缺陷。报告应提供可以找到纠正措施的参考,并要求在特定时间范围内采取这些措施,并根据需要进行跟进。

4.4 实验室样品处理

4.4.1 样品接收、记录和保管

样品记录和保管链程序必须在实验室中实施,以确保样品不会丢失或混淆。在收到样品后,应记录以下内容:

1)收到样本的日期;

2)站点名称;

3)运输箱的内容,确保现场日志中的描述与样品相符;

4)样品条件和品质(冷、污染、泄漏等);

5)收到样品的实验室人员的姓名。

称量样品并比较现场和实验室的质量,以确定样品是否在运输过程中有泄漏。记录质量、日期、时间或样品质量的不一致性,并将这些信息发送给质量保证管理人员。

降水中的化学物质是不稳定的,尤其是铵离子、正磷酸盐和有机酸。在运输和实验室储存期间,将样品冷藏在4 ℃或在−20 ℃冷冻,可以减缓样品的化学变化或生物降解。尽快将样品放入4 ℃的冰箱中,直到它们进入分析流。如果延迟分析超过一周,则应将样品冷冻在−20 ℃。

每个分析部分必须考虑每个样品。样品在任何步骤都有可能放错地方或混合在一起,因此,必须制定程序以考虑所有样品,包括通过实验室里溢出或其他一些事故中损失的样品。分析人员应按数字顺序分析样品。每个分析步骤必须严格匹配样品的瓶号、试管号和分析仪编号。

在样品分析之间,样品必须冷藏,但不能冷冻或重新冷冻。例如,如果星期一分析了阴离子和铵,并且当天没有其他额外的分析,则样品必须返回冰箱,直到星期二或之后,此时可

以重新开始碱性金属的分析。

必须在数据库中对没有足够体积进行完整分析的样品进行编码或注释。应按图 4.2 所示的优先顺序进行分析，或按降水化学网络策略中的规定执行。对于小体积量的样品，只要有足够的体积用于下一步，就继续分析。当每个分析完成并且不需要重复测量时，应标记样品瓶，以便下一个分析人员可以看到样品已准备好用于分析过程的下一步骤。

由于严重污染而无法分析的样品必须在数据库中进行编码或注释。由于诸如泄漏、溢出等事故而损失的样品也必须在数据库中进行编码或注释。

4.4.2 样品标签、运输和储贮

4.4.2.1 背景

建立并遵守最短的保留时间。保持从收到样品到完成分析的时间尽可能短。这对不稳定的物质来说尤为重要。

样品从现场容器转移到样品瓶或试管的时间点是样品生命周期中的一个重要时间。必须特别注意确保正确的样品进入正确的容器。在这个过程中发生的错误很难进行跟踪，并且混合的样品会使数据无效。

保留一份日志，清楚地记录与每个唯一的实验室识别码相配的现场识别码。这个记录是研究人员如何联系现场和分析实验室的依据。在将样品从现场容器转移到实验室样品瓶或试管之前，请再次仔细检查这个记录。

在这个时候，QA 样品被插入到样品分析的队列中。这包括各种空白测试和 QA 盲样。需要对 QA 样品进行适当的标记并登录到分析队列中。

必须准备样品瓶和试管的空白，每周将它们放入分析队列中，以提供容器清洁程序的持续测试。除非在使用前对容器进行再次测试以确保清洁，否则不要在使用前几周清洗样品容器。洗涤和储存的容器在储存期间会受到污染，特别是由于铵的堆积。始终在使用样品容器之前对其进行测试以确保其清洁。

以下是推荐的制备和测试样品瓶空白的周程序：向三个瓶中的每一个都加入 25 mL 的 I 型去离子水（电阻率大于 18.0 MΩ），静置至少 24 h，然后分析水中的所有成分。

以下是推荐的制备和测试试管空白的程序：每次分析运行时，向三个管中的每一个都加入 3～5 mL 的 I 型去离子水（体积应为样品分析过程中使用的代表性的体积），然后分析水中的所有成分。

样品瓶和分析试管可以用背胶式标签来识别。测试以确保标签不会脱落，特别是当从冰箱中取出，瓶子外面有冷凝水形成时。确保潮气不会将墨水弄脏、擦拭或洗掉。另外，确保标记墨水不会污染样品。例如，铵分析对芳香族的污染物较为敏感。

4.4.2.2 将样品从现场容器转移到实验室瓶的指南

1）使用唯一的实验室标识号对所有的样品瓶、试管或分析瓶进行标记，这个标识号可以直接与唯一的现场标识号交叉引用。为避免在准备标签时混淆，请按顺序将现场和实验室容器并排排列。

2）样品处理人员必须戴手套以保护样品免受人体暴露影响。手套不得含有粉末，也不

得用乳胶制成，必须对其进行化学成分测试(见图 4.16)。用于处理样品的手套绝不能用于处理化学品。不要让手套成为交叉污染的来源。戴上手套后，避免接触工作台的表面、实验室工作服等。如果手套与样品接触，请用去离子水冲洗。经常更换手套是一种比较好的做法，在预先测试过的干净的实验室手套上，再套上一个薄的透明的塑料手套，可以使手套的更换变得更容易。需要小心，因为手套可能很滑，使得握住或打开瓶子更加困难。

3)使冷冻的雪或冰样品完全融化。然后，彻底混合液体，以确保在将液体转移到样品瓶之前不会有分层。

4)将样品转移到实验室容器时应勤快一些。确保将样品转移到正确的带标签的容器中，避免溢出。如果容器被翻倒并且样品溢出，则样品已经接触到实验室的工作台并被污染。

5)将实验室样品容器密封紧。储存在 4 ℃直至分析。

4.4.3　样品过滤和化学添加剂

与日采集的样品相比，在一周的时间内采集的降水样品中通常含有更多的土壤、其他颗粒物和杂物。在现场条件下的长时间暴露，会增加污染物进入这些样品的机会。减少颗粒物对样品化学性质影响的一种方法是过滤样品。过滤样品可消除颗粒物的潜在干扰并保护分析系统。然而，过滤装置和滤膜可以吸收或解吸感兴趣的物质，因此必须定期对它们进行测试，以确保在过滤期间不会改变化学性质。使用类似于图 4.18 的方案来测试过滤器和过滤设备。

为了测量不稳定物质，如有机酸和正磷酸盐，建议添加化学防腐剂。考虑使用百里香或氯仿等杀菌剂。在样品采集后，可立即向样品中加入少量的氯仿。百里酚是一种固体，不溶于水，因此可以在样品采集前放入样品容器中。百里香有令人不快的气味，可能会干扰一些分析程序。使用这些杀菌剂时，应严格遵守安全说明书中特别的处理注意事项，并确保现场和实验室人员的安全。氯仿和百里酚均可引起呼吸道刺激，应在通风橱中进行处理。长时间接触会对健康产生有害影响。

在使用杀菌剂之前，有必要充分研究它们对敏感分析干扰的可能性以及对现有实验室设备的潜在影响。建议的资源是美国材料与试验协会(ASTM)标准 D3694-96，样品容器准备和有机成分保存的标准实践(ASTM International，1996)。还必须检查杀菌剂的纯度，测试样品容器是否在防腐剂中降解或改变。

杀菌剂可能适用于某些测量但不适用于其他测量。例如，百里酚干扰离子色谱仪的基线(Gardrat，2016b)。保存样品的一个选择是在采样位置分离样品，如果体积允许，迅速冷冻一部分并在另一部分中加入杀菌剂。对冷冻的部分进行 IC、pH 和电导率测量，否则杀菌剂会有干扰，而另一部分用于有机酸和正磷酸盐分析。Greiner 离心管是两个部分的理想容器。这些聚苯乙烯管配有螺纹盖，无菌，有多种尺寸可供选择(Gardrat，2016b)。

避免破裂试管中的样品损失。现场 SOP 应规定在要冷冻的密封管上标记填充线(Greiner)。填充线应留出足够的空间，以防止样品冷冻而使试管破裂。

虽然杀菌剂可作为减缓样品降解的手段，但颗粒物溶解和无机化学反应可继续改变阳离子和阴离子的浓度和游离酸度。**重要的是要注意不应使用杀菌剂，否则会延迟分析。即使使用杀菌剂，冷藏样品也是必要的。**

4.5 分析测量

GAW降水化学计划推荐了确定的分析方法，但未说明每一步的分析程序。

以下部分描述了基本的校准标样和试剂准备。对常见问题和问题解决方案进行了最少的细节描述。所有方法都需要在实验室中进行验证。

采购仪器的价格很高。实验室应实施一个要求仪器通过性能测试的采购计划。在购买之前应要求进行测试，对供应商视而不见的有证标准物质进行测量以达到特性的性能标准。

4.5.1 仪器采购

在采购实验室仪器时，请考虑以下标准、问题和疑问：

1)样品浓度的范围。

2)所需的灵敏度和检测限。

3)购买的价格限制和运行成本。

4)是否包含样品转换器或增加成本的附加功能。

5)对实验室条件的约束(如温度、湿度波动)。

6)电气、通风和通风橱要求。

7)空间要求(它是否能通过门？实验室是否需要翻新?)。

8)分析系统之间交叉污染的可能性，来自一个系统的试剂可能会污染或干扰其他系统。

9)运行和维护要求(运行和维护所需的时间)。

10)操作员培训要求。

11)供应商的历史和推荐。如果可能，请向其他实验室询问供应商以及他们是否对产品和服务感到满意。

12)预期的仪器寿命(仪器是否需要在五年、十年内更换)。

13)仪器是否只能使用供应商提供的试管或试剂。

14)保修和服务协议(服务响应时间是多长)。

15)维修或更换的有效性。

16)废品处理要求，特别是如果废弃的试剂是有毒的。

仪器的选择可能完全取决于工作站软件。

选择仪器软件时，请考虑以下事项：

1)软件与现有工作站的内部数据库和操作系统的兼容性；

2)易于数据处理和输出；

3)软件限制，例如无法并行处理数字和非数字字符或限制校准器数量；

4)读取和导入旧数据(例如，归档的色谱图)到新软件中的能力；

5)将峰面积积分为最终数据的内部算法的影响；

6)在分析产生审计跟踪过程中，软件跟踪仪器性能的能力；

7)软件与样品转换器的兼容性,如果样品转换器来自不同的供应商;

8)软件升级的费用。

4.5.2 方法开发

新观测仪器必须与现有的观测仪器进行差异评估。新仪器不一定总是更好的仪器。

必须仔细评估新、旧方法之间的差异。如果差异较小,则两种方法具有相同的相对准确度。如果差异较大,则有必要确定哪种方法不准确。如果当前(旧的)方法是不准确的,则有必要量化不准确度并对旧数据进行注释。

可以通过分析已知浓度的 CRM、SRM 或相互间比较的样品来验证新方法。另一个好的做法是将样品送到另一个实验室进行分析并比较结果。

还必须评估现有仪器的新增功能,例如软件升级。升级包含有峰面积积分的软件时要非常小心。新算法可以明显地改变结果。比较两个软件包在所有浓度水平的结果。

方法开发研究是无限期的。记录所有来自新、旧仪器以及新、旧方法的测量结果。

以下是更换仪器时需要做的一些事的建议。

1)接受培训,特别是如果仪器是新的。供应商可提供免费的操作员培训。

2)要求供应商完成仪器安装。软件通常会有一个供应商能够提供帮助以适应你的需求的方法模板。

3)向同事或其他 GAW 实验室咨询他们的 SOP。

4)准备校准标样和试剂,并将它们用于新、旧仪器。

5)对两种仪器使用相同的 QCS。绘制并比较两种仪器的 QC 图表。

6)选择一组样品,这些样品应跨越典型的浓度范围,并且具有足够的体积用于新、旧仪器的测量。如果可能,请用两种仪器在同一天完成样品的分析。

7)使用两种仪器(或方法)每天分析至少 20 个样品,持续 10 d。每天绘制并比较结果,重新分析具有较大差异的任何样品。

①执行回归分析并绘制结果。图 4.21a 给了同了一个较高浓度下相关性较差的回归图示例。图上还有一个异常值且扭曲了结果。

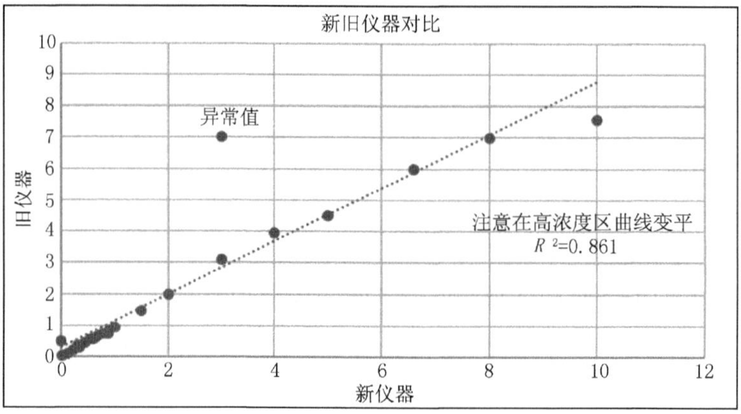

图 4.21a 新旧仪器比较的回归分析图

②替代回归的另一种方法，如图 4.21b 所示，绘制新方法减去旧方法的结果对旧方法结果的图形。两个图都显示了两种方法在较高浓度下是怎样开始有差异的。

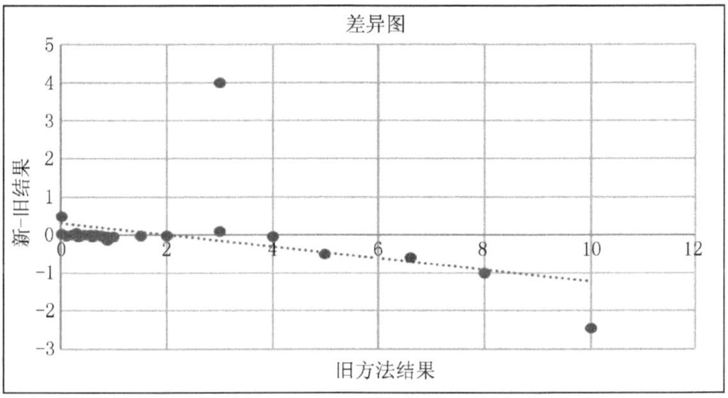

图 4.21b　与旧方法比较的的方法差异分析图

③如果存在异常值，则使用两种仪器重新分析样品。另外，研究仪器响应中线性度或曲率不好的原因。在图 4.21a 的示例中，新仪器可能更敏感。如果确实如此，请尝试注入较少的样品以改善线性。

④每天检查比较图，如果结果不佳，请停止分析并查找问题的原因。确保新、旧仪器都能正常工作。检查 QC 图表以查看哪个系统生成的结果更接近 SRM 或 CRM 的目标值。

⑤如果 R^2 为 0.95 或更高，则接受并采用新的仪器、方法或程序。

8）如果可能，在使用新仪器进行常规分析之前，将两台仪器一起运行 1 个月。确保新仪器运行平稳，并具有线性响应和足够的检测限。

①可以通过检查高浓度范围的相关性结果来确定线性响应。通常，这是响应趋于平坦或弯曲的地方。高浓度下的轻微弯曲可以通过在校准过程中添加更多的高浓度标准来解决，尽管这会在低浓度下导致更大的不精确性。当校准曲线中不再出现扁平或弯曲迹象时，就可以停止线性研究了。

②确定检测限的一个简单的方法，是分析不含任何目标分析物的空白溶液，然后分析添加了目标分析物的第二种溶液，目标分析物的浓度应在仪器制造商声称的检测限。最低的校准标样是加标溶液的合适的替代品。在同一次运行中对两个样品进行 10 次分析。计算空白样品的平均值和加标溶液的标准偏差。检测低限（LLD）是空白样本的平均值＋加标样品的标准偏差。检测底限（BDL）是检测低限＋加标样品的标准偏差。

9）编写 SOP 并实施新的方法。

10）对数据集中使用新方法或新仪器的数据点进行注释或标记。监控数据的漂移。

11）培训其他操作人员，并为最初进行检查的操作员进行高级培训。

4.5.3　pH 测量

4.5.3.1　背景

pH 值是物质或溶液的酸碱程度的量度。用仪表和相关的 pH 电极进行测量。虽然许多 pH 计可以适应三种校准标样,但通常都是使用两点校准的方法为校准系统。对于两点校准,仪表和电极根据两个能包含待测样品预期 pH 值的标准进行校准。这些标准品是参比溶液,也称为 pH 缓冲溶液,因为它们被配制成可以抵制或缓冲 pH 值的变化。降水的 pH 值在 3.0～7.5 之间变化,对应于 1000 $\mu eq \cdot L^{-1}$ 至小于 0.1 $\mu eq \cdot L^{-1}$ 的氢离子浓度。更低或更高的 pH 值也是可能的。

根据定义,pH 值测量的是溶液中自由酸的活度,以方程式表示为氢离子活度的负对数:

$$pH = -\lg[H^+]$$

这里$[H^+]$是自由氢离子的化学活度,单位为 $mol \cdot L^{-1}$。对于接近理想特性的稀溶液,例如降水,浓度近似等于活度,且$[H^+]$是自由氢离子浓度。此外,以 $mol \cdot L^{-1}$ 表示的$[H^+]$与以 $eq \cdot L^{-1}$ 表示的$[H^+]$相同。

pH 电极是由三个组分组成的电化学电池:

1)指示电极,电位与 pH 成正比;

2)参比电极,其电位恒定且与 pH 无关;

3)离子填充溶液,在指示电极和参比电极之间提供电桥。

当浸入样品中时,将对指示电极和参比电极之间的电位进行测量。该电位取决于样品的 pH 和温度。许多 pH 电极都包括一个温度传感器,可以进行温度补偿,允许对 pH 测量进行温度校正。

大多数的 pH 测量是使用复合电极进行的。它由玻璃电极和银/氯化银参比元素组成。液体接界,通常是氯化钾(KCl)溶液,在指示玻璃电极和参比电极之间提供电桥。特殊配方的 pH 敏感的玻璃膜将降水样品和内部参比溶液分隔开。这两种液体之间的电位差产生毫伏信号,使用仪表可将其转换为 pH 单位。

针对于低离子强度样品(例如降水)的电极是可购得的,并且可描述为“用于测试高纯度样品或纯水的设计”。选择电极时,必须确认它能准确测量低离子强度样品的 pH 值。最好是通过测量实际的降水样品、CRMs、SRM 或已知 pH 的对比样品来完成。pH 读数稳定的时间应小于一分钟。

请注意,用于降水测量的 pH 电极应专门用于这些测量,不应用于分析其他的水样(自来水或地表水)。使用 pH 探头进行其他水样分析,将很快使其对低离子强度的降水样品不敏感。探头也应始终按照制造商的建议进行存放,并在使用前浸泡在去离子水中。

4.5.3.2 仪器

1)pH 计;

2)复合 pH 电极。

pH 计应具有截距和斜率调整,并且必须能够报告±0.01 pH 单位的分辨率。为便于使用,首选含有测量和参比电极以及温度传感器的复合电极(见图 4.22)。选择 pH 计时,应考虑能将数据导出到电子表格或其他数据采集应用程序的仪器。

4.5.3.3 试剂和溶液

pH 测量需要使用以下试剂和溶液:

1)pH 4.01 缓冲溶液;

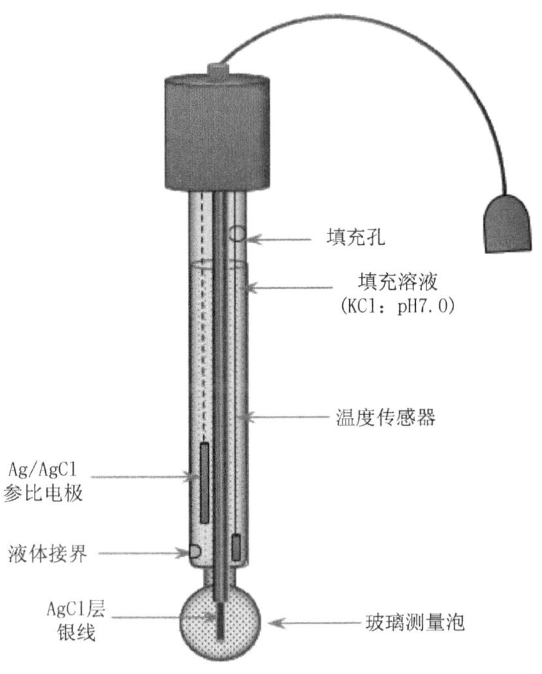

图 4.22 pH 电极

2)pH 6.86 缓冲溶液；

3)电极保护液(通常为 KCl)；

4)I 型去离子水(电阻率>18.0 MΩ)。

4.5.3.4 校准

按照 pH 计手册中的规定进行校准。在每组降水样品分析之前和之后，应在预期 pH 范围内进行至少两个点的校准。

1)用填充溶液填充电极(如果需要的话)，然后用去离子水冲洗电极的外表。检查室内温度并将仪表的温度设置为当前室内温度。如果 pH 仪器配有温度传感器，则会自动进行温度校正，则不需要进行这个调整。最好在室温条件下对所有校准缓冲液和待测样品进行平衡。

2)将 pH6.86 的缓冲溶液置于一个干净的聚乙烯或硼硅酸盐玻璃容器中，并装有足够的液体以浸没电极的测量泡。如果使用玻璃烧杯或容器，仅将其用于 6.86 的缓冲溶液。pH4.01 的缓冲液使用一个单独的玻璃容器。缓冲溶液是高度浓缩的(一些是被染色的)，并且玻璃烧杯可能成为残留的盐“调味料”。如果两个缓冲液使用相同的烧杯，则该残留物将会携带并污染另一个缓冲液。检查 6.86 标准样测量的 pH 值。它应该在认证缓冲溶液值的 0.02 个 pH 单位以内。设置仪表以读取此校准值。用去离子水彻底地冲洗电极。

3)将 4.01 的缓冲溶液置于一个干净的聚乙烯或硼硅酸盐玻璃容器中，并装有足够的液体以覆盖电极的玻璃测量泡。检查第二个标准测量的 pH 值。它应该在认证缓冲溶液值的 0.02 个 pH 单位内。设置仪表以读取此校准点。用去离子水彻底地冲洗电极。

4)再次测量 pH 6.86 缓冲溶液，然后测量 pH 4.01 的缓冲溶液，以确认校准的准确性。

确保结果在认证值的±0.02 pH 单位内。如果不是,重复步骤 2)和 3),直到达到±0.02 pH 单位的标准。仅在达到此标准时才能完成校准。

5)一旦完成校准,应用去离子水彻底地冲洗电极。降水不是缓冲的,并且所具有的离子强度要比缓冲校准标样低得多。不完全的冲洗将使缓冲溶液污染降水样品并使读数产生偏差。

4.5.3.5 质量控制

以下是用于 pH 测量的 QCS 和其他控制溶液。

1)QCS-1(4.01 pH 单位)溶液:在 1 L 的去离子水中稀释 1.0 g 0.1N 的 H_2SO_4。制备 10 L 的 QCS-1 并储存在 HDPE 容器中。在 4 ℃条件下稳定 1 年。

2)QCS-2(5.05 pH 单位)溶液:在 1 L 去离子水中稀释 100 mL QCS-1。制备 10 L 的 QCS-2 并储存在 HDPE 容器中。在 4 ℃条件下稳定 1 年。

3)可以通过合并降水样品的方法来制备由实际降水基质组成的检查溶液。可以在 20 个运行中对合并的样品进行 20 次的分析,以建立平均值和初步的标准偏差。除非经过杀菌处理,否则这种溶液的稳定时间不得超过 6 个月。

4)用缓冲溶液校准仪表和电极后,应检查去离子水的 pH 值。与大气中的 CO_2 平衡后水的 pH 值约为 5.65。去离子水测量的稳定程度比缓冲溶液要慢一些,因为它们非常稀释(离子强度较低)并且读数通常在 5.58 和 5.75 pH 单位之间。

5)包括去离子水在内的 QC 溶液的 pH 值应在预期值的±3 倍标准偏差(以 pH 单位计)内一致。如果观测到较大的差异,则必须重新校准系统。如果 QC 值超出可接受的限值,则必须清洁电极(参见手册)或更换电极。

6)每分析 10 个样品,应分析一个其他控制溶液的 QCS,以确保系统在整个分析过程中处于控制之中。

4.5.3.6 分析程序

测量样品 pH 值的程序如下。

1)保持所有的溶液在相同温度下进行测量。使样品和控制溶液达到室温。

2)按照上一节中概述的步骤校准 pH 计和电极。

3)用去离子水冲洗电极。如果样品的体积允许,用置于干净的聚乙烯或硼硅酸盐玻璃容器中的等分样品溶液冲洗电极,并用足够的液体覆盖电极的玻璃测量泡(图 4.21)。

4)将电极浸入样品容器中,轻轻地旋转样品几秒钟,用样品调节电极。不要用棒或磁力搅拌器搅拌样品。丢弃这个样品等分试样。不要冲洗电极。

5)将同一样品新鲜的等分试样再次放入干净的聚乙烯或硼硅酸盐玻璃容器中,并用足够的液体覆盖电极的玻璃测量泡。将电极浸入样品容器中,轻轻旋转样品几秒钟。不要用棒或磁力搅拌器搅拌样品。

6)使电极平衡直至获得稳定的 pH 值。pH 值在 6 到 7 范围内的样品稳定得较慢。观察仪表上的读数。即使仪表给出了稳定的读数,但读数可能仍会增加。再次读数直到数值停止攀升。记录 pH 值(至 0.01 单位)。

7)将数据输入数据集。如果 pH 计没有数据导出功能,请参见 4.3.13.1 节进行手动数据输入验证。按要求的小数位数报告数值。说明样品遗失和样品太过污染而无法分析的原因。根据需要对所有样品添加注释或代码。

4.5.3.7 故障排除

问题 1: 由于样品的离子强度低,难以测量降水中的 pH 值。

解答 1: 一些 pH 系统允许注入 1 μL 的 KCL,以在不改变 pH 的情况下增加样品的离子强度。这不是一个理想的解决办法,实验室应进行一些研究,以确定注入与没有注入 KCl 的 pH 结果是否相同。建议购买专为低离子强度或纯水样品设计的电极。

问题 2: pH 受温度影响。

解答 2: 在 4 ℃冷藏的样品必须达到室温才能进行分析。在 pH 计中输入室温,确保不是使用内部默认温度的结果,或使用系统配备的温度传感器。确保缓冲溶液、QCS 和样品在分析过程中都处于相同的温度。

问题 3: pH 测量的两个主要问题是电极老化和将电极用于降水之外的样品。随着时间的增长,电极的灵敏度会降低,尽管给出了校准缓冲溶液的正确读数,但可能会给出不正确的降水样品测量结果。用于分析其他水样(例如溪水或饮用水)的探头,也可能变得不敏感且对低离子强度的降水样品没有响应。

解答 3: 使用实际的降水样品来 QC 检查,以确认电极的校准和功能。实际降水具有低离子强度溶液的优点。仅使用 pH 电极分析降水样品。

问题 4: 玻璃测量泡中的气泡导致读数不稳定。

解答 4: 电极保养和维护非常重要。按照制造商的说明书更换电极的填充溶液。检查球泡内是否有气泡,如果存在气泡,将电极向下摆动,以使气泡向上离开球泡。

问题 5: 玻璃泡上积聚了静电导致测量错误。使用磁力搅拌器可能会产生相同的效果。

解答 5: 不要用 Kimwipe® 摩拭或擦拭电极外部。而是用样品溶液冲洗电极,但不要干燥电极。不要让填充液或玻璃测量泡变干。在不使用时,应将电极存放在去离子水或电极保护溶液中。不要使用搅拌系统来连续搅拌样品。

问题 6: 校准和控制结果不佳。重新校准不能解决问题,响应也很慢。

解答 6: 建议定期清洁以去除电极上积聚的有机物并恢复电极活力。清空电极填充溶液并将探头浸泡在 pH 4.0 溶液中至少 24 h,然后将其浸泡在去离子水中 24 h。用填充溶液重新填充电极,并对电极进行性能测试。如果不能解决问题,请更换电极。清洁程序随电极类型而不同,但通常包括将电极浸泡在弱碱性的溶液中,然后浸泡在弱酸性溶液中。酸性溶液可以使玻璃膜恢复活力。

4.5.3.8 提高性能的提示

1)在日志中记录维护过程。

2)标记 QC 图表以记录维护执行的时间,并查看维护对测量的潜在影响。

3)每周清洁一次电极或每 150 个样品清洁一次。

4)使用专门装配的用于低离子强度或纯水样品的电极。

5)留出含有污染物的样品,在干净和透明的样品测量后再单独进行测量。在分析污染的样品后应对电极进行清洁。

6)在读数之前,使用样品的等分试样冲洗和调节电极。

7)不要急于分析。

8)不要用测量降水样品的相同电极来测量硬水(如湖泊、河流或自来水)样品。

9)定期检查内部液体的液位并根据需要进行填充。

4.5.4 电导率测量

4.5.4.1 背景

电导率测量的是物质或溶液传导电流的能力。电导率随温度、离子的迁移率和化合价而变化,并且与溶液中的自由离子浓度成比例。

可以通过将交流电施加到浸入到溶液中的两个相对的电极来测量电导率。测量电极两端的电压。阳离子迁移到负电极(阴极),阴离子迁移到正电极(阳极),溶液充当导电体(Radiometer Analytical,2004)。

4.5.4.2 电导率

溶液的电导率是其比电阻的倒数值,并且可以使用连接到具有两个或多个电极的电导池的电导电桥直接进行测量。电导率的测量取决于电极的面积及其间距。这些尺寸定义为电池常数,可通过校准电导率测量系统来确定。使用已知浓度和电导率的 KCl 溶液来校准系统并确定电池常数 K,定义如下:

$$K=\frac{d}{a}$$

式中,K =电池常数(cm^{-1});

a =电极面积(cm^2);

d =电级间距(cm)。

电导率测量以微西门子每厘米($\mu S \cdot cm^{-1}$)为单位表示,微西门子是电阻的倒数。报告电导率的标准做法是将其校正到 25 ℃。

$$\varkappa=G \cdot K$$

式中,$\varkappa$=电导率($\mu S \cdot cm^{-1}$);

G =电导(μS);

K =电池常数(cm^{-1})。

降水样品的电导率较低,通常为 5～1000 $\mu S \cdot cm^{-1}$。有几种类型的电导池可供选择:2 电极式、3 电极式、4 电极式和 4 电极镀铂式。建议将2 电极电导池用于降水样品测量。使用专门用于降水样品测量的电导池。避免使用用于自来水或地表水样品测量的电导池。对于低电导率的降水样品(Radiometer Analylical,2004):

1)使用流通池以避免大气二氧化碳的污染;

2)使用电池常数低的(1 cm^{-1}或更低)电导池;

3)使用非镀铂的电导池,更易清洁,反应更快。

电导率仪使用内置的温度传感器测量实际的电导率和温度。使用内部温度校正功能可将测量值转换至参考温度(25 ℃)条件下,仪表显示的是温度校正的电导率。如果不应用温度校正,则报告的电导率是被测溶液温度下的值。始终在报告电导率结果的同时报告温度。

如果没有足够的样品来同时测量电导率和 pH 值，则用于电导率测量的等分试样也可用于 pH 的测量。必须在 pH 之前测量电导率，以避免来自 pH 电极的 KCl 污染。如果使用流通池进行电导测量，请勿将样品用于 pH 测量。

4.5.4.3 仪器

1）电导率仪的推荐操作范围是 0.1～1000 $\mu S \cdot cm^{-1}$。精密度必须在量程范围的 0.5%以内，准确度在量程范围的 1%以内。

2）电导池（参见图 4.23）。

3）温度计（0～40 ℃/0.1 ℃）。

4）25 ℃的水浴槽。

5）与所用电导池直径相对应的聚乙烯或玻璃容器。

6）流通容器（可选的）。

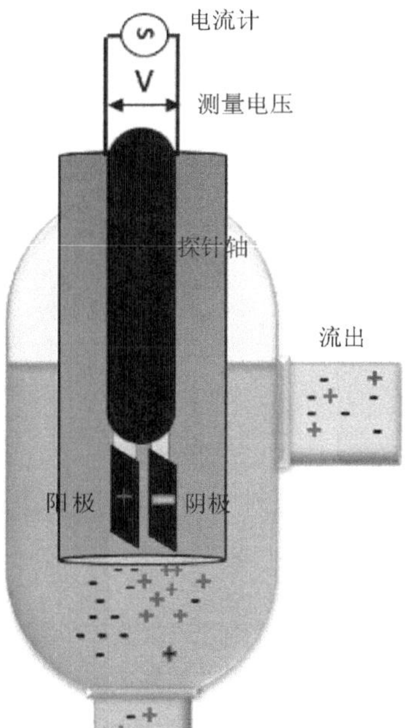

图 4.23 配有流通容器的 2 电极式电导池

4.5.4.4 试剂和溶液

1）去离子水，电阻大于 18 MΩ。

2）氯化钾（KCl）专业分析（p. a.）质量。

3）储备溶液 A，0.1 M 的 KCl 溶液：7.456 g 预干燥的（在 105 ℃下 2 h）KCl 溶解在去离子水中，并在 25 ℃条件下用去离子水稀释至 1000 mL。

4）储备溶液 B，0.01 M 的 KCl 溶液：10 mL 的 0.1 M 的 KCl 溶液（储备溶液），在25 ℃条件下用去离子水稀释至 100 mL 的标记。

将储备溶液保存在密闭的高密度聚乙烯（HDPE）瓶中。稳定 1 年。

4.5.4.5 校准

1)使用多于一种的标准溶液校准电导率仪和电导池,即进行多点校准。对于每组降水样品,对 0.01 M 的 KCl 储备溶液 B 用去离子水稀释,制备一组 0.0001 M、0.0005 M 和 0.001 M 的 KCl 标准溶液。

2)测量用于制备标准溶液的去离子水的电导率。

3)测量 KCl 标准溶液的电导率,并将其绘制在图表上。如果这些测量值超出表 4.10 中给出的限值,请参阅仪器制造商的手册以采取纠正措施。重复校准。

4)直接从该校准曲线图中读取降水样品的电导率。

表 4.10 校准溶液的电导率,在 25 ℃时的 KCl 溶液

KCl 浓度(M)	理论值 (μS·cm⁻¹)	电导率上限值 (μS·cm⁻¹)	电导率下限值 (μS·cm⁻¹)
0.0001	14.9	16.5	13.5
0.0005	73.9	77.8	70.2
0.0010	147.0	149.0	145.0

4.5.4.6 质量控制

即使是冷藏,自然降水也会随着时间而变质,应避免将其作为电导率测量的 QCS 使用。以下列出了推荐的 QC 溶液:

1)有证标准物质;

2)合并的比较样品;

3)由替代标准物质配制的模拟样品。

准备至少三种跨越标准范围的 QC 溶液。这些溶液应测试校准曲线的低、中和高浓度范围。

4.5.4.7 分析程序

1)用去离子水彻底冲洗电导池外部和内部电极。

2)用样品冲洗电导池外部和内部电极,无论是 QCS 还是降水样品。丢弃这个样品。不要擦干探头。如果体积允许,请重复此步骤。

3)在电导池中加入待测量的新鲜样品。

4)确保样品覆盖电极,并通过轻轻拍击电导池外部来消除所有的气泡。

注意:溶液的电导率取决于温度。当溶液的温度上升 1℃时,电导率上升 2%~2.5%(取决于离子成分),这是离子的水合作用降低和溶液黏度降低的结果。为确保实验室电导率测量的一致性,GAW 建议采用以下程序:

5)①使用水浴槽来平衡和稳定温度,测量 25 ℃时的电导率,必须注意避免水浴槽对样品的污染。

—或者—

②只要温度范围为 18~30 ℃,则在室温下测量电导率。使用内置的温度传感器和算法将读数订正到 25 ℃。根据表 4.11 检查读数,以确保内部算法的结果一致。

—或者—

③在室温下测量电导率，然后使用表 4.11 中给出的系数将测量值订正到 25 ℃。例如：

$$\varkappa_{25℃} = \varkappa_{RT} \times 订正系数$$

式中，$\varkappa_{RT}$ =室温下的电导率；

$\varkappa_{25℃}$ =25 ℃时的电导率；

—或者—

④在与样品相同的温度下测量标准溶液，以计算校正因子，该因子考虑了电池常数和温度效应。该方法是一种单点校准方法，假设校准曲线始终是线性的。使用 3 个校准器可以更准确地描述非线性的校准曲线。

6)将数据输入数据集。如果电导率仪没有数据导出功能，请参见 4.3.13 节进行手动数据验证。按要求的小数位数报告数值。通过对样品结果添加注释或代码来说明样品遗失和样品污染的原因。

7)按照制造商的说明来操作、维护和存储测量池。

8)在每个样品之间，用去离子水彻底冲洗电导池，然后用样品溶液冲洗 2 次或 3 次，然后再进行测量(如果电池可能已被污染，请参阅“故障排除”一节中的问题 1 的“纠正措施)。

9)按照制造商的建议储存探头。

表 4.11 将电导率值调整到 25 ℃时的订正系数

温度(℃)	订正系数
18	0.865
19	0.884
20	0.904
21	0.923
22	0.940
23	0.961
24	0.980
25	1.000
26	1.020
27	1.041
28	1.061
29	1.080
30	1.100

4.5.4.8 故障排除

问题 1：在电极表面上或附近有离子物质堆积或形成有机膜，引起极化和污染。

解答 1：经常清洁电导池。用浸有温和洗涤剂的棉签轻轻擦拭电导池，小心地去除任何积聚物。请勿使用粗糙的或研磨性的材料进行清洁，切勿裸手触摸探头。用去离子水彻底冲洗探头和电极，去除所有清洁剂的痕迹。

问题 2：测量经常有偏差，很难得到正确的结果。

解答 2：每 30～50 个样品校准一次。请注意，电池常数可能会发生变化。确保有足够的样品完全覆盖电极。双电极式电导池必须处于测量容器的中间。避免摩擦探头;将其轻轻拍干以避免静电累积或损坏探头。

问题3:测量受到样品和标准之间的温差的影响。

解答3:确保样品和校准标样在相同的温度下进行测量,并且对样品和校准标样的摇晃是一样的。

问题4:电导池表面是充分渗透的,以从溶液中吸附离子,这导致从一个样品到下一个样品的残留效应,并导致更慢的响应。

解答4:建议使用带环氧树脂和石墨电极的电导率传感器,因为它具有耐用性和优异的耐化学性。也可以考虑带有钢或钛的电导池。

问题5:电导池中有气泡导致读数不稳定。

解答5:即使是粘附在电极表面的微小气泡也会增加电阻,从而降低电导率的读数。无论是测量降水样品、校准溶液还是QC样品,在每次测量前均应检查电导池的内容物并去除气泡,轻轻敲击探头以去除气泡。

问题6:校准电导池产生不一致的结果。

解答6:电导率校准标样不如pH缓冲溶液强健,更容易受到稀释和暴露于大气二氧化碳的污染。使用新制备的溶液。切勿将用过的溶液倒回原来的容器中。使用密封严密的容器,在室温下储存溶液。

4.5.5 氯离子、硝酸根和硫酸根的离子色谱测定

4.5.5.1 背景

建议使用离子色谱(IC)系统测量氯离子、硝酸根和硫酸根。通常,IC系统坚固耐用,维护要求低,可以调整获得最优的结果。可以通过更换色谱柱、改变洗脱液浓度、增加定量环尺寸以增加进样体积以及使用合适的样品校准范围来优化系统的灵敏度和样品范围。建议IC系统配备一个程序控制的样品转换器,这可以使操作员无需持续注入样品等分试样。

在IC系统中,样品等分试样被泵入分离柱,其中感兴趣的离子将被分离,因为它们与柱中的离子交换材料具有不同的亲和力。当感兴趣的物质是阴离子时,离子交换材料带正电荷。样品分子中的带相反电荷的离子团与离子交换材料之间相互作用的强度取决于这些分子上电荷的数量、价态和位置。

样品中的离子被称为淋洗液的盐溶液携带通过分离柱。淋洗液的组成和浓度影响离子从离子交换材料上脱附并继续通过色谱柱的速率。具有最弱的离子相互作用的分子首先从色谱柱中洗脱。具有更强的离子相互作用的分子随后洗脱。当离子从色谱柱中洗脱时,它们通过抑制器并最终由电解电导检测器检测。淋洗液的电导率由色谱图进行记录。

通常用于无机阴离子色谱的淋洗液有两种类型:氢氧化钾和碳酸钠/碳酸氢钠。碳酸盐淋洗液产生高背景的电导率。其结果是,当样品水从色谱柱中流出时,电导率会突然下降。这种突然下降导致色谱图中出现“水负峰”。这种下降发生在色谱图开始时的氯化物峰之前。

由碳酸盐淋洗液分离的阴离子的洗脱顺序是氯离子、硝酸根,然后是硫酸根。碳酸盐淋洗液在抑制器中需要较高的电流。使用碳酸盐淋洗液时,分离柱可承受较大的进样体积并且不易过载。

羟基淋洗液具有较低的背景电导率，因此色谱图中没有水负峰。由羟基淋洗液分离的阴离子的洗脱顺序是氯离子、硫酸根，然后是硝酸根。硫酸根峰出现在碳酸根峰的附近。

自再生系统配有浓缩的淋洗液，装在系统中的淋洗液罐里。高纯度Ⅰ型去离子水是唯一的添加剂。淋洗液罐是独立的，不需要准备任何试剂，从而消除了批次之间的差异。

淋洗液通过分离柱后进入抑制器，这降低了淋洗液的电导率。它通过将淋洗盐转变为酸来实现这一点，从而抑制了淋洗液的背景电导率，有效地增强了被测量离子的电导率。简而言之，抑制器通过增加信号强度和降低背景噪声来提高灵敏度。在再生抑制器中，通过恢复淋洗液原来的盐溶液来逆转这个过程。

有两种类型的泵可用于IC系统。等度泵以一定流量输送淋洗液，淋洗液的浓度没有变化。梯度泵可以改变淋洗液的流量和浓度，以增强峰的分离。梯度泵可通过附带的软件轻松进行编程，推荐用于有机酸。对于简单的无机离子，等度泵较为耐用和可靠。

样品分析的时间以及信号峰的质量和分离效果取决于色谱柱的类型、淋洗液的类型以及淋洗液的浓度和流速。图4.24是典型IC系统的示意图。图中的圆形阀有两个位置，LOAD(冲洗)和INJECT(进样)。示意图描述了LOAD位置。在INJECT位置，淋洗液被泵入并通过定量环，携带样品通过色谱柱，在色谱柱里使离子分离。表4.12描述了使用下述方法的每种阴离子的浓度范围。

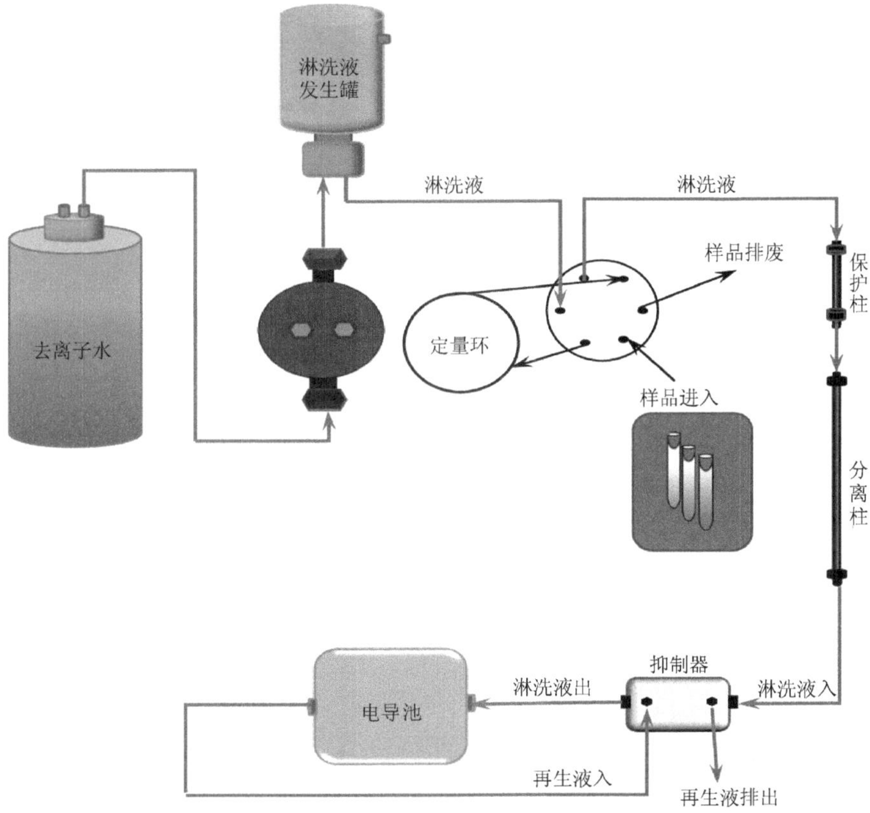

图4.24 进样阀位于LOAD位置的典型的IC系统
样品进入样品环，同时将淋洗液泵入柱中

表 4.12 在降水中使用 4.5.5 节中描述的标准中阴离子的浓度范围

分析物	浓度范围(mg·L^{-1})
氯离子	0.005～7.00
硝酸根	0.005～12.50
硫酸根	0.005～12.50

IC 柱子有三种类型:标准孔型(4 mm)、微孔型(2 mm)和毛细管型(0.4 mm)(引自 Dionex Corp,Thermo Scientific,2012)。

虽然较小孔径的柱子更易堵塞,但它们也具有几个优点:

1)较小的定量环意味着分析时所需要的样品体积较小;

2)需要较少量的试剂;

3)峰形更加尖锐;

4)更好的峰分离。

4.5.5.2 仪器

一般而言,离子色谱包括:

1)配有等度泵、电导检测器、定量环和进样系统的离子色谱;

2)带有软件的自动进样器;

3)台式电脑;

4)色谱工作站(集成软件);

5)自再生抑制器——阴离子;

6)分析柱(阴离子);

7)保护柱(阴离子);

8)淋洗液发生罐(氢氧化钾或碳酸盐)。

使用低压内置过滤器(图 4.25)将细菌和污染物滤出 IC 系统。2 μm 孔隙的玻璃滤料(图 4.26)可通过超声处理进行清洁,最多可重复使用 20 次。推荐的供应商是提供 Upchurch 产品的 Millipore Sigma-Aldrich。

将过滤器放在样品转换器进样阀之间。

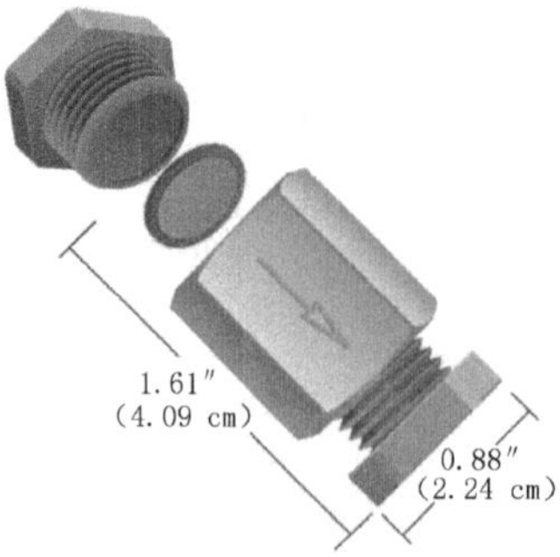

图 4.25 在线过滤器组件示意图

(Gilson Scientific Limited,2013)

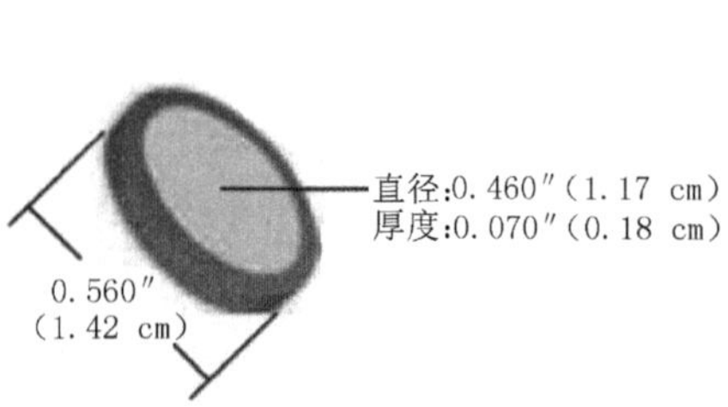

图 4.26 在线 2 mm 滤料示意图

(Gilson Scientific Limited,2013)

4.5.5.3 试剂和溶液

1)仅需要淋洗液发生罐的自再生系统;

2)超纯 I 型去离子水(电阻>18 MΩ)。

4.5.5.4 标样

(1) 储备标准溶液

每种储备标准溶液含有 1000 mg・L^{-1}的氯离子、硝酸根和硫酸根,可以从不同制造商处作为认证溶液进行订购或用高纯盐制备。当从盐中制备标准溶液时,一定要在溶解前将盐在 105 ℃下干燥 1 h,然后将其溶解在去离子水中并稀释至 1000 mL。表 4.13 列出了用于制备储备标准溶液的干燥的盐的质量。

表 4.13 阴离子储备标准溶液,标准 1,盐量为 1000 mg・L^{-1}的 Cl^-、NO_3^-、SO_4^{2-}(CAPMoN,2013)

盐	质量(g)
NaCl	1.648
KNO_3	1.628
$(NH_4)_2SO_4$	1.375

新烧瓶和瓶子作为储备标准溶液容器时应进行老化处理。这是通过将它们浸泡在去离子水中过夜,然后用去离子水冲洗 3 次并在温热的烘箱中干燥来完成的。这种老化处理只需要在新容器第一次投入使用时进行。有关烧瓶和分析天平的校准程序请参阅附录 C。

1)使用分析天平称量所有体积。彻底冲洗所有称量皿。使用经过老化处理的 HDPE 瓶来储存标准溶液。使用专门用于标准溶液制备和储存而不是其他程序的容器。

2)通过称量去离子水的体积来制备标准溶液。通过将去离子水按质量分配到烧瓶并在液体线处做标记来校准接收到的烧瓶。详细信息请参见附录 C。

3)制备三个储备溶液。小心称量每种盐并放入经校准和老化处理的 1 L 容量瓶中。混合并储存在指定的 HDPE 瓶中。稳定 1 年。

4)为了确保新、旧标准溶液之间的一致性,准备稀释新的标准溶液并将其作为未知样进行分析,使用旧的校准标样来校准仪器。以下是具体步骤:

①在冲洗过的称量皿中分配 1 g 新的标准溶液;

②将此溶液倒入干净的、经过冲洗和校准的 1 L 容量瓶中;

③使用 I 型的去离子水,将称量皿上的溶液冲洗到烧瓶中,并将烧瓶填充至 1 L 标记处;

④充分混合,然后使溶液静置并平衡至少 1 h;

⑤使用一组旧的校准标样,分析稀释的新的储备标准溶液;

⑥测量值应在 1.00 mg・L^{-1}左右的预期精度范围内;

⑦如果该稀释的储备标准溶液符合 1.00 mg・L^{-1}的 QC 要求,则将全部浓度(1000 mg・L^{-1})的新储备标准溶液转移至 HDPE 瓶中,并在 4 ℃下储存。如果达不到 QC 要求,则丢弃溶液并再次重新配制。在分析之前,请记住应让溶液静置(平衡)1 h。

与分配少量浓缩的储备溶液相比,分配大量的储备溶液来制备工作校准标样是一种更准确的方法。

(2) 低浓度工作标样 1

1)低浓度工作标样 1(L-Std1)的制备,是通过将每种标准溶液按质量分配到经校准和老化的 1 L 容量瓶中,再用去离子水稀释至 1 L 来完成的。表 4.14 中给出了每种溶液的体积。

表 4.14 L-Std1 的制备

低 Std.#	溶液	Cl^-(mL)	NO_3^-(mL)	SO_4^{2-}(mL)	最终体积(mL)
1	每种储备标准	0.500	1.250	1.250	1000

2)使用 L-Std 1 来制备低浓度范围的校准标样 2—6,见表 4.15。所有的烧瓶应进行老化、校准并专门用于储存 L-Std 1 溶液。

表 4.15 低浓度范围的校准标样示例(CAPMoN,2013)

低 Std.#	溶液	体积(mL)	最终体积(mL)	Cl^-(mL)	NO_3^-(mL)	SO_4^{2-}(mL)
1	储备液			0.500	1.250	1.250
2	L Std. 1	175	250	0.350	0.875	0.875
3	L Std. 1	125	250	0.250	0.625	0.625
4	L Std. 1	75	250	0.150	0.375	0.375
5	L Std. 1	40	250	0.080	0.200	0.200
6	L Std. 1	12.5	250	0.025	0.063	0.063

(3) 高浓度工作标样 1

1)高浓度工作标样 1(H-Std1)的制备,是通过将每种标准溶液按质量分配到经校准和老化的 1 L 容量瓶中,再用去离子水稀释至 1 L 来完成的。表 4.16 中给出每种溶液的体积。

表 4.16 H-Std1 的制备

高 Std.#	溶液	Cl^-(mL)	NO_3^-(mL)	SO_4^{2-}(mL)	最终体积(mL)
1	每种储备标准	7.000	12.500	12.500	1000

2)使用 H-Std 1 来制备高浓度范围的校准标样 2—5,见表 4.17。所有的烧瓶应进行老化、校准并专门用于储存 H-Std 1 溶液。

表 4.17 高浓度范围的校准标样示例(CAPMoN,2013)

高 Std.#	溶液	体积(mL)	最终体积(mL)	Cl^-(mL)	NO_3^-(mL)	SO_4^{2-}(mL)
1	储备液			7.000	12.500	12.500
2	H Std. 1	175	250	4.900	8.750	8.750
3	H Std. 1	90	250	2.520	4.500	4.500
4	H Std. 1	45	250	1.260	2.250	2.250
5	H Std. 1	25	250	0.700	1.250	1.250

(4) 工作标准溶液

建议每条校准曲线至少有 5 个校准标样。IC 曲线不是线性的,通常不会通过零点。大多数 IC 工作站软件允许无限数量的标准。为了最大限度地减少由于这种非线性引起的偏差,制作 IC 曲线时可分为两个部分:低浓度校准范围和高浓度校准范围(见图 4.27 和图 4.28)。这非常重要,可使校准曲线不会延伸到由于非线性而导致浓度偏斜的地方。

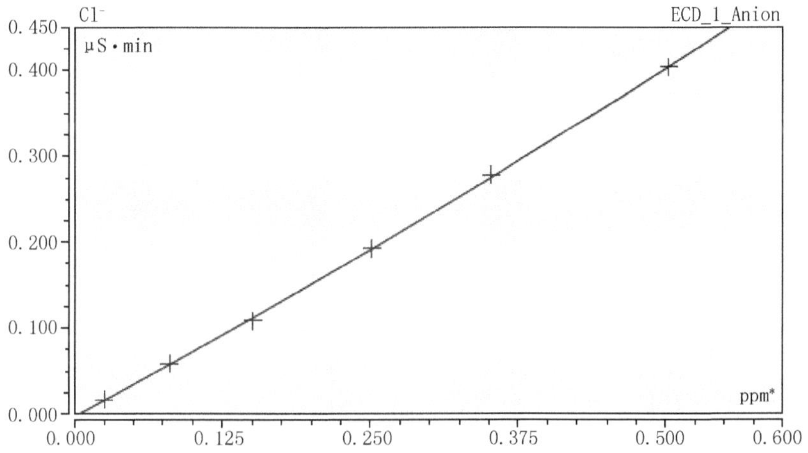

图 4.27 氯离子的低浓度校准曲线

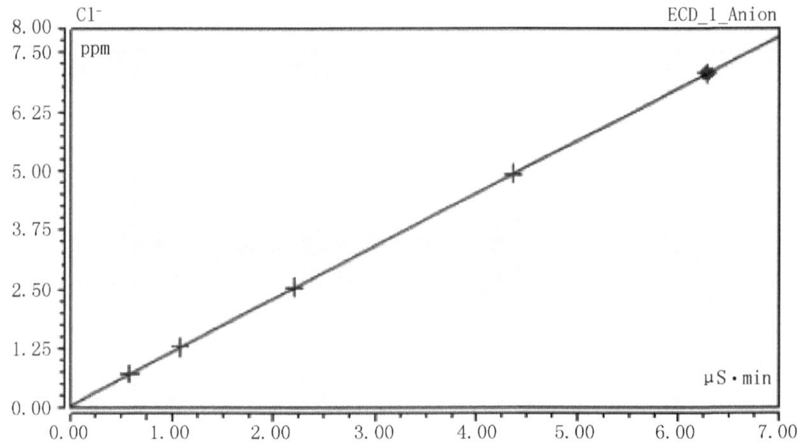

图 4.28 氯离子的高浓度校准曲线

使用峰面积来积分色谱数据。大多数 IC 曲线不是线性的,最好的描述是二次拟合。

根据低浓度校准标样测量所有样品。对于超出低浓度校准范围的结果使用高浓度校准范围进行读数。样品浓度超出高浓度校准限值时,必须进行稀释并重新分析。**切勿外延校准曲线以估算结果。**

* 1ppm=10^{-6}

测量的阴离子浓度范围必须由每个实验室确定,并且可能随时间变化。

校准标样可以在室温下储存在干净的 HDPE 容器中,并且可以稳定长达 6 周。

4.5.5.5 质量控制

(1)配制 QC 溶液

配制两个 QC 溶液,一个用于低浓度校准范围,另一个用于高浓度校准范围。在低浓度范围内校准 IC 后立即分析低 QC 样品。使用高 QC 溶液在高浓度校准范围内执行相同的操作。有关杀菌和 QC 溶液制备的详细信息请参见附录 C。

(2)低浓度 QC 溶液——降水基质

1)保存已经进行分析和报告的低浓度降水样品的多余体积。将来自这些样品中的一些多余的降水汇集到 10 L HDPE 容器中,并将来自其他样品的多余降水放入第二个 10 L HDPE 容器中。

2)分析每个容器的合并样品。检查结果并将每种分析物的浓度较低的合并样品指定为 QC-A,将另一个合并的样品指定为 QC-B。

3)根据需要添加去离子水,使 QC-A 的浓度接近检测限。根据需要添加 1000 mg·L^{-1} 储备溶液,使 QC-B 的浓度达到低浓度校准曲线的中高范围。

4)有关杀菌和更多详细信息,请参见附录 C。

(3)高浓度 QC 溶液——降水基质

1)保存已经进行分析和报告的高浓度降水样品的多余体积。将来自这些样品中的一些多余的降水汇集到 10 L HDPE 容器中,并将来自其他样品的多余降水放入第二个 10 L HDPE 容器中。

2)分析每个容器的合并样品。将一个合并样品指定为 QC-C,将另一个合并样品指定为 QC-D。

3)根据需要添加 1000 mg·L^{-1}储备溶液,使 QC-C 的浓度达到高浓度校准曲线的中低范围,使 DC-D 的浓度达到高浓度校准曲线的中高范围。避免浓度高于最高的校准标样。

4)有关杀菌和更多详细信息,请参见附录 C。

4.5.5.6 分析程序

1)当不使用时,请勿关闭 IC 系统电源。始终打开电源。

2)检查试剂水平。检查淋洗液罐中的液体和离子百分比,确保有足够的淋洗液能够完成全程运行。每天更换自动进样器冲洗水箱中的去离子水。内置过滤器可使进入系统的颗粒物减到最少。每天应更换在线过滤器。

3)运行去离子水样品直至系统稳定并平衡。

4)标记每个试管。在工作站软件中准备分析计划。在软件中输入样品标识号,其顺序与样品转换器支架中的试管安装顺序相同。

5)准备进行分析的样品。确保每根试管内有最小的样品体积。最小体积将随进样环尺寸和冲洗体积而变化。用 Parafilm® 或可以刺穿的盖子盖住每个试管口。将样品管放入样品转换器支架中。

6)检查泵压力和电导率是否稳定。

7)检查去离子水的色谱图以确定其具有正确的形状。色谱图的形状取决于淋洗液的类型。

①当使用碳酸盐淋洗液时,色谱图通常会有 2～3 min 的水负峰。水负峰出现在氯化物峰之前。使用碳酸盐淋洗液的去离子水的色谱图见图 4.29。请注意,Y 轴上的刻度为 -4.50～0.500。

②当使用 KOH 淋洗液时,水负峰要小得多。使用 KOH 淋洗液的去离子水的色谱图见图 4.30。请注意,Y 轴上的刻度为 -0.300～0.500。另请注意,去离子水的色谱图中的碳酸盐峰位于氯化物之后和硫酸盐之前。碳酸盐峰的峰高取决于水质、水的年龄和周围环境的二氧化碳水平。在开始分析运行之前,去离子水的色谱图中必须没有感兴趣的阴离子。

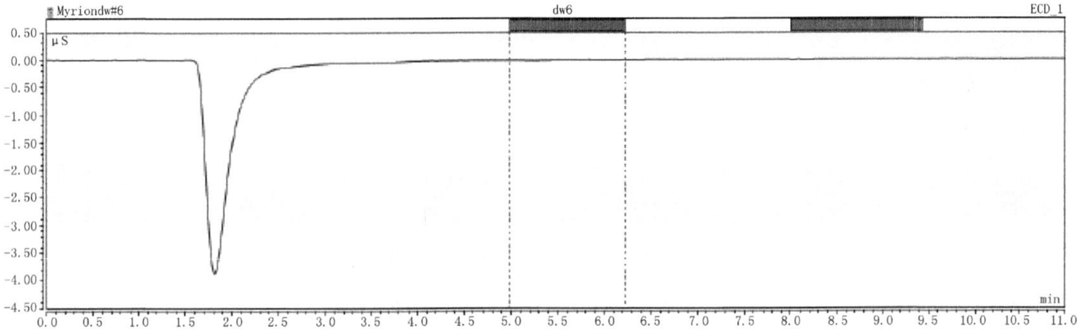

图 4.29　使用碳酸盐淋洗液的去离子色谱图

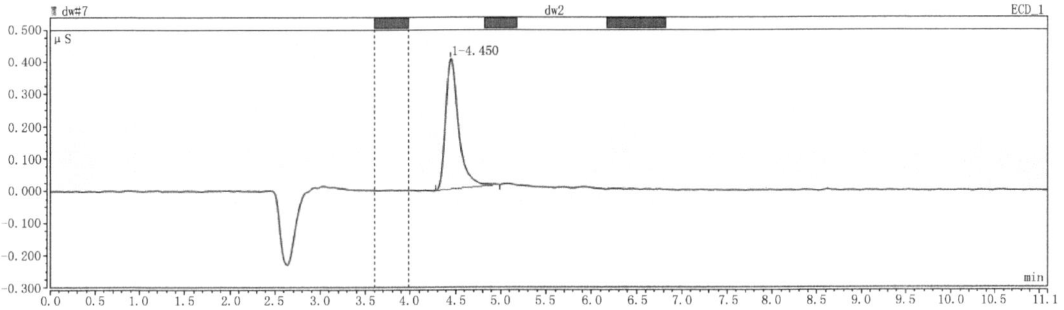

图 4.30　使用 KOH 淋洗液的去离子色谱图

8)开始运行。首先运行校准标样。应从最高浓度的标准开始进样,然后是较低浓度的标准。

9)在完成低浓度校准曲线后直接运行低浓度的 QCS,在完成高浓度校准曲线后直接运行高浓度的 QCS。之后每分析 10 个样品就分析 1 个 QCS(随机选择,高浓度或低浓度)。在控制图上绘制 QCS 结果。

10)每分析 30～50 个样品,重新校准一次。

11)运行后,在报告、校对或制表样品结果之前检查所有的校准曲线和 QCS 结果。仅使用峰面积参数而不是峰高来计算结果。

12)分别检查每个色谱图是否具有正确的形状和积分。基线不得向上或向下漂移,不得上下波动。所有碳酸盐色谱图都应具有水负峰,所有羟基色谱图应具有碳酸盐峰。所有的色谱峰应该都具有典型的高斯形状并且显示出良好的分离。备注所有异常并相应地对数据进行标记。在解决基线漂移或上下波动的问题后应重新分析样品。请参阅以下的故障排除部分。

请注意,IC 软件使用峰值"窗口"。软件希望每种洗脱的分析物的峰出现在特定的时间窗口。落在窗口之外的峰将不会被积分。此外,填充窗口的非常大的峰也可能无法识别,会产生零的结果。记下这些例外并重复分析。

13)根据正确的校准曲线来计算最终结果。使用正确的小数位。根据需要应用检测限值标记。标记超过校准范围上限的所有样品。稀释这些样品并进行重复分析。确保说明样品缺失的原因,并根据需要使用样品污染代码。

14)从 IC 系统导出数据并归档与分析相关的所有参数,包括校准数据、积分数据和仪器审计跟踪。审计跟踪包括可用于诊断问题(例如具有基线漂移的色谱图)的仪器参数(例如泵压)。可能有必要在问题开始的时间点进行重复分析。

4.5.5.7 故障排除

问题 1:泵失去压力或灌注。

解答 1:检查淋洗液发生罐是否有泄漏。如果需要,更换发生罐。灌注泵。检查系统是否泄漏。重新灌注泵并运行去离子水以检查系统。如果泵仍然不稳定,断开色谱柱并将甲醇泵入系统。用水冲洗。如果这些步骤无法解决问题,请更换活塞密封圈(前提是操作员已接受过培训)。将活塞密封圈在甲醇中浸泡几分钟。这确保了活塞周围有更好的密封。

问题 2:基线不稳定或漂移(图 4.31)。

解答 2:微孔型系统需要更长时间才能稳定下来。等待几个小时后再尝试解决问题。如果基线不稳定,则重新老化抑制器。重新老化的程序与安装前老化新抑制器的程序相同。说明书放在抑制器包装中。如果重新老化不起作用,请更换抑制器。

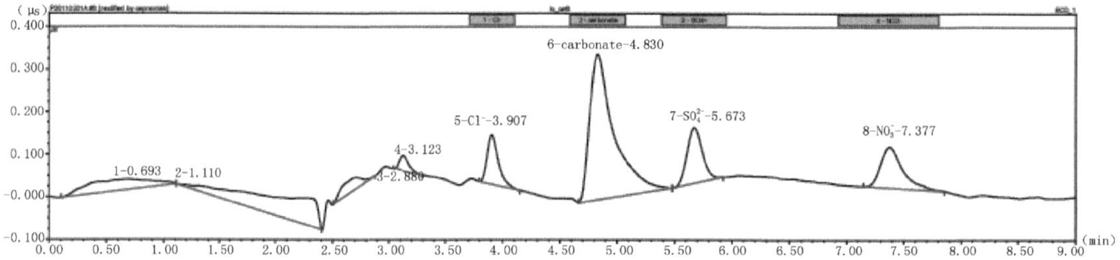

图 4.31 基线不稳定

问题 3:精密度达不到 QC 要求。

解答 3:检查进样阀是否有渗漏或堵塞。确保每次进样时样品环是充满的。样品环应使用样品冲洗约 10 次,以确保样品与之前的样品或冲洗液完全没有混合。这可通过将进样阀上的样品环废液管线放入量筒中进行检查。从样品转换器中导入样品。在量筒中收集的体积应约为进样环体积的 10 倍。

问题 4:精密度损失。

解答 4:检查进样阀是否有渗漏或堵塞。检查探头和样品管线插头是否有泄漏。更换样品环并清洁进样阀。通过一次断开每段管线的一段，可以找到插头。如果支撑座或保护柱被污染，泵压力将明显增加。

问题 5：硫酸盐值较低，但同一样品中的其他物质在预期范围内。

解答 5：更换自动进样器的探头和所有样品传输管线。

问题 6：洗脱的阴离子的保留时间与氯离子、硫酸根或硝酸根相似，可能对其中一种阴离子的信号产生干扰。参见图 4.32 中的示例。

解答 6：如果可能，使用 IC 集成软件解析峰，否则尝试使用浓度较低的淋洗液运行样品。在标准操作规程中应描述纠正措施的条款。

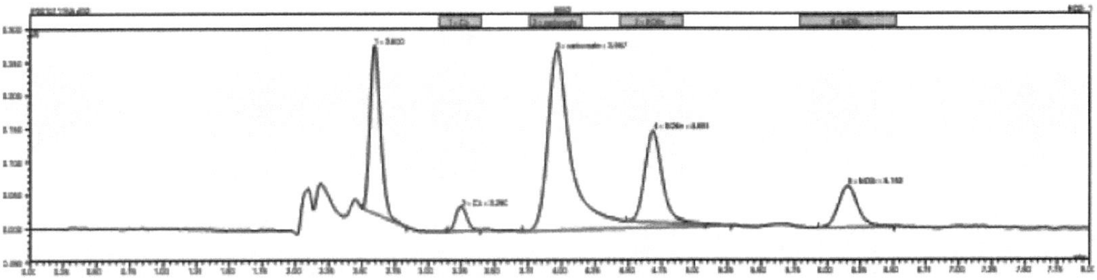

图 4.32　KOH 淋洗液系统的色谱图

注意碳酸根和硫酸根峰的挤在一起，其中硫酸根通过碳酸根峰上的肩部从基线上抬起。请注意，色谱图上早期洗脱的有机酸也挤在一起且尚未解决

问题 7：保留时间变短、分辨率较差。峰值低于预期的窗口和保留时间。泵压增加。

解答 7：清洁或更换保护柱。如果没有改进，清洁或更换分离柱。

问题 8：连续几个色谱图没有水负峰（碳酸盐淋洗液）或碳酸盐峰（KOH 淋洗液）。色谱图上没有任何阴离子的峰形。

解答 8：检查探头的插头。检查样品管线的插头是否插至进样阀，然后检查进样环是否有阻塞。

问题 9：物质洗脱的太晚，在后来的色谱图中看到洗脱物质。

解答 9：延长运行时间。有时，当新的色谱柱投入使用时，运行时间和保留时间会显著延长。使用校准标样测试系统以确定新的保留时间出现的位置是非常重要的。

4.5.5.8　提高 IC 性能的技巧

1）制定维护计划并保留记录维护程序的日志。跟踪仪器故障以及解决问题的原因。

2）每年进行一次完整的系统预防性维护。更换互连管线，更换泵和活塞密封圈并校准电导池。检查进样阀定子的磨损情况，并根据需要进行更换。

3）使用较小的孔径的色谱柱以提高系统效率。现代 IC 泵系统可以在不改变泵的情况下转换为微孔色谱柱。

4）更换连接管线时，请勿重复使用密封垫圈。密封圈变紧并限制 PEEK 管道中的流量，增加系统压力。保留校准标样的详细信息的日志。记录标准制备的日期。说明计算结果、质量和体积。记录制备溶液人员的姓名。

5）按质量对玻璃器皿进行校准。详细信息请参见附录 C。

6)在质量控制图表和日志中标记维护的时段、淋洗液罐更换时间和新校准溶液使用的时间,以跟踪在控制图数据中的潜在变化。

7)校准溶液需要专用的玻璃器皿和容器。不要将这些容器用于任何其他目的。通过将容器浸泡在去离子水中或容器将要容纳的溶液中过夜来对容器进行老化处理。

8)不要使用分析降水样品的色谱柱来分析受污染的或硬水样品。

9)使用可以刺穿的瓶盖或使用 Parafilm® 盖住样品。保持区域清洁。

10)使用典型样品浓度的校准范围。

11)如果必须分析非常浓缩的样品,应减少样品环的长度以尽量减少色谱柱过载或使用更高的标准范围。

12)增加样品环长度以增加灵敏度。这同样增加了进样量。尝试用不同的长度来优化系统而不会使色谱柱过载。

13)使用内置过滤器防止细菌进入系统。

14)当系统的压力增加时,首先应更换支撑座和保护柱。

4.5.6 离子排斥色谱法测定碳酸氢盐

依据 IUPAC 规则,碳酸氢根离子现在称为碳酸氢盐。

4.5.6.1 背景

碳酸氢盐是由于二氧化碳溶解和碳酸盐矿物质溶解而存在于降水中的弱酸,作为微小的空气颗粒物被降水捕获。碳酸氢盐影响降水样品的离子平衡的程度高度依赖于 pH。碳酸氢盐浓度随着游离酸度(H^+)倒数的增加而增加。超过 5.6 的 pH 值时,碳酸氢盐浓度超过 H^+ 浓度。因此,如果区域内降水的 pH 经常高于 6 pH 单位,则实验室具有测量碳酸氢盐的能力是非常重要的。这发生在不受大量酸性硫酸盐或硝酸盐影响的区域以及空气中碳酸盐颗粒普遍存在的区域。

确定碳酸氢盐的方法需要快速、简便。可用碱度测量的自动数字滴定仪,但是会受到来自诸如羧酸阴离子的干扰,这些干扰导致滴定测定中的系统误差(Gros et al.,2007)。雨水中碳酸氢盐的含量通常低于 10.22 $mg \cdot L^{-1}$,需要一个灵敏的系统来准确测定这种弱酸。通常,阴离子色谱系统需要强碱性的碳酸盐或羟基淋洗液。这些淋洗液会导致较高的背景电导率,必须进行抑制,以使阴离子峰足够高地出现在背景上,以便能精确定量。这些系统适用于强酸,如氯化物、硫酸盐和硝酸盐,但不适用于弱的羧酸。

离子排斥色谱提供了另一种选择,但该方法中使用的酸性淋洗液抑制了碳酸盐部分的电离,从而降低了灵敏度。非抑制性离子排斥色谱使用去离子水作为淋洗液。该方法使用戴安(Dionex)公司的 ICE-AS1 色谱柱;但是,来自其他公司的可比产品也可以提供类似的结果。该方法需要专用的 IC 系统(Gardrat,2016)。

碳酸氢盐的分析需要严格关注碳酸盐和二氧化碳污染源。实验室内空气中二氧化碳的水平可能高于室外环境空气。可能需要对实验室环境的空气进行测量,以确定在这样的条件下进行碳酸氢盐的测量是否具有代表性。

还可以通过 pH 和空气中二氧化碳的浓度来估算碳酸氢盐。请参见第 4.3.13 节的离子平衡计算。

4.5.6.2 仪器

淋洗液中的二氧化碳会影响校准的线性度并使结果产生偏斜。去除和防止二氧化碳进入淋洗液是至关重要的。

以淋洗液为例,从溶液中除去气体有以下几种不同的方法。

1)离线脱气

①将去离子水(淋洗液)煮沸 15 min。

②使用氦气喷去离子水 30 min(Gardrat,2016)。

③在真空条件下用超声处理去离子水 15 min(Gros et al.,2007)。

离线方法不能保持脱气的状态。在几个小时内,气体会扩散回溶液中。有必要每天制备新的淋洗液,并立即用 2～5 psi 的氦气对淋洗液容器加压来保持其纯度。

2)在线脱气

在分析运行之前和期间,使氦气通过淋洗液池。这是用较低浓度的惰性气体置换溶液中的空气(Waters Corperation,2001)。

3)内置脱气

淋洗液穿过真空室,真空泵抽吸气体通过渗透膜并将它们排出。这些脱气装置在淋洗液池和泵之间运行,最大限度地减少了淋洗液对气体的再吸收。流速决定了脱气效率。在将淋洗液和样品导入到 IC 系统之前,可以通过喷射淋洗液和冲洗样品转换器来提高效率。在启动系统时,请留出足够的时间冲洗管线并使系统稳定。在整个 IC 系统中尽可能减少传输管的长度也是很好的。

通常,离子排斥色谱系统(图 4.33 和图 4.34)包括:

1)配有等度泵、电导池、样品环和进样系统的离子色谱;

2)淋洗液脱气装置(可选);

3)带软件的样品转换器;

4)台式计算机;

5)色谱工作站(集成软件);

6)分离柱(9 mm×250 mm ICE-AS1-Dionex)。

4.5.6.3 试剂和溶液

1)去离子水。用于淋洗液的水必须是来自使用点出口的 I 型水(电阻>18.0 MΩ)。去离子水源或去离子水完全没有细菌是非常重要的。使用在使用点喷枪上配有紫外灯和 1 μm过滤器的去离子水系统。

2)分析级氦气。用于喷射淋洗液和样品转换器的冲洗。用于给淋洗液容器加压。

使脱气的超纯水池保持在几 psi 的氦气条件下,以制备校准标样基质。

对于短期存储的校准基质,使用配备有旋塞的、专用的 HDPE 容器。

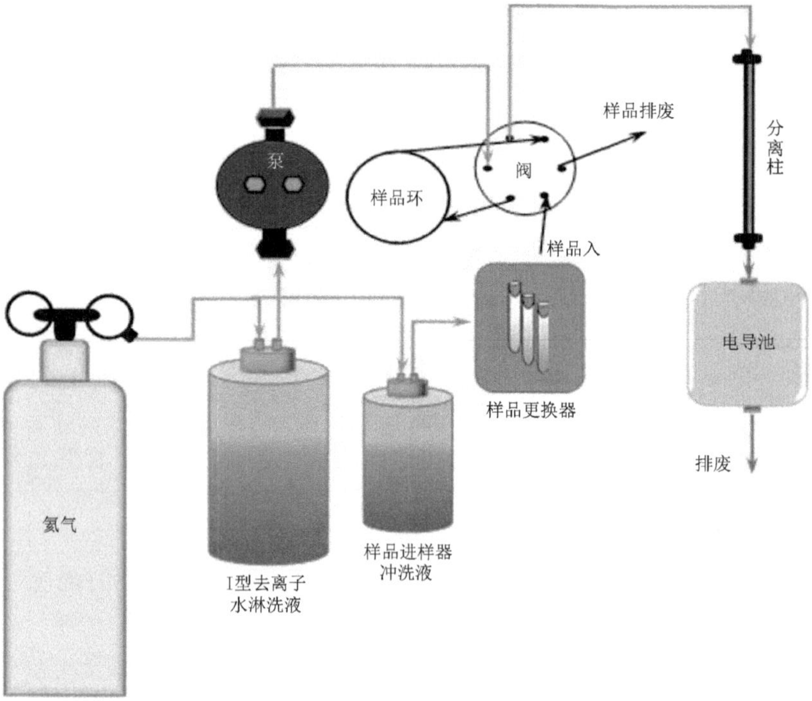

图 4.33　使用淋洗液加压的碳酸氢根离子排斥色谱系统

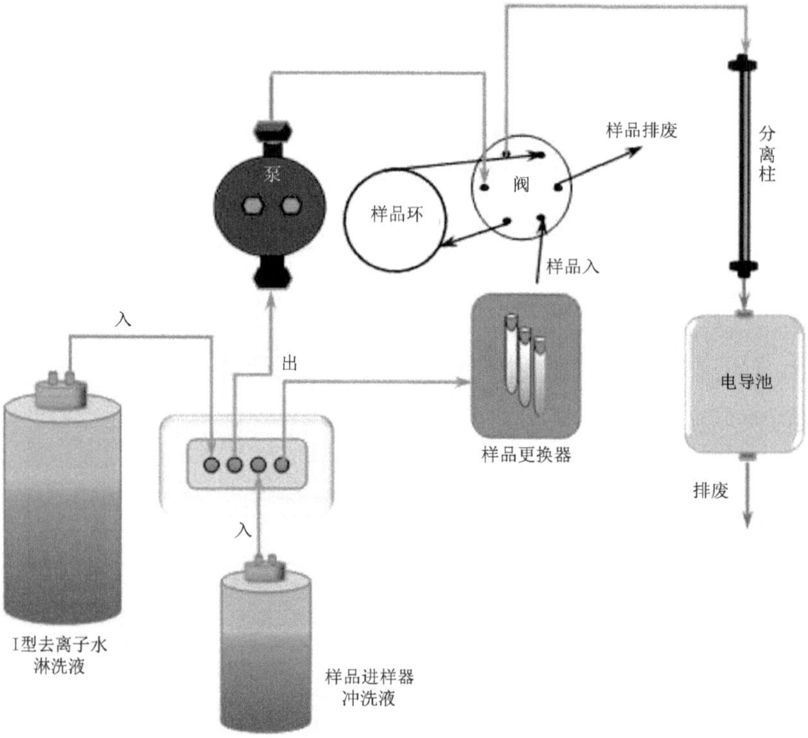

图 4.34　内置脱气装置的离子排斥色谱系统

重要提示：保持样品导入管线清洁。雨水样品中的细菌会产生二氧化碳。在样品转换器之后和进样阀之前放置一个内置过滤器，以防止细菌进入系统。经常更换样品管线。详细信息请参见 4.5.3 节。

如果必须清洁样品管线，应使用不影响分析的溶液。清洁时，应从系统上断开色谱柱，彻底冲洗。

4.5.6.4 校准

每条校准曲线至少使用 5 个校准标样。IC 曲线是二次的，通常不会通过零点。大多数色谱工作站软件允许无限数量的标样。为了最大限度地减少由于这种非线性引起的偏差，将 IC 曲线分为两部分：低浓度校准范围和高浓度校准范围。这非常重要，因为可使校准曲线不会延伸到由于非线性而导致浓度偏斜的地方

根据低浓度校准标样测量所有样品。对于超出低浓度校准范围的结果使用高浓度校准范围进行读数。样品浓度超出高浓度校准限值时，必须进行稀释并重新分析。**切勿外延校准曲线以估算结果。**

4.5.6.5 储备标准溶液

储备标准溶液含有 1000 mg·L^{-1}的碳酸氢盐，可以从不同制造商处作为认证溶液进行订购或用高纯盐制备。当从盐中制备标准溶液时，一定要在溶解前将盐在 105 ℃下干燥 1 h，然后将其溶解在去离子水中并稀释至 1000 mL。表 4.18 列出了用于制备储备标准溶液的干燥的盐的质量。

表 4.18 1000 mg·L^{-1}的 HCO_3 储备标准溶液的质量

盐	质量(g)
$NaHCO_3$	1.377

新烧瓶和瓶子作为储备标准溶液容器时应进行老化处理。这是通过将它们浸泡在去离子水中过夜，然后用去离子水冲洗 3 次并在温热的烘箱中干燥来完成的。这种老化处理只需要在新容器第一次投入使用时进行。有关烧瓶和分析天平的校准程序请参阅附录 C。

强烈建议通过称量去离子水的体积来制备标准溶液。通过将去离子水按质量分配到烧瓶并在液体线处做标记来校准接收到的烧瓶。对于所有校准标样，仅使用脱气去离子水作为稀释液。有关烧瓶和天平的校准以及存储的详细信息请参阅附录 C。

(1)高浓度工作标样 1

1)高浓度工作标样 1(H-Std1)的制备，是通过将标准储备溶液按质量分配到经校准和老化的 1 L 容量瓶中，再用脱气的去离子水稀释至 1 L 来完成的。表 4.19 中给出了溶液的体积。

表 4.19 H-Std1 的制备

高 Std.#	溶液	HCO_3^- (mL)	最终体积(mL)
1	每种储备标准	12.500	1000

2)为了确保新、旧标准溶液之间的一致性,制备稀释新的储备标准溶液并将其作为未知样进行分析,使用旧的校准标样来校准仪器。

①在冲洗过的称量皿中分配 1 g 新的储备标准溶液。

②将此溶液倒入干净的、经过冲洗和校准的 1 L 容量瓶中。

③使用Ⅰ型去离子水,将称量皿上的溶液冲洗到烧瓶中,并将烧瓶填充至 1 L 标记处。

④充分混合,然后使溶液平衡至少 1 h。

⑤使用一组旧的校准标样,分析稀释的新的储备标准溶液。

⑥测量值应在 1.00 mg・L^{-1}左右的预期精度范围内。

⑦如果该稀释的储备标准溶液符合 1.00 mg・L^{-1}的 QC 要求,则将全部浓度(1000 mg・L^{-1})的新的储备标准溶液转移至 HDPE 瓶中,并在 4 ℃下储存。如果达不到 QC 要求,则丢弃溶液并再次重新配制。

3)使用 H-Std 1 来制备所有的高浓度和低浓度范围的校准标样。所有的烧瓶应进行老化、校准并专门用于储存标准溶液。

(2) 校准标样

碳酸氢盐浓度的范围必须由每个实验室确定,并可能随时间变化(见表 4.20 和表 4.21)。

表 4.20　低浓度范围碳酸氢盐标准标样示例

低 Std.#	L-Std1 体积(mL)	最终体积(mL)	HCO_3^- (mg・L^{-1})
1	10.000	100	1.250
2	7.500	100	0.938
3	5.000	100	0.625
4	2.500	100	0.313
5	1.000	100	0.125
6	0.500	100	0.063

表 4.21　高浓度范围碳酸氢盐标准标样示例

高 Std.#	H-Std1 体积(mL)	最终体积(mL)	HCO_3^- (mg・L^{-1})
1			12.500
2	64.000	100	8.000
3	36.000	100	4.500
4	18.000	100	2.250
5	10.000	100	1.250

使用分析天平称量所有体积。彻底冲洗所有称量皿。使用经过老化处理的 HDPE 瓶来储存标准溶液。使用专门用于标准溶液制备和储存而不是其他程序的容器。使用可以填充到顶部、头部空间很小或没有头部空间的瓶子和试管,并密封紧密。

每天准备新鲜的工作标样。对于所有的标样,仅使用脱气的去离子水作为稀释液。

4.5.6.6 质量控制

不要将自然降水用于质量控制目的。即使是冷藏,自然降水也会随着时间而变质。以下是一些可接受的 QC 溶液。

1)制备碳酸氢盐浓度不同于校准标样的模拟降水样品。每天准备新鲜的样品。

2)使用复原的加标样来确定分析是否产生了良好的数据。

3)运行超纯去离子水作为控制样品。

准备至少两个 QC 溶液,每个校准范围一个。

严格关注污染源。切勿在旧试剂上补充新试剂。确保所有系统都没有微生物生长。仅使用无菌试管和样品容器。

4.5.6.7 分析程序

样品的完整性很重要。按以下要求小心照看样品。

1)将样品收集在干净、无菌的瓶子中,并密封严密。

2)完全填充瓶子并立即盖上瓶盖。

3)防止搅动和暴露在空气中。

4)尽快进行分析,最好是在收到样品后 24 h 内进行分析。

5)如果在 24 h 内无法进行分析,请将样品存放在 4 ℃的密封容器中。或者,将专门用于碳酸氢盐分析的等分试样转移到密封的试管或容器中,并将等分试样冷藏在 4 ℃或冷冻在−20 ℃。如果是选择冷冻的储存方法,请务必留出顶部空间以让液体在冷冻时膨胀。此外,冷冻样品在进行分析前,必须达到室温并充分混合。

考虑从一个样品转换器和一个工作站运行两个 IC 系统。在每个系统的进样阀之前,使用 T 形接头将样品分成两路。

运行双系统可节省时间和样品体积。具有相同运行时间的系统一起运行是很方便的。

---

1)当不使用时,请勿关闭 IC 系统电源。按供应商建议始终接通电源。

2)实验室的二氧化碳在工作时间内会增加。应准备新的标准并在下午晚些时候开始运行,以使分析过程在夜间进行。

3)用超纯去离子水填充淋洗液容器和样品转换器的冲洗池,并使用氦气对二者喷射 15 min。分别将容器和冲洗池连接到各自的系统,并用氦气加压至 2～5 psi。在压力计之后使用 T 形接头,氦气罐可同时对淋洗液容器和样品转换器冲洗池加压。

4)检查样品转换器冲洗池是否有绿色细菌生长。如果有细菌生长的迹象,请更换新的水池。细菌甚至可以侵入微小的塑料裂缝,一旦受到污染,对水池进行清洁和重新使用是不现实的。

5)内置过滤器使进入系统的颗粒物最小化。每天应更换内置过滤器。如果未使用内置过滤器,请检查管线内是否有细菌生长,并根据需要进行更换或清洁管线。细菌生长可能是绿色或黑色的,并且最常见于接头、支撑座,有时会出现在进样阀的定子表面。如果在进样阀定子面上发现黑霉菌,则必须更换表面。通过清洁不能充分地清除细菌。

6)运行超纯、氦气喷射的去离子水样品,以确保系统稳定和平衡。去离子水的色谱图应该是没有水负峰的扁平线(因为水是淋洗液)并且没有碳酸盐峰。

7)标记每个试管。在工作站软件中准备分析计划。在软件中输入样品标识号,其顺序与样品转换器支架中的试管安装顺序相同。

样品可以与空气交换二氧化碳。保持分析运行的时间较短,以尽量减少暴露。

8)准备进行分析的样品。确保每根试管内有最小的样品体积。最小体积将随进样环尺寸和冲洗体积而变化。用 Parafilm® 或可以刺穿的盖子盖住每个试管口。

9)启动运行。首先运行校准溶液。从最高浓度的标准开始,然后是较低浓度的标准。

10)如果有多条校准曲线,则在低浓度校准曲线后运行低浓度 QCS,在高浓度校准曲线后运行高浓度 QCS。之后每分析 5 个样品随机选择分析一个 QCS。在控制图上绘制结果。

11)每分析 30 个样品重新进一次校准。

12)运行后,在报告、整理或制表样品结果之前检查所有的校准曲线和 QCS 结果。仅使用峰面积参数而不是峰高来计算结果。

13)分别检查每个色谱图是否具有正确的形状和积分。备注所有异常并相应地对数据进行标记。参见图 4.35 中的典型色谱图。

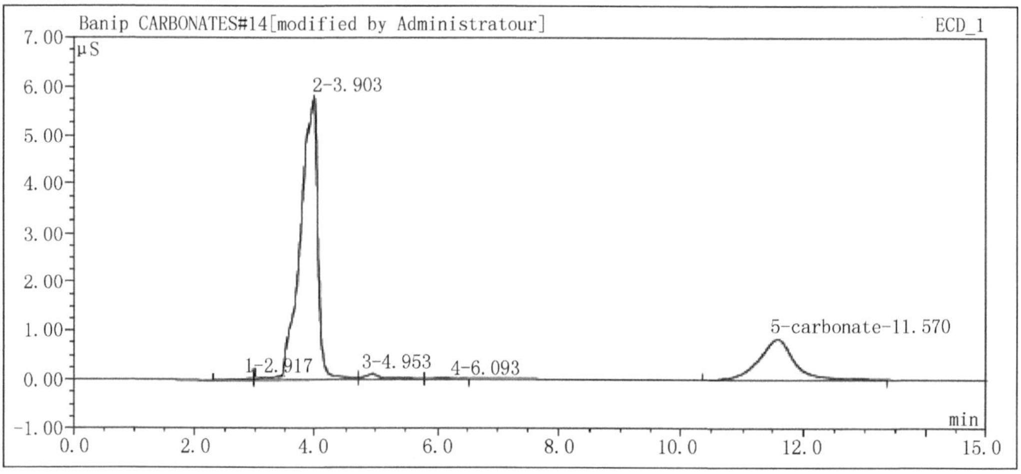

图 4.35　使用去离子水作为淋洗液的碳酸氢盐色谱图(Gardrat,2016)

14)根据正确的校准曲线来计算最终结果,根据需要应用检测限值标记,并使用正确的小数位。标记超过校准范围上限的所有样品。稀释这些样品并进行重复分析。确保说明样品缺失的原因,并根据需要应用样品污染代码。

15)从 IC 系统导出数据并归档与分析相关的所有参数,包括校准数据、积分数据和仪器审计跟踪。审计跟踪包括可用于诊断问题(例如具有基线漂移的色谱图)的仪器参数(例如泵压)。可能有必要在问题开始的时间点进行重复分析。

4.5.6.8　故障排除

问题 1:泵失去压力或灌注。

解答 1:重新灌注泵并重新启动系统。将去离子水淋洗液容器放在色谱系统上方以改善流动性。检查淋洗液容器是否加压并确保氦气罐不是空的。检查系统是否有泄漏，然后重新灌注泵并运行去离子水以检查系统。如果泵仍然不稳定，断开色谱柱并泵入甲醇通过系统。用水冲洗。如果这些步骤无法解决问题，请更换活塞密封圈（前提是操作员已接受过培训）。将活塞密封圈浸泡在甲醇中几分钟。这确保活塞周围具有更好的密封性。

问题 2：结果高于预期。

解答 2：检查所有来源的微生物污染，包括去离子水系统、水池、内置过滤器、管线和色谱柱。检查实验室内环境空气中二氧化碳（CO_2）的水平。建筑物的通风进气口可能靠近停车场或其他二氧化碳的源。如果问题是由于细菌污染，结果将继续攀升，因此如果连续3次分析相同的样品，则每个结果将高于先前的结果。可能有必要将整个系统的管线更换为新的聚醚醚酮（PEEK）管线。应更换所有的连接头。即使是色谱柱和抑制器也会被细菌污染。

问题 3：结果低于预期。

解答 3：标样老旧。准备新的标样并重新运行。检查进样环的插头。必要时更换进样环。同时检查样品转换器的探头、样品转换器和IC色谱柱之间的任何连接管线等是否有堵塞。确保样品环完全填满。样品环应用样品冲洗10次，以确保冲洗液完全没有与注入色谱柱的样品混合。

问题 4：保留时间变短，分辨率降低且峰高降低。

解答 4：色谱柱可能被污染或老化。使用推荐的清洁溶液清洁色谱柱。如果保留时间和峰高没有改善，请更换色谱柱（Gardrat，2016）。请注意，清洁色谱柱可能会导致较长的停机时间，以便清洗色谱柱中的清洗液。更换色谱柱可能会更快一些。

问题 5：物质洗脱太晚，但在后面的色谱图中可以看到洗脱物。

解答 5：延长色谱运行时间。有时，当新的色谱柱投入使用时，运行时间和保留时间会明显延长。使用校准标样测试系统以确定新的保留时间的位置非常重要。

问题 6：精密度达不到QC要求。

解答 6：检查进样阀是否有渗漏或堵塞。确保每次进样时样品环是充满的。样品环应使用样品冲洗约10次，以确保样品与之前的样品或冲洗液完全没有混合。这可通过将进样阀上的样品环废液管线放入量筒中进行检查。从样品转换器中导入样品。在量筒中收集的体积约为进样环体积的10倍。

检查探头和样品管线插头是否有泄漏。更换样品环并清洁进样阀。通过一次断开每段管线的一段，可以找到插头。如果支撑座或保护柱被污染，泵的压力将明显增加。

4.5.7 离子色谱法测定羧酸（有机）酸

4.5.7.1 背景

甲酸（HCOOH）和乙酸（CH_3COOH）通常是降水中最重要的羧酸。参见Keene等（2015）的文章，了解更多有关大陆和海洋地区降雨中这些有机酸的来源信息。草酸（$H_2C_2O_4$）可用作生物质燃烧的示踪剂（Gardrat，2016）。这些酸非常不稳定，并且可从未做防腐处理的降水样品中迅速消失。为了生成可靠的数据，必须对降水进行每天或事件取样，并立即加入杀菌剂如氯仿（$CHCl_3$）进行保存。可用比例为500∶1的$CHCl_3$来处理样品。

例如,向 250 mL 的样品中加入 0.5 mL 的 $CHCl_3$。将样品密封紧并冷藏直至分析。

羧酸盐阴离子可以用离子色谱(IC)和离子排斥色谱(IEC)分析。目前一代的阴离子分离柱大大提高了羧酸盐阴离子峰的分辨率,因此,现在 IC 是大多数实验室的首选方法。

IC 是一种液相色谱技术,结合了离子交换色谱的技术,淋洗液抑制和电导检测。将样品注入系统,并与 KOH 淋洗液一起泵送通过含有阴离子交换树脂的保护柱和分离柱。有机和无机离子基于树脂交换位的相对亲和力而进行分离。样品流然后通过抑制器柱,以降低淋洗液的电导率并将阴离子转化为其酸的形式。然后使用电导检测器测量阴离子。基于保留时间来鉴别阴离子,并通过将峰面积与用已知标样制作的校准曲线进行比较来进行定量,标样的浓度应能包含样品中阴离子的浓度范围。甲酸盐和乙酸盐对色谱柱的固定相具有较弱的亲和力,通常洗脱的较早,而较强的无机酸因具有更强的亲和力而洗脱的较晚。因此,甲酸盐和乙酸盐将在靠近色谱图开始处挤在一起,这取决于色谱柱中树脂的类型。草酸盐是一种较强的酸,用界于硫酸盐和硝酸盐之间的无机酸洗脱。

IC 和 IEC 都是测量离解(或离子化)和未离解物质的总和。例如,测量的总甲酸盐($RCOO_t$)包括甲酸根离子($HCOO^-$)和未离解的甲酸(HCOOH)。

离解的部分有助于样品的离子强度,因此必须包括在离子平衡计算中。这部分也对应于有助于样品游离酸度的各种酸的部分。

IC 的检测限(DLs)随分析范围的变化而变化。在典型的降水分析范围内,$HCOO_t$、CH_3COO_t 和 C_2O_{4t} 的检测限各约为 0.01 mg · L^{-1},但如果需要更高的分辨力,可通过将分析范围扩展到校准曲线的低端来实现更低的检测限。

由于有机酸分析的性质,可能还需要进行一些研究。有几种适合有机酸分析的色谱柱可供选择。有必要确定最适合降水中有机酸测量的色谱柱和仪器组合。这可能需要方法开发、优化和后续文档编制。

不同色谱柱的最佳操作条件不同。在初始设置期间,可能需要调节流量或淋洗液的离子强度,以充分分离 $HCOO_t$ 和 CH_3COO_t 峰。草酸盐的洗脱很晚。当使用 AS18(4 mm)色谱柱时,它跟随硝酸盐洗脱,在使用 AS11(4 mm)色谱柱时则跟随硫酸盐洗脱。请注意,运行之间可能存在差异,优化也可能是每日的要求。表 4.27 和表 4.28 给出了 IC 运行条件的示例(也存在其他的可能)。

实验室内空气的污染是一个严重的问题,特别是在分析 CH_3COO_t 时。应尽量减少样品在空气中的暴露,确保含有乙酸的试剂和清洁溶液在分析前或分析过程中不会打开(Keene et al.,2016)。

4.5.7.2 仪器

IC 柱子有三种类型:标准孔型(4 mm)、微孔型(2 mm)和毛细管型(0.4 mm)。例如:Dionex IonPac AS11 分离柱(4 mm×250 mm,2 mm×250 mm 或 0.4 mm×250 mm)(Dionex Corporation et al.,2012)。使用较小孔径系统的优点是:

1)分析时需要较少的样品体积,因为使用了较小的进样环;

2)需要少量的试剂；

3)峰形更加尖锐；

4)更好的峰分离。

使用具有相同直径和类型的保护柱和分离柱。AG11(4 mm)和 AS11(4 mm)一起使用。抑制器和系统连接管线也需要与色谱柱的直径相匹配。

下面描述了两种方法作为指南，两种方法均是基于 Dionex IonPac 色谱柱的使用。请注意，其他合适的柱子也是可用的。

1)梯度 IC 系统(Gardrat，2016)

通常，梯度 IC 系统包括：

①配有梯度泵、进样环系统和电导检测器；

②带有软件的样品转换器；

③台式电脑；

④色谱工作站(集成软件)；

⑤阴离子自再生抑制器——Dionex ASRS300；

⑥分析柱 Dionex AS11(4 mm)；

⑦保护柱 Dionex AG11(4 mm)；

⑧氢氧化钠发生罐(Dionex EGC III NaOH)。

2)等度 IC 系统(Keene et al.，2016)

通常，等度 IC 系统包括：

①配有等度泵和电导检测器；

②带有软件的样品转换器；

③台式电脑；

④色谱工作站(集成软件)；

⑤电解再生抑制器——Dionex AERS 500；

⑥分析柱(Dionex AS18 4 mm)；

⑦保护柱(Dionex AG18 4 mm)；

⑧氢氧化钾发生罐(Dionex EGC III KOH)。

4.5.7.3 试剂和溶液

1)仅需要淋洗液发生罐的自再生系统。

2)用于稀释的水的纯度非常重要。仅使用过滤的去离子水(电阻>18.0 MΩ)。

3)使用 ACS 级氯仿添加到标准样品中，并匹配保存样品的基质。

4.5.7.4 校准(Keene et al.，2016；Gardrat，2016)

(1) 1000 mg · L^{-1} 储备标准溶液

准备三种储备标准溶液，每种溶液中含有 1000 mg · L^{-1} 的 $HCOO_t$、CH_3COO_t 和 C_2O_{4t}，高纯度盐，在 105 ℃下干燥至少 1 h。让盐在干燥器中冷却。将含有盐的瓶子存放在干燥器中,使用带有颜色指示的干燥剂,当干燥剂需要重新干燥时,它会改变颜色。每 6 个月或根据需要更换和重新干燥试剂盐。将干燥的盐称重,然后溶解在去离子水中并稀释至 1000 mL。

新烧瓶和瓶子作为储备标准溶液容器时应进行老化处理。这是通过将它们浸泡在去离子水中过夜,然后用去离子水冲洗三次并在温热的烘箱中干燥来完成的。这种老化处理只需要在新容器第一次投入使用时进行。

表 4.22 列出了用于制备储备标准溶液的干盐质量。

表 4.22 有机酸储备标准溶液(1000 mg · L^{-1}的 $HCOO_t$、CH_3COO_t 和 C_2O_{4t})

盐	质量(g)
$NaHCOO$	1.5107
$NaCH_3COO$	1.3894
$Na_2C_2O_4$	1.2583

1)强烈建议通过称量去离子水的体积来制备标准溶液。通过将去离子水按质量分配到烧瓶并在液体线处做标记来校准接收到的烧瓶。有关烧瓶和天平以及玻璃器皿存储的校准请参阅附录 C。

2)制备 3 个储备溶液。小心称量每种盐并放入经校准和老化处理的 1 L 容量瓶中。将去离子水添加到烧瓶上标记的流体刻度线处。

3)冲洗氯仿分配器几次,然后向每个烧瓶中加入 0.50 mL 氯仿。混合并在 4 ℃的条件下储存在专用的、经老化处理的 HDPE 瓶中。每 3 个月或根据需要更换储备标准溶液。

4)为了确保新、旧储备标准溶液之间的一致性,制备稀释新的储备标准溶液并将其作为未知样进行分析,使用旧的校准标样来校准仪器。

①在冲洗过的称量皿中分配 1 g 新的储备标准溶液。

②将此溶液倒入干净的、经过冲洗和校准的 1 L 容量瓶中。

③使用 I 型的去离子水,将称量皿上的溶液冲洗到烧瓶中,并将烧瓶填充至 1 L 标记处。

④充分混合,然后使溶液平衡至少 1 h。

⑤使用一组旧的校准标样,分析稀释的新的储备标准溶液。

⑥测量值应在 1.00 mg · L^{-1}左右的预期精度范围内。

⑦如果该稀释的储备标准溶液符合 1.00 mg · L^{-1}的 QC 要求,则将全部浓度(1000 mg · L^{-1})的新的储备标准溶液转移至 HDPE 瓶中,并在 4 ℃下储存。如果达不到 QC 要求,则丢弃溶液并再次重新配制。

(2) 中间储备溶液

每天准备新鲜的中间储备溶液。在继续之前,让储备标准溶液达到室温。

中间储备溶液的建议,取决于在各个地点观测到的有机酸浓度的范围。表 4.23 和表 4.24列出了在两个不同地点测量的典型分析范围。提供的储备液 A 和 B 可作为这些地点准备中间储备溶液的参考。如果实际测量范围与这些参考不同,则可能需要进行调整。

储备液 A:适用于低纬度、中纬度和大陆地区:20 mg·L^{-1}的 $HCOO_t$、10 mg·L^{-1}的 CH_3COO_t、10 mg·L^{-1}的 C_2O_{4t}

表 4.23 适用于低纬度、中纬度和大陆地区的工作范围

盐	分析范围(mg·L^{-1})
$HCOO_t$	0.01～2.00
CH_3COO_t	0.01～1.00
C_2O_{4t}	0.01～1.00

将 20 mL 1000 mg·L^{-1}的 $HCOO_t$ 储备标准溶液,10 mL 1000 mg·L^{-1}的 CH_3COO_t 储备标准溶液和 10 mL 1000 mg·L^{-1} C_2O_{4t}储备标准溶液加入 1000 mL 的经校准的容量瓶中,然后用新鲜的去离子水填充至标记线处。

储备液 B:适用于海洋和高纬度地区:10 mg·L^{-1}的 $HCOO_t$、5 mg·L^{-1}的 CH_3COO_t 和 5 mg·L^{-1}的 C_2O_{4t}

将 20 mL 1000 mg·L^{-1}的 $HCOO_t$ 储备标准溶液,10 mL 1000 mg·L^{-1}的 CH_3COO_t 储备标准溶液和 10 mL 1000 mg·L^{-1} C_2O_{4t}储备标准溶液加入 2000 mL 的经校准的容量瓶中,然后用新鲜的去离子水填充至标记线处。

表 4.24 适用于海洋和高纬度地区的工作范围

盐	分析范围(mg·L^{-1})
$HCOO_t$	0.01～1.00
CH_3COO_t	0.01～0.50
C_2O_{4t}	0.01～0.050

(3) 校准标样

每天准备新鲜的校准标样。

将表 4.25 和表 4.26 中列出的指定体积的中间储备溶液 A 或 B,添加到标记为 250 mL 容量瓶中,并用新鲜的去离子水稀释至刻度。向每个烧瓶中加入 0.5 mL 的 $CHCl_3$。用塞子盖好烧瓶并充分混合。

表 4.25 校准标样浓度:低纬度、中纬度和大陆地区

储备液 A 体积(mL)至 250 mL DW	最终浓度(mg·L^{-1})		
	C_2O_{4t}	CH_3COO_t	$HCOO_t$
25	1.00	1.00	2.00
20	0.80	0.80	1.60
15	0.60	0.60	1.20
10	0.40	0.40	0.80
5	0.20	0.20	0.40

表 4.26 校准标样浓度:海洋和高纬度地区

储备液 B 体积(mL)至 250 mL DW	最终浓度(mg・L^{-1})		
	C_2O_{4t}	CH_3COO_t	$HCOO_t$
25	0.500	0.500	1.00
20	0.400	0.400	0.80
15	0.300	0.300	0.60
10	0.200	0.200	0.40
5	0.100	0.100	0.20

4.5.7.5 质量控制

自然降水样品中的羧酸,即使冷藏也会很快变质,不能用作 QC 溶液。模拟样品提供了用于制备 QC 溶液的替代标准物质。

有两家供应商,Ultra Scientific 和 Inorganic Ventures,销售 1000 mg・L^{-1} NIST—可溯源的乙酸盐、甲酸盐和草酸盐的储备液。详细信息请参见附录 D。通过稀释这些 NIST 可溯源的储备溶液(Keene et al.,2016),准备至少三种 QC 溶液,在校准曲线的低、中、高浓度范围内分别准备一种。使用新鲜的 I 型去离子水。每次分析运行都要准备好 QC 溶液。

4.5.7.6 分析程序

本部分描述了两种分析方法:(A)在一次运行中测量所有的无机和有机阴离子的等度 IC 系统;(B)仅用于羧酸分析的梯度 IC 系统。无机阴离子的分析在 4.5.5 节中单另描述。方法的选择取决于可用的仪器,以及工作量和人员资源。对于计划购买的实验室经理,此处列出了每种方法的一些优势和不足。

(1) 方法 A:用等度 IC 系统分析所有离子

1) 优势

比较便宜,因为所有阴离子(羧酸、硫酸盐、硝酸盐和氯化物)测量仅需要一个仪器和一个装置。

2) 不足

①比较慢,等待所有的阴离子洗脱需要较长的运行时间。

②仪器故障意味着所有阴离子测量的延迟,不仅仅是羧酸。

③理想的校准溶液应包含所有分析物,无机物和有机物。有机酸溶液必须每天制备,而无机酸相对更稳定。如果分开制备和分析有机和无机校准溶液,仪器的校准可能需要一整个工作日。重要的是让操作员始终在场,这样如果校准失败,可以在降水样品被分析或消耗之前停止运行。

④对于所有的阴离子,必须优化校准和质量控制程序。

⑤有机酸分析样品用 $CHCl_3$ 处理,必须静置使 $CHCl_3$ 沉降到样品试管的底部。如果样品转换器有一个探针到达试管的底部以抽取样品,则必须将样品转移到另一个试管中,留下 $CHCl_3$。**$CHCl_3$ 不得进入 IC 色谱柱。**

⑥此方法使用 500 μL 的样品环。通常,样品环应该用样品冲洗 10 次,以排除样品与先前

样品或冲洗液混合的任何可能性。每次冲洗 500 μL，10 次冲洗消耗 5 mL，这是一个非常大的最小体积。为减少最小体积，可使用微孔（2 mm）的 AS18 色谱柱，仅需约 20 μL 的样品。

表 4.27 列出了分析条件的示例，即使用 AS18 和 AG18 4 mm 的色谱柱和 AERS 500 抑制器分析所有物种的参数。

表 4.27 使用 4 mm 色谱柱的等度系统参数（Keene et al.，2016）

参数	条件	参数	条件
淋洗液浓度	18.0 mM KOH	流量	1 mL/min
进样体积	500 μL	运行时间	25 min

一元羧酸（如甲酸和乙酸）在第一个 10 min 内分离，而无机阴离子（硫酸盐、硝酸盐和氯化物）和草酸盐在剩余的 15 min 内分离。

优化系统。大孔径的色谱柱可以承受更大的进样量和更高的流量。不要使用 4 mm 系统的进样量使 2 mm 的色谱柱过载。小孔径系统的较低流量需要较低的抑制器电流设置。

（2）方法 B：在等度 IC 系统上分析无机阴离子，在单独的梯度 IC 系统上分析有机酸

1）**优势**

①每个系统都可以进行优化——无机酸可用具有良好灵敏度的一种色谱柱快速分析，而梯度系统则使用有机酸专用的色谱柱。

②此方法中描述的色谱柱使用 200 μL 的样品环，可显著降低样品体积。AS11 色谱柱有微孔型（2 mm）和毛细管（AS11-HC）两种尺寸，可进一步降低样品体积。高容量（HC）色谱柱可与浓缩器一起使用，并使用与 2 mm 和 4 mm 色谱柱相同的树脂进行填充。HC 色谱柱使用大约是 4 mm 色谱柱 1%的淋洗液和样品。

③更大的实验室灵活性——如果一个系统停机，实验室可以继续使用另一个系统分析样品。如有必要，梯度系统可用于无机酸分析，但不会节省时间。无机 IC 系统的色谱图可以屏蔽有机酸峰，仅保留用于有机酸分析的梯度 IC 系统。

④限制 $CHCl_3$ 添加到需要进行有机酸分析的样品中，这可以节省时间。首先，每天只需要为有机酸分析准备新的校准标样。其次，不要将 $CHCl_3$ 添加到进行无机酸分析的样品中，为防止 $CHCl_3$ 被样品转换器中的探针所吸取，无需将样品转移到新的试管中。使 $CHCl_3$ 远离无机物的分析，可消除干扰或损坏色谱柱的风险。

2）**不足**

①更昂贵——需要两个完整的系统，一个用于无机酸分析，一个用于有机酸分析，每个系统都有一个样品转换器和分离柱。尽管样品可以从单个样品转换器分流为有机酸和无机酸，但不同的运行时间和样品制备要求使这一过程变得非常麻烦，特别是，无机阴离子柱通常不耐受 $CHCl_3$。

②梯度系统会在色谱图的中间产生一个台阶，这使得无机物质的积分成为问题。典型的梯度色谱图参见图 4.36。

表 4.28 列出了有机酸分析的梯度系统的条件。

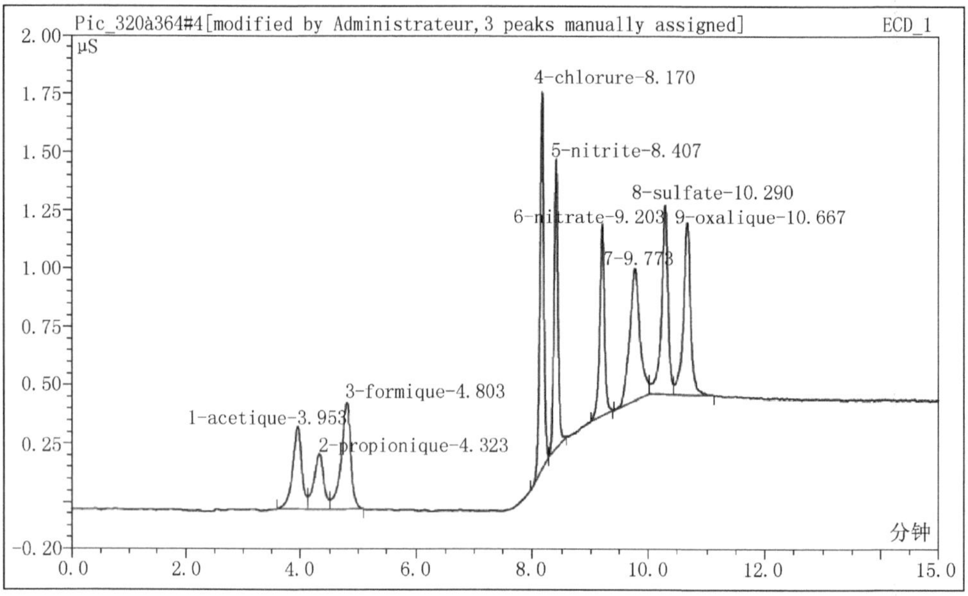

图 4.36　有机和无机离子的梯度系统色谱图(Gardrat,2016)

表 4.28　使用 AS11、AG11 和 ASRS300 洗脱有机酸物质的梯度系统条件
请注意,色谱柱老化和操作条件会随时间变化(Gardrat,2015)

参数	条件
淋洗液浓度	90% H_2O;10% 5 mM NaOH(2.7 min) 89% H_2O;11% 100 mM NaOH(9.8 min) 90% H_2O;10% 5 mM NaOH(6.5 min)
进样体积	200 μL
流量	1.0 mL/min
运行时间	19 min

可以使用浓缩的淋洗液在进样之间净化色谱柱,以防止后面洗脱的物质进入下一个色谱图。或者,可以在色谱图结束时将洗脱液浓度恢复至低浓度,以使系统依次平衡下一个样品。有关淋洗液浓度梯度的示例参见图 4.37。

4.5.7.7　分步程序(方法 A 和方法 B)

氯仿可能会损坏 IC 色谱柱,但不溶于水且密度大。它会沉到容器的底部。

为防止损坏 IC 色谱柱,在添加 $CHCl_3$ 后,让样品和标样静置几分钟。只有在 $CHCl_3$ 与水完全分离后才是安全的,将容器顶部的上层清液倒入样品更换器小瓶中。

1)当不使用时,请勿关闭 IC 系统电源。始终打开电源。

2)检查试剂水平。检查淋洗液罐中的液体和离子百分比,确保有足够的淋洗液能够完成全程运行。每天更换自动进样器冲洗水箱中的去离子水。内置过滤器可使进入系统的颗粒物减到最少。每天应更换在线过滤器。

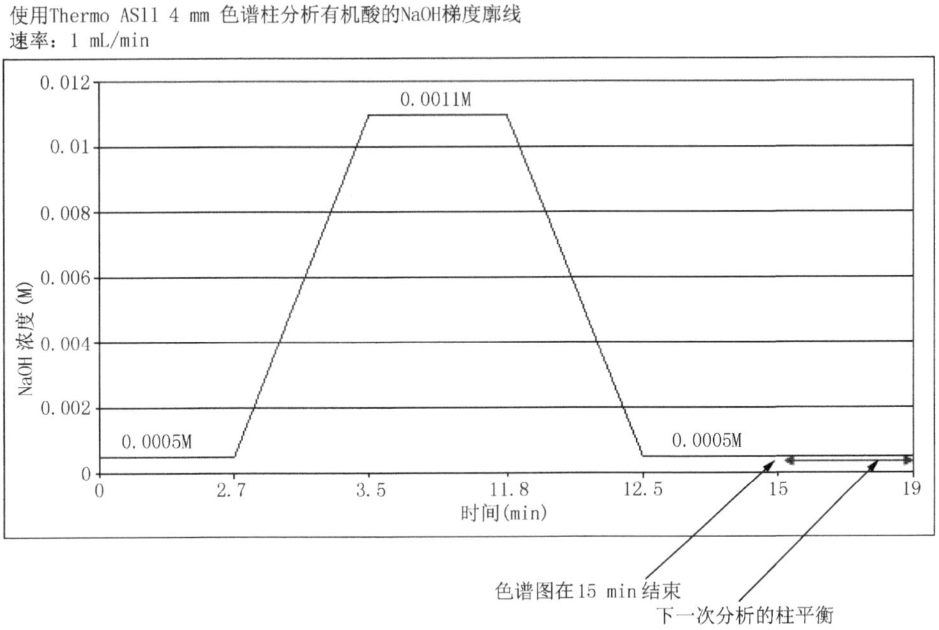

图 4.37　使用 AS11 4 mm 色谱柱的浓度梯度示例(Gardrat,2016)

3)运行去离子水样品直至系统稳定并平衡。

4)标记每个试管。在工作站软件中准备分析计划。在软件中输入样品标识号,其顺序与样品转换器支架中的试管安装顺序相同。

5)准备进行分析的样品。如果样品用氯仿保存,让样品静置约半小时,检查试管底部是否有不混溶的黄色液体。将上层清液轻轻倒出或吸移到另一个具有相同标记的试管中。立即用可以刺穿的盖子或用 Parafilm® 盖住每根试管。

6)确保每根试管内有最小的体积。最小体积将随进样环尺寸和冲洗体积而变化。

7)检查仪器运行的泵压力和电导率是否稳定。检查去离子水的色谱图以确定其具有正确的形状(将在下面进行描述)。开始运行。首先运行校准标样。应从最高浓度的标准开始进样,然后是较低浓度的标准。

①去离子水色谱图的形状取决于淋洗液和泵的类型。

②羟基色谱图具有小的水负峰。去离子水色谱图在氯化物之后、硫酸盐之前有一个碳酸盐的峰。碳酸盐峰的峰高取决于水质、水的年龄和周围环境的二氧化碳水平。使用 KOH 淋洗液系统的去离子水的色谱图参见图 4.38。

③梯度泵去离子水的色谱图相类似,直到淋洗液浓度增加时,色谱图基线将会爬升并保持平稳。

④在开始分析运行之前,去离子水的色谱图中必须没有感兴趣的阴离子。

8)在完成低浓度校准曲线后直接运行低浓度的 QCS,在完成高浓度校准曲线后直接运行高浓度的 QCS。之后每分析 5 个样品就随机选择分析一个 QCS。在控制图上绘制 QCS 结果。

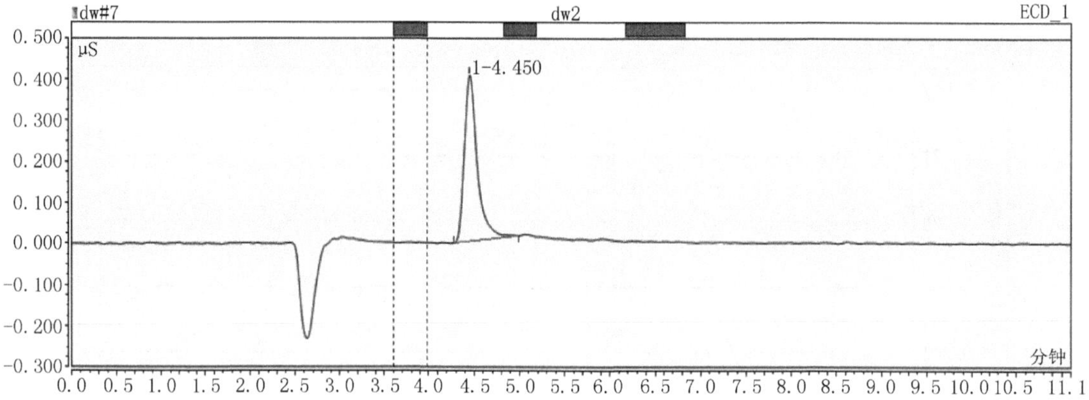

图 4.38　使用 KOH 淋洗液和等度泵的去离子水的色谱图

9)每分析 20 个样品,重新校准一次。

10)运行后,在报告、校对或制表样品结果之前检查所有的校准曲线和 QCS 结果。仅使用峰面积参数而不是峰高来计算结果。

11)分别检查每个色谱图是否具有正确的形状和积分。对于等度系统,基线不得向上或向下漂移,不得上下波动。所有的色谱峰都应具有典型的高斯形状并且显示出良好的相互分离。备注所有异常并相应地对数据进行标记。当有基线漂移或上下波动时应重新分析样品。

请注意,色谱软件使用峰值“窗口”。软件希望每种洗脱的分析物的峰出现在特定的时间窗口。落在窗口之外的峰将不会被积分。此外,填充窗口的非常大的峰也可能无法识别,会产生零的结果。记下这些例外并重复分析。

12)根据正确的校准曲线来计算最终结果,根据需要应用检测限值标记,并使用正确的小数位。标记超过校准范围上限的所有样品。稀释这些样品并进行重复分析。确保说明样品缺失的原因,并根据需要应用样品污染代码。

13)从 IC 系统导出数据并归档与分析相关的所有参数,包括校准数据、积分数据和仪器审计跟踪。审计跟踪包括可用于诊断问题(例如具有基线漂移的色谱图)的仪器参数(例如泵压)。可能有必要在问题开始的时间点进行重复分析。

4.5.7.8　故障排除

问题 1:基线不平坦或漂移。泵没有灌注。

解答 1:检查淋洗液罐(EluGen®)是否有渗漏。如有必要,更换罐,然后重新灌注泵并重新启动系统。将去离子水容器放在离子色谱系统的上方以改善流动状况。检查系统是否渗漏。重新灌注泵,运行去离子水以检查系统。如果泵仍然不稳定,则断开色谱柱并将甲醇泵入系统。用水冲洗。如果这些步骤无法解决问题,请更换活塞密封圈,前提是操作员已接受过培训。将活塞密封圈在甲醇中浸泡几分钟,这可确保活塞周围有更好的密封。

问题 2:去离子水测量结果中显示出羧酸峰。

解答 2:直接从使用点汲取去离子水。用新鲜的去离子水更换淋洗池中的去离子水。

问题 3:保留时间变短、分辨率也变差、峰高降低。

解答 3:色谱柱可能被污染或老化了。使用推荐的清洁溶液对色谱柱进行清洁。如果保留时间和峰高没有改善,请更换色谱柱(Gardrat,2016)。有时清洁色谱柱会导致较长的停机时间,因为需要将清洗溶液从系统中清除。更换色谱柱可能比清洗色谱柱所需的时间更短。

问题 4:精度达不到 QC 要求。

解答 4:检查进样阀是否有渗漏或堵塞。确保每次进样时样品环是充满的。样品环应使用样品冲洗约 10 次,以确保样品与之前的样品或冲洗液完全没有混合。这可通过将进样阀上的样品环废液管线放入量筒中进行检查。从样品转换器中导入样品。在量筒中收集的体积应约为进样环体积的 10 倍。

检查探头和样品管线插头是否有泄漏。更换样品环并清洁进样阀。通过一次断开每段管线的一段,可以找到插头。如果支撑座或保护柱被污染,泵的压力将明显增加。

4.5.8 电感耦合等离子体原子发射光谱法(ICP-AES)测定钙、镁、钠和钾

4.5.8.1 背景

电感耦合等离子体—原子发射光谱(ICP-AES)是测定碱(钠和钾)和碱土金属(钙和镁)的首选方法。ICP-AES 的优点是有很宽的线性浓度响应范围和低于火焰原子吸收(FAA)光谱法或 IC 检测限一个数量级的检测限。ICP-AES 能够同时测量多种分析物。尽管 ICP-AES 是一种具有较高灵敏度的仪器,特别是对于实验室环境,新型号的仪器并不像老型号的仪器那样对实验室的条件敏感。尽管仪器的操作并不复杂,但必须对操作人员进行培训。

ICP-AES 系统使用氩气作为燃料,而 FAA 则使用乙炔或氧化亚氮。乙炔和一氧化二氮是高度易燃的,需要特殊的处理和储存预防措施。必须将压缩气体瓶固定到位并防止撞击。储存的气体必须在短期内使用。另一方面,氩气是惰性的,对健康影响很小,但在一个小的封闭区域内它可以替代氧气。

ICP-AES 的不足之处是购置和运行系统的成本以及潜在的干扰。干扰在复杂的基质中更常见,其中许多元素的存在会产生许多的谱线。ICP-AES 系统允许用户从每个感兴趣元素的许多谱线中选择一个。谱线的选择可以针对样品的浓度。样例见表 4.29,并注意不同的谱线代表不同的浓度。

表 4.29 ICP-AES 的典型波长选择

分析物	典型波长(nm)	浓度范围($mg \cdot L^{-1}$)	典型波长(nm)	浓度范围($mg \cdot L^{-1}$)
钙	393.366	<1.000	315.887	>1.000
镁	279.553	全部		
钾	766.491	<0.500	769.897	>0.500
钠	589.592	<0.500	588.995	>0.500

图 4.40 说明了 ICP-AES 系统的组成。通过真空泵将样品吸引入 T 形接头,将含

有钇和氯化铯的内标溶液的载气与样品流混合在一起。接下来，使用氩气将该混合物进行雾化形成可进入旋风雾化室的气溶胶。在雾化室中，较大和大尺度的气溶胶颗粒物可通过重力除去，而留下相对均匀分布的微小尺寸气溶胶颗粒物，然后将其吸入到等离子体中。

在射频电磁场中通过加热氩气诱导产生等离子体。等离子体的温度范围为 6000～10000 K。在这样的温度下，等离子体可使感兴趣的化学物质发生电离，还有一些偶然的电离。通过在 T 型接头处使用偶然电离抑制器，在样品中添加铯，可以只增强感兴趣的分析物的电离能力。

同时测量所有感兴趣的碱金属和碱土金属。这些元素适合使用热激发，以其特征波长发射光子。光子由阵列检测器收集并通过衍射光栅，光栅将光分解成其波长光谱。此时，被检测和放大的光信号的强度与浓度成比例。通过与校准标准产生的信号强度相比较，可将该信号强度转换为浓度。根据浓度范围选择要读取的波长。表 4.29 列出了不同浓度范围典型的波长选择。表 4.32 列出了推荐的 ICP-AES 降水分析操作范围。

ICP-AES 测量使用钇作为内标。它的作用是纠正漂移并提高准确度和精密度。内标必须与所分析的样品在化学上相容但不是样品自然产生的。内标必须与感兴趣的物质的表现相似，并且不得产生光谱干扰。内标与样品一起进行测量，但是在不同于任何感兴趣的物质的谱线上进行测量。在 242.220 nm 处，钇的谱线不会干扰任何感兴趣的碱金属或碱土金属(请注意，实验室应考虑对钇测量的最佳波长进行验证，因为另一个实验室的最佳波长为 371.03 nm)。使用与样品相同的系统将钇引入 ICP-AES，因些，需要对任何变化或漂移进行订正。ICP-AES 软件使用内标的响应来对最终数据输出进行订正。

4.5.8.2 仪器

ICP-AES 仪器具有轴向或径向观察的等离子体。轴向系统聚焦于等离子体的中心，是典型降水分析的首选。径向系统从侧面观察等离子体的切片。径向系统可增加校准曲线高端的范围。

双系统具有径向和轴向选项，可提供灵敏和宽范围的测量(图 4.39)。

1)电感耦合等离子体—原子发射光谱(ICP-AES)；

2)输送样品和内标的蠕动泵；

3)样品转换器；

4)具有工作站和数据获取软件的台式计算机；

5)射频(RF)发生器、水再循环装置；

6)锥形雾化器：总溶解固体量，高至 5%；雾化颗粒高至 75 μm；

7)喷雾室：50 mL、旋风式、硼硅酸盐玻璃；

8)双向观测(DV)炬管；

9)FASTTM 样品引入系统(可选)；

10)内标混合 T 型接头。

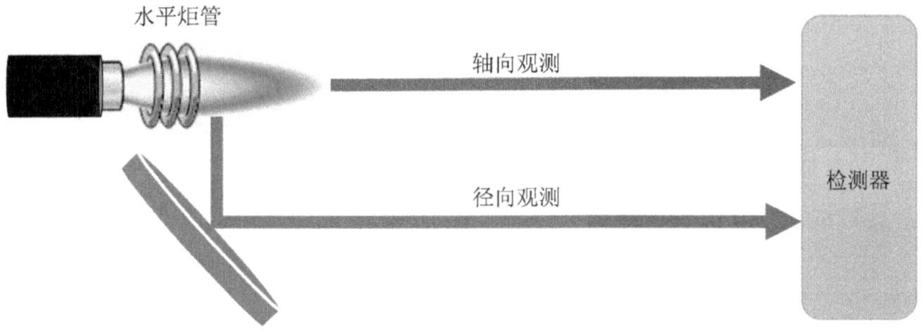

图 4.39 双向观测的 ICP-AES

FAST™样品更换器系统通过真空将样品引入雾化器，不会遇到蠕动泵系统遇到的问题。

其他优点是更快的生产时间、更高的精度、更加的清洁、更快的冲洗和清理。

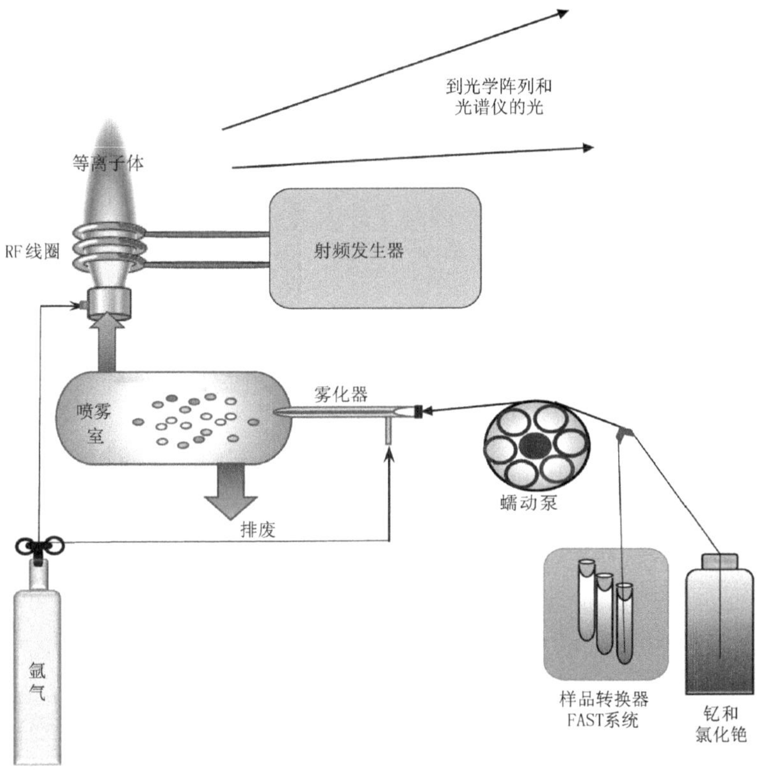

图 4.40 ICP-AES 原理图

4.5.8.3 试剂和溶液

1)用于稀释的水的纯度非常重要。仅使用过滤的去离子水(电阻>18.0 MΩ)。

2)液态氩。

3)用于清洁炬管的各种浓度的硝酸。

4)曲拉通 X-100(聚乙二醇辛基苯基醚)用于清洁喷雾室。

氩气可以用作压缩气体,但是经常会更换气瓶。从长远运行来看,液态氩更便宜,并且需要更少的维护。

4.5.8.4 校准

储备标准溶液通常是商业上购买的:

1)钇(1000 mg・L^{-1},250 mL 在 2%HNO_3 中);

2)氯化铯(100 g);

3)钙(1000 mg・L^{-1},250 mL 在 2%HNO_3 中);

4)镁(1000 mg・L^{-1},250 mL 在 2%HNO_3 中);

5)钠(1000 mg・L^{-1},250 mL 在 2%HNO_3 中);

6)钾(1000 mg・L^{-1},250 mL 在 2%HNO_3 中)。

这些储备标准溶液必须附带分析证书。对每种溶液必须进行预测试以确保其纯度。例如,镁的储备标准溶液不得含有钙、钠或钾。这些中任何一种元素的存在都会污染中间储备溶液,其中所有元素都是从储备标准溶液测量的那部分组合而成。

制备稀释新的储备标准溶液,并将其作为未知样进行分析,使用旧的校准标样来校准仪器。

1)在冲洗过的称量皿中分配 1 g 新的储备标准溶液。

2)将此溶液倒入干净的、经过冲洗和校准的 1 L 容量瓶中。有关玻璃器皿校准的详细信息参见附录 C。

3)使用 I 型去离子水,将称量皿上的溶液冲洗到烧瓶中,并将烧瓶填充至 1 L 标记处。

4)充分混合,然后使溶液平衡至少 1 h。

5)使用一组旧的校准标样,分析稀释的新的储备标准溶液。

6)测量值应在 1.00 mg・L^{-1}左右的预期精度范围内。每种储备标准溶液中不得含有其他碱金属或碱土金属。

7)如果该稀释的储备标准溶液达不到 1.00 mg・L^{-1}的 QC 要求,则丢弃溶液并再次重新配制。在分析前,确保溶液已静置 1 h。如果第二次准备失败或存在其他元素,请不要使用此储备标准溶液。丢弃它,如果可能的话,或将其退还给供应商。

(1) 中间储备溶液

新的烧瓶和瓶子作为中间储备溶液的容器时必须进行老化处理。这是通过将它们浸泡在去离子水中过夜,然后用去离子水冲洗三次并在温热的烘箱中干燥来完成的。这种老化处理只需要在新容器第一次投入使用时进行。有关烧瓶的校准程序和玻璃器皿的保存请参见附录 C。有关分析天平校准的详细信息也请参见附录 C。

1)从已校准的 1 L 容量瓶开始,并仅用于此目的。通过将去离子水按质量分配到烧瓶中,然后在液面处标记烧瓶来校准该烧瓶。

2)接下来,在用去离子水冲洗过的称量皿中,按表 4.30 中所列的量称量储备标准溶液(小数点后第 4 位)。将称重的储备标准溶液从称量皿中转移到已校准的 1 L 容量瓶里。

表 4.30　ICP 中间储备溶液要求及每个 1 L 烧瓶中的最终浓度(CAPMoN,2013)

分析物	所需储备溶液的体积(mL)	实际使用体积样例(mL)	1 L 溶液的最终浓度($mg \cdot L^{-1}$)
Mg^{2+}	50	50.0009	50.0009
Ca^{2+}	50	50.0005	50.0005
Na^{+}	50	50.0007	50.0007
K^{+}	50	50.0004	50.0004

3)用去离子水冲洗称量皿 3 次,将每次的冲洗液转移到容量瓶中。

4)对 4 种储备标准溶液中的每一种都重复该程序,将溶液合并到相同经校准的 1 L 容量瓶中。

5)在 ICP-AES 中间储备溶液和校准标样日志中记录使用的储备溶液的准确质量。用去离子水将烧瓶中的内容物稀释至 1 L 的液面线。

(2) 校准标样

1)使用分析天平称量所有的体积。彻底冲洗所有的称量皿。使用专门的、经老化处理的 HDPE 瓶存储校准标样。不要使用来自于其他程序的瓶子。

2)从表 4.31 中的标样 9 开始,用去离子水按表中列出的所需体积稀释至 500 mL 来制备校准标样。称量所需的体积,并尽可能接近表中列出的量。在 ICP-AES 中间储备溶液和校准标样日志中记录准确的质量。

3)每 4 个月或根据需要,准备新的校准标样。

表 4.31　将每个标样所需体积稀释至 500 mL 制备的 ICP 校准标样(CAPMoN,2013)

标样	浓度($mg \cdot L^{-1}$)	所需体积(mL)	使用的储备溶液
标样 9	5.000	50	中间储备溶液
标样 8	3.000	30	中间储备溶液
标样 7	1.500	15	中间储备溶液
标样 6	1.000	10	中间储备溶液
标样 5	0.500	5	中间储备溶液
标样 4	0.250	2.5	中间储备溶液
标样 3	0.100	1	中间储备溶液
标样 2	0.050	25	标样 6
标样 1	0.015	7.5	标样 6

表 4.32　ICP 测量范围

分析物	浓度范围($mg \cdot L^{-1}$)	分析物	浓度范围($mg \cdot L^{-1}$)
钙	0.005～5.00	钾	0.005～3.00*
镁	0.005～3.00*	钠	0.005～5.00

*镁和钾的标准曲线可以扩展到 5.00 ppm。在降水中这两种分析物的浓度通常较低。由于海盐的影响,海洋地区镁的浓度可能较高;由于有机物质的影响,在一些大陆地区钾的浓度可能较高。添加 5.00 ppm 的镁或钾标样,可能会在较低的浓度情况下导致很大的不确定性。大多数的软件允许用户选择校准曲线所需的标样。

(3) 钇(Y)和氯化铯(CsCl)溶液(CAPMoN,2013)

1)称取 10.1 g 的氯化铯(CsCl)粉末,并将其转移到经校准的 1 L 容量瓶中,这个容量瓶不得用于任何其他目的。在 ICP-AES 中间储备溶液和校准标样日志中记录 CsCl 的准确质量,精确到小数点后一位。用去离子水冲洗 3 次称量皿,并将冲洗液转移到烧瓶中。在日志中记录 CsCl 的批号。

2)称取 8.8000 g 的钇(Y)溶液,并将其转移到含有 CsCl 粉末的同一容量瓶中。在日志中记录钇溶液的准确质量,精确到小数点后 4 位。用去离子水冲洗 3 次称量皿,并将每次的冲洗液转移到烧瓶中。在日志中记录钇储备溶液的批号。

3)混合溶液,直至所有的 CsCl 溶解。在旋转烧瓶的同时将最终体积稀释至校准线。塞住烧瓶并通过倒置方式使其混合。

4)将溶液转移到为该溶液保留的 1 L HDPE 瓶中。将溶液保持在室温下并稳定 6 个月。

4.5.8.5 质量控制

准备至少 3 个 QC 溶液,以测试校准曲线并验证样品结果。最好的是这些溶液中的一种处于浓度范围的低端、一种在该范围的中间、一种在该范围的高端。如果可能,最好使用天然降水基质;但是也可以使用储备标准溶液。

QC 溶液—降水基质

1)保存已经进行了分析和报告的低浓度降水样品。将这种“额外的降水”汇集在一个 10 L的 HDPE 容器中。

2)保存已经进行了分析和报告的中浓度降水样品。将这种“额外的降水”汇集在一个 10 L的 HDPE 容器中。

3)保存已经进行了分析和报告的高浓度降水样品。将这种“额外的降水”汇集在一个 10 L的 HDPE 容器中。

4)分析合并的样品以确定最初的碱金属和碱土金属的浓度。

5)如有必要,调节中浓度和高浓度混合样品的浓度,以确保其浓度大约在校准曲线的中到高浓度的范围内。可以通过添加部分 1000 $mg \cdot L^{-1}$ 储备标准溶液来进行调节。同样,可能需要用去离子水稀释低浓度的混合样品,以使其浓度达到校准曲线的低浓度范围。

6)有关 QC 溶液的杀菌和其他详细信息,请参阅附录 C。

完成 ICP-AES 校准后立即运行 QC 溶液,之后每 10 个样品运行一次 QC 溶液。在控制图上绘制结果。

4.5.8.6 分析程序

1)接通样品转换器、泵和 ICP-AES 的电源。接通个人计算机电源,并启动仪器和样品转换器的软件。

2)进行日常维护。检查氩气水平,确保有足够的氩气能完成一次运行。检查钇/铯溶液水平。每天更换样品转换器中的去离子冲洗水。

3)接通射频(RF)振荡循环器电源。

4)确保按厂商的建议设置冷却气体、辅助(Aux)气体、雾化器气体、泵速和 RF 的参数。以下是一些设置的建议:

①冷却气体:19 LPM;

②辅助气体:0.3 LPM 用于点火,辅助气体 0.00 用于分析;

③雾化器气体:1.2 LPM;

④泵速:1.2 mL/min;

⑤等离子体控制:0.9 kW。

5)检查所有联动装置和安全功能达到要求并处于安全状态。

6)点燃等离子体。在等离子体点燃的情况下,仪器必须稳定 20 min(或按厂商建议)。

7)运行水空白序列,直至对内标钇(Y)的响应稳定。如果钇的响应不稳定,则可能需要更换钇溶液(内标)。稳定钇响应的另一个纠正措施是对蠕动泵管线进行冲洗和排水。

8)运行完整的校准序列,然后运行 3 个 QCS。仅在仪器稳定且已成功校准后继续运行降水样品。

9)将 4～5 mL 的所有 QC 溶液和降水样品的等分试样倒入样品管中,并在进样器架上填充。确定系统成功分析所需的最小体积,并确保每个试管中的体积达到这个最小值。

10)在所有的标样运行后,重新盖上所有标样各自的盖子。

11)运行后,在报告、校对或制表结果之前检查所有校准曲线和 QC 结果。

12)单独检查所有原始数据,以获得正确的积分和输出。在实验室记录本中备注所有的异常并相应地对数据进行标记。

13)根据正确的校准曲线来计算最终结果,根据需要应用检测限值标记,并使用正确的小数位。标记超过校准范围上限的所有样品。确保说明样品缺失的原因,并根据需要应用样品污染代码。

14)从 IC-AES 系统软件中导出数据并归档与分析相关的所有参数,包括校准数据、原始数据和仪器审计跟踪。审计跟踪包括整个分析运行中的仪器性能以及可能有助于诊断问题的任何信息,例如漂移基线。可能有必要在问题开始的时间点进行重复分析。

4.5.8.7 故障排除

问题 1:输出和结果不稳定。

解答 1:增加等离子体稳定的时间。另外,检查室温的波动。ICP-AES 仪器的响应受室温波动的影响。ICP-AES 实验室可能需要使用空调来稳定室温。

问题 2:样品和/或信号污染。

解答 2:ICP-AES 比火焰原子吸收分光光度法灵敏得多,因此实验室的清洁度是非常重要的。需要注意顶部通风设备、以及鞋子或衣服上的污垢可能造成的污染。仪器操作人员必须穿着仅在 ICP-AES 实验室里穿的工作服和鞋子。如果操作人员还进行其他分析,例如流动注射分析,则不得穿着用于其他分析的实验室工作服来进行 ICP-AES 的分析。此外,定期清洁炬管和喷雾室也是很重要的。

问题 3:整个分析过程中,结果的质量下降。

解答 3:配有蠕动泵的系统的管线易受到磨损。可考虑购买 FAST™系统,这是一个反复出现的问题。FAST™系统使用真空泵将样品从样品管移动到进样环中。FAST™系统有几种型号可供选择,但要确保系统与仪器和软件的兼容性。

问题 4:浓度突然下降,或与第二次或第三次的测量不一致。

解答 4:检查样品管线是否堵塞。

问题 5:内标读数的恶化。

解答 5:检查蠕动泵管线是否磨损。更换管线。建立一个维护计划,防止因过度磨损而导致问题的事件发生。

4.5.8.8 提高性能的提示

1)保留记录维护程序的日志。

2)保持校准溶液的制备记录。记录详细信息,例如制备日期、质量、体积、计算以及制备溶液的人员。

3)校准溶液仅使用专用的玻璃器皿和容器。不要将这些容器用于任何其他目的。

4)每周或根据工作量,清洁 ICP-AES 的喷雾室和炬管。

5)在质量控制图表上特别标记仪器维护、校准溶液变化或新试剂使用等来跟踪这些事件的潜在影响。

6)不要在 ICP-AES 区域内操作其他仪器。具有 KOH 和碳酸盐淋洗液的 ICs 可能是污染源。流动注射分析系统必须保存在与 ICP-AES 完全分开的房间内。

7)保持区域清洁。灰尘和残留物是该分析的严重污染物。确保 ICP-AES 安装在人流量最小的区域。

8)将粘性垫放在 ICP-AES 实验室门口的地板上。将其他区域的污垢留在 ICP-AES 实验室空间之外。

9)穿上实验室工作服,不要在其他实验室里穿 ICP-AES 实验室使用的实验室工作服。

10)穿上一双未在外面穿过的鞋子。小心不要使足迹弄脏 ICP-AES 实验室。

11)在分析运行过程中,用防尘罩盖住样品托盘。

12)在没有彻底清洁系统运行降水样品之前,不要运行其他样品,如硬水样品或湖泊或溪水样品。

13)如果环境实验室的温度不稳定,请使用专用的空调来稳定 ICP-AES 实验室的温度;无论如何,请务必避免在仪器附近产生气流。

14)避免用手指接触试管的边缘。如有必要,请戴上干净的、经预先测试的手套。

15)使用液态氩。两个气瓶可以并排放置。安装一个内联开关,这样当一个气瓶用完时,下一个气瓶已经准备好了。

4.5.9 离子色谱(IC)分析钙、镁、钠、钾和铵

4.5.9.1 背景

测定降水中碱(钠和钾)和碱土金属(钙和镁)的浓度时,离子色谱(IC)是 ICP-AES 的替

代方法，除了这些金属外，IC 还可用于铵的测量。

在 IC 系统中，样品等分试样被泵入分离柱，其中感兴趣的离子将被分离，因为它们与柱中的离子交换材料具有不同的亲和力。由于阳离子是该分析中感兴趣的物质，因此离子交换材料带有相反的电荷(即带负电)。样品分子中的阳离子基团与离子交换材料之间相互作用的强度取决于样品分子上电荷的数量、价数和位置。样品中的离子被淋洗液携带通过分离柱，用于该分析的淋洗液是甲磺酸(MSA)。具有最弱离子相互作用的分子首先从柱中洗脱。具有较强离子相互作用的分子随后洗脱。

在阳离子分离后，淋洗液携带样品溶液通过自再生抑制器，其中氢氧根离子被交换为甲磺酸根离子。这种交换降低或抑制了淋洗液的电导率，有效地提高了目标物质碱金属和碱土金属阳离子的电导率。

自再生系统配有装在罐中的浓缩的淋洗液，淋洗液罐安装在系统中。高纯度 I 型去离子水是唯一的添加剂。淋洗液罐是独立的，不需要再准备试剂。这消除了批次与批次间潜在差异。

除碱金属和碱土金属外，IC 还可用于铵的测定。重要的是要记住，铵是处于如下平衡状态：

$$NH_3 + H^+ \rightleftharpoons NH_4^+$$

平衡状态随着流动相或淋洗相的 pH 值变化而变化。在酸性条件下，平衡向右移动，NH_4^+ 的量增加。随着铵浓度的增加，淋洗液的 pH 值增加，离解被抑制，NH_4^+ 的浓度降低。简而言之，这些 pH 值变化，不成比例地影响了浓度和仪器响应之间的关系，导致了非线性的校准曲线。随着样品中铵浓度的增加，校准曲线趋于变平。高浓度下的这种曲率以及曲线在低浓度下从零升高的趋势限制了 IC 用于测定铵浓度的有用性，除非该方法可以用替代的比色法(如流动注射分析)进行验证。浓度为约 1.000 mg·L^{-1}时落在几乎接近线性的范围之内。

注意：高的铵浓度范围产生具有高阶多项式拟合的校准曲线，并且当曲线反转时，与色度数据具有较好的相关性。Dionex 软件仅对铵不允许曲线反转。相反，对于所有阳离子，包括钠、钾、镁和钙，曲线将反转。必须研究曲线反转对这些阳离子中的每一种的影响，并确定其最小化。反转的低浓度铵和高浓度铵的校准曲线见图 4.41。

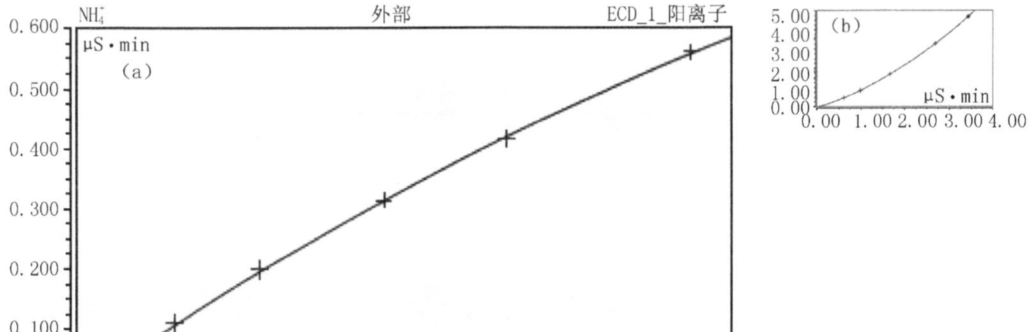

图 4.41 典型的低浓度(a，X 轴为浓度)和高浓度(b，Y 轴为浓度)铵的反转校准曲线

(注意高浓度铵的曲率更大)

表 4.33 列出了 IC 检测的阳离子浓度范围。

表 4.33 IC 检测降水中的阳离子浓度范围

分析物	浓度范围($mg \cdot L^{-1}$)	分析物	浓度范围($mg \cdot L^{-1}$)
钠	0.005～5.00	镁	0.010～3.00
钾	0.010～3.00	铵	0.010～5.00
钙	0.020～5.00		

4.5.9.2 仪器

用于阳离子分析的 IC 柱有两种类型：标准孔型(4 mm)和微孔型(2 mm)。(毛细管型(0.4 mm)可用于某些阳离子系统)。

虽然较小孔径的柱子可能会堵塞，但它们具有以下几个优点：

1)较小的定量环意味着分析时所需要的样品体积较小；

2)需要较少量的试剂；

3)峰形更加尖锐、轮廓更清晰；

4)更高的分辨率。

一般而言，离子色谱包括：

1)配有等度泵、电导检测器、定量环和进样系统的离子色谱；

2)带有软件的自动样品转换器；

3)台式电脑；

4)色谱工作站(集成软件)；

5)自再生抑制器——阳离子 Atlas 电解抑制器；

6)分析柱(CS12-Dionex)；

7)保护柱(CG12-Dionex)；

8)淋洗液发生罐(甲磺酸-Dionex)。

在样品转换器之后、进样阀之前安装一个低压内置过滤器，以将细菌和污染物滤出 IC 系统。2 μm 孔隙的玻璃滤料可用超声进行清洁并再使用。更全面的描述请参见 4.5.5。

4.5.9.3 试剂和溶液

1)超纯 I 型去离子水(电阻>18 MΩ)；

2)甲磺酸淋洗液发生罐(MSA)。

4.5.9.4 校准

(1) 储备标准溶液

每种储备标准溶液含有 1000 $mg \cdot L^{-1}$ 的钠离子、钾离子和铵离子，可以从不同制造商处作为认证溶液进行订购或用在 105 ℃下干燥 1 h 的高纯盐来制备，按表 4.34 所列将其溶解并稀释至 1000 mL。

表 4.34 阳离子储备标准溶液。1000 mg/L 的 Na^+、K^+ 和 NH_4^+ 中盐的质量，最终体积为 1 L

盐	质量(g)
NaCl	2.542
KNO_3	2.586
$(NH_4)_2SO_4$	3.663

存放储备标准溶液的新烧瓶和瓶子必须首先进行老化处理，将它们浸泡在去离子水中过夜，然后用去离子水冲洗 3 次并在温热的烘箱中干燥。烧瓶和瓶子的老化处理只需要在新容器第一次投入使用时进行。有关烧瓶和分析天平的校准以及玻璃器皿的老化程序请参见附录 C。

1)强烈建议通过按质量分配体积并校准所有接收的烧瓶来制备标准溶液。通过将去离子水按质量分配至烧瓶中，然后在液面线处进行标记来校准烧瓶。

2)使用分析天平称量所有的体积。彻底冲洗所有称量皿。使用经老化处理的 HDPE 瓶来存储校准标样。使用专门用于标准溶液制备和储存的玻璃器皿和瓶子。

3)制备三种标准溶液：NaCl、$(NH_4)_2SO_4$ 和 KNO_3，每一种的浓度为 1000 mg·L^{-1}。表 4.34列出了所需的盐的质量。小心地称量每种盐，并转移至经校准和老化处理的 1 L 容量瓶中。混合并储存于专用的、经老化的 HDPE 烧瓶中。溶液应稳定 1 年。

4)为了确保新、旧标准溶液之间的一致性，使用旧的校准标样作为校准样品，制备稀释新的储备标准溶液并将其作为未知样进行分析。具体的步骤如下。

①在冲洗过的称量皿中分配 1 g 新的储备标准溶液。

②将此溶液倒入干净的、经过冲洗和校准的 1 L 容量瓶中。

③使用 I 型的去离子水，将称量皿上的溶液冲洗到烧瓶中，并将烧瓶填充至 1 L 标记处。

④充分混合，然后使溶液平衡至少 1 h。

⑤使用一组旧的校准标样，分析稀释的新的储备标准溶液。

⑥测量值应在 1.00 mg·L^{-1} 左右的预期精度范围内。如果是这样，则将全部浓度为 1000 mg·L^{-1}的储备标准溶液转移至 HDPE 瓶中，并在 4 ℃下储存。如果达不到 QC 要求，则丢弃溶液并再次重新配制。在分析之前，确保使溶液平衡 1 h。

与分配少量更浓缩的储备溶液相比，分配大量的储备溶液来制备工作校准标样是一种更准确的方法。

(2) 低浓度工作标样 1

1)低浓度工作标样 1(L-Std 1)的制备，是通过将每种储备标准溶液按质量分配到经校准和老化的 1 L 容量瓶中，再用去离子水稀释至 1 L 来完成的。表 4.35 中给出每种溶液的体积。

表 4.35 L-Std 1 的制备

低 Std.#	溶液	Na^+(mL)	K^+(mL)	NH_4^+(mL)	Ca^{2+}(mL)	Mg^{2+}(mL)	最终体积(mL)
1	每种储备标准	0.500	0.500	0.500	0.500	0.500	1000

2)使用 L-Std 1 来制备低浓度范围的工作标样 2—5(表 4.36)。烧瓶应进行老化、校准并专门用于储存 L-Std 1 溶液。

表 4.36 低浓度范围阳离子工作校准标样

低 Std.#	溶液	体积(mL)	最终体积(mL)	Na^+ $(mg \cdot L^{-1})$	K^+ $(mg \cdot L^{-1})$	NH_4^+ $(mg \cdot L^{-1})$	Ca^{2+} $(mg \cdot L^{-1})$	Mg^{2+} $(mg \cdot L^{-1})$
1	储备			0.500	0.500	0.500	0.500	0.500
2	L Std. 1	125	250	0.250	0.250	0.250	0.250	0.250
3	L Std. 1	50	250	0.100	0.100	0.100	0.100	0.100
4	L Std. 1	25	250	0.050	0.050	0.050	0.050	0.050
5	L Std. 1	10	250	0.020	0.020	0.020	0.020	0.020

(3) 高浓度工作标样 1

1)高浓度工作标样 1(H-Std 1)的制备,是通过将每种标准溶液按质量分配到经校准和老化的 1 L 容量瓶中,再用去离子水稀释至 1 L 来完成的。表 4.37 中给出每种溶液的体积。

表 4.37 H-Std 1 的制备

高 Std.#	溶液	Na^+(mL)	K^+(mL)	NH_4^+(mL)	Ca^{2+}(mL)	Mg^{2+}(mL)	最终体积(mL)
1	每种储备标准	5.000	3.000	5.000	5.000	3.000	1000

2)使用 H-Std 1 来制备高浓度范围的校准标样 2—5(表 4.38)。烧瓶应进行老化、校准并专门用于储存 H-Std 1 溶液。

表 4.38 高浓度范围阳离子工作校准标样

高 Std.#	溶液	体积(mL)	最终体积(mL)	Na^+ $(mg \cdot L^{-1})$	K^+ $(mg \cdot L^{-1})$	NH_4^+ $(mg \cdot L^{-1})$	Ca^{2+} $(mg \cdot L^{-1})$	Mg^{2+} $(mg \cdot L^{-1})$
1	储备			5.000	3.000	5.000	5.000	3.000
2	H Std. 1	200	250	4.000	2.4000	4.000	4.000	2.400
3	H Std. 1	100	250	2.000	1.2000	2.000	2.000	1.200
4	H Std. 1	50	250	1.000	0.6000	1.000	1.000	0.600
5	H Std. 1	25	250	0.5000	0.3000	0.5000	0.5000	0.300

IC 系统软件应能够在一次分析运行中应用低浓度和高浓度校准范围。

在低浓度校准范围内运行所有样品,对于高于低浓度范围的值,使用高浓度校准范围。只有稀释的样品才超出高浓度范围。

(4) 工作标准溶液

建议每条校准曲线至少有 5 个工作校准标样。IC 曲线不是线性的,通常不会通过零点。大多数 IC 工作站软件允许无限数量的标样。为了减少由于这种非线性引起的偏差,可制作低浓度校准曲线和高浓度校准曲线。钠离子的校准曲线见图 4.42。

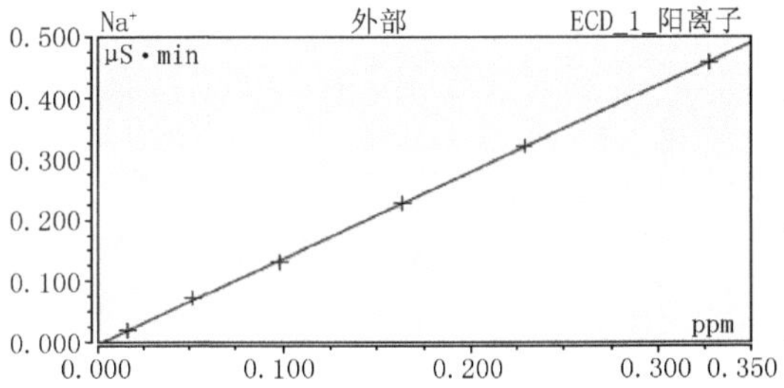

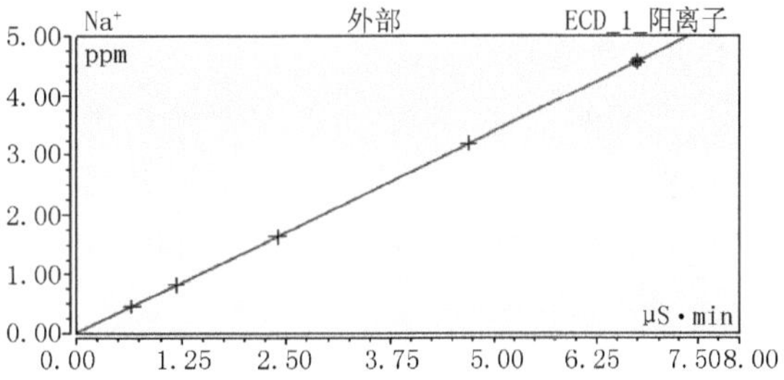

图 4.42　低浓度和高浓度钠的校准曲线，两个范围的线性响应都较好

标准操作规程要求首先用低浓度校准标样测量所有的样品。对于结果高于这个范围的使用高浓度校准范围读数。浓度超过高浓度校准限值的必须稀释并重新分析。切勿外延校准曲线以估算结果。

表 4.36 和表 4.38 中列出的是两个典型的工作标样范围；尽管如此，这些范围可能并不适用于每个实验室。实际上，这个范围必须由每个实验室来确定，并且可能随时间而变化。

校准标样可以在室温下储存在干净的 HDPE 容器中，并且可以稳定长达 6 周。

4.5.9.5　质量控制

（1）配制 QC 溶液

配制两个 QC 溶液，一个用于低浓度校准范围，另一个用于高浓度校准范围。在低浓度范围内校准 IC 后立即分析低 QC 样品。使用高 QC 溶液在高浓度校准范围内执行相同的操作。有关杀菌和 QC 溶液制备的详细信息请参见附录 C。

（2）低浓度 QC 溶液—降水基质

1)保存已经进行了分析和报告的低浓度降水样品的多余体积。将来自这些样品中的一些多余的降水汇集到 10 L HDPE 容器中，并将来自其他低浓度样品的多余降水放入第二个 10 L HDPE 容器中。

2)分析每个容器的合并样品。将浓度较低的合并样品指定为 QC-A，将另一个合并的样品指定为 QC-B。QC-A 通常具有每种分析物的最低浓度。

3)根据需要添加去离子水，使 QC-A 的阳离子浓度接近检测限。根据需要添加储备标准溶液，使 QC-B 的阳离子浓度达到低浓度校准曲线的中高范围。

4)有关杀菌和更多详细信息，请参见附录 C。

（3）高浓度 QC 溶液—降水基质

1)保存已经进行了分析和报告的高浓度降水样品的多余体积。将来自这些样品中的一些多余的降水汇集到 10 L HDPE 容器中，并将来自其他高浓度样品的多余降水放入第二个 10 L HDPE 容器中。

2)分析每个容器的合并样品。将浓度较低的一个合并样品指定为 QC-C，另一个合并样品指定为 QC-D。

3)根据需要，用储备标准溶液来调节浓度，使 QC-C 的浓度达到高浓度校准曲线的中低范围，使 DC-D 的浓度达到高浓度校准曲线的中高范围。避免浓度高于最高的校准标样。

4)有关杀菌和更多详细信息,请参见附录C。

4.5.9.6 分析程序

1)当不使用时,请勿关闭IC系统电源。始终接通电源。

2)检查试剂水平。检查淋洗液罐并确保有足够的淋洗液能够完成一次全程运行。每天更换样品更换器冲洗水箱中的去离子水。内置过滤器可使进入系统的颗粒物减到最少。每天应更换在线过滤器。

3)运行去离子水样品直至系统稳定并平衡。

4)标记每个试管。在工作站软件中准备分析计划。在软件中输入样品标识号,其顺序与样品转换器支架中的试管安装顺序相同。

5)准备进行分析的样品。确保每根试管内有最小的样品体积。最小体积将随进样环尺寸和冲洗体积而变化。用Parafilm®或可以刺穿的盖子盖住每个试管口。将样品管放入样品转换器支架中。

6)检查泵压力和电导率是否稳定。

7)检查去离子水的色谱图是否具有正确的形状(见图4.43)。

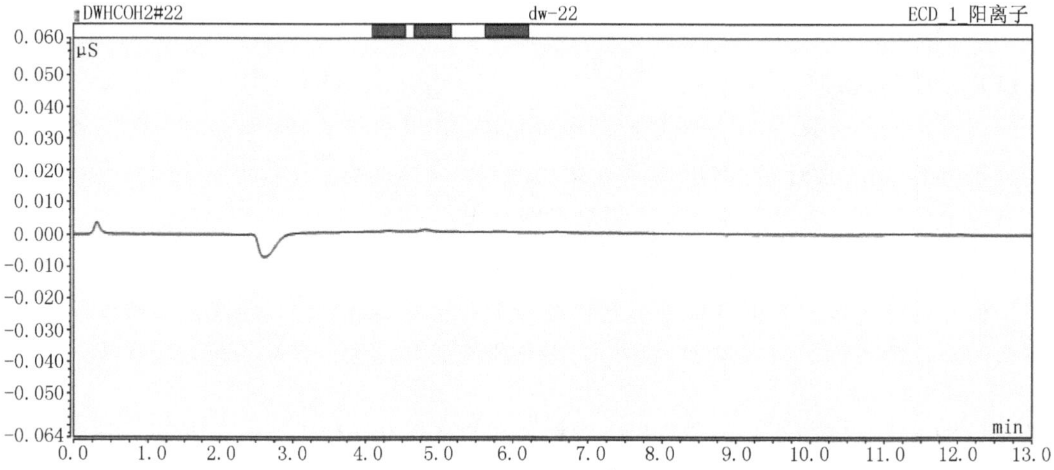

图4.43 MSA作为洗脱液的去离子水的色谱图

(注意小的水负峰和小的峰,标志着在样品注入时泵的压力略有增加)

8)开始运行。首先运行校准标样。应从最高浓度的标准开始进样,然后是较低浓度的标准。

9)在完成低浓度校准曲线后直接运行低浓度的QCS,在完成高浓度校准曲线后直接运行高浓度的QCS。之后每分析10个样品就分析一个随机选择的QCS。在控制图上绘制QCS结果。

10)每分析30~50个样品,重新校准一次。

11)运行后,在报告、整理或制表样品结果之前检查所有的校准曲线和QCS结果。仅使用峰面积参数而不是峰高来计算结果。

12)分别检查每个色谱图是具有否正确的形状和积分(见图4.44)。备注所有异常并相应地对数据进行标记。

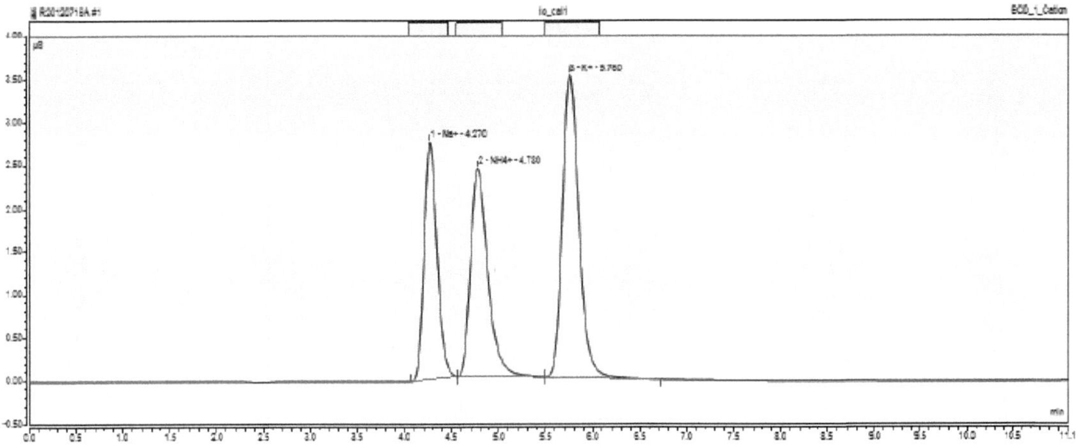

图 4.44 MSA 作为淋洗液的典型的阳离子色谱图

13)根据正确的校准曲线来计算最终结果。使用正确的小数位。根据需要应用检测限值标记。标记超过校准范围上限的所有样品。稀释这些样品并进行重复分析。确保说明样品缺失的原因,并根据需要应用样品污染代码。

14)从 IC 系统导出数据并归档与分析相关的所有参数,包括校准数据、积分数据和仪器审计跟踪。审计跟踪包括可用于诊断问题(例如具有基线漂移的色谱图)的仪器参数。可能有必要在问题开始的时间点进行重复分析。

4.5.9.7 故障排除

问题 1:泵失去压力或灌注。

解答 1:检查淋洗液发生罐是否有泄漏。如果需要,更换发生罐。灌注泵。检查系统是否泄漏。重新灌注泵并运行去离子水以检查系统。如果泵仍然不稳定,断开色谱柱并将甲醇泵入系统。用水冲洗。如果这些步骤无法解决问题,请更换活塞密封圈(前提是操作员已接受过培训)。将活塞密封圈在甲醇中浸泡几分钟。这确保了活塞周围有更好的密封。

问题 2:精密度达不到 QC 要求。

解答 2:检查进样阀是否有渗漏或堵塞。确保每次进样时样品环是充满的。检查探头和样品管线插头是否插入或泄漏。更换样品环并清洁进样阀。通过一次断开每段管线的一段,可以找到插头。如果支撑座或保护柱被污染,泵的压力将明显增加。

问题 3:在低浓度时,铵的曲线降至零以下,但其他阳离子的曲线是线性的并且通过零或正如预期的那样。

解答 3:配制新的标样,重新进行校准。如果没有改进,则更换抑制器。

问题 4:保留时间变短,且铵和钠的分辨率变差。

解答 4:清洁或更换保护柱。如果没有改进,清洁或更换分离柱。

问题 5:铵峰非常高,并将钾峰挤成“骑峰”位置。参见图 4.45 示例。

解答 5:稀释样品以降低铵峰,重新运行分析样品中的钾。

问题 6:钙和镁洗脱的很晚,可以在后面的色谱图中看到洗脱物(见图 4.45 开始时的峰)。

解答 6:延长运行时间。当新的色谱柱投入使用时,有时运行时间和保留时间会显著延长。使用校准标样测试系统以确定保留时间并相应地调整运行时间是非常重要的。

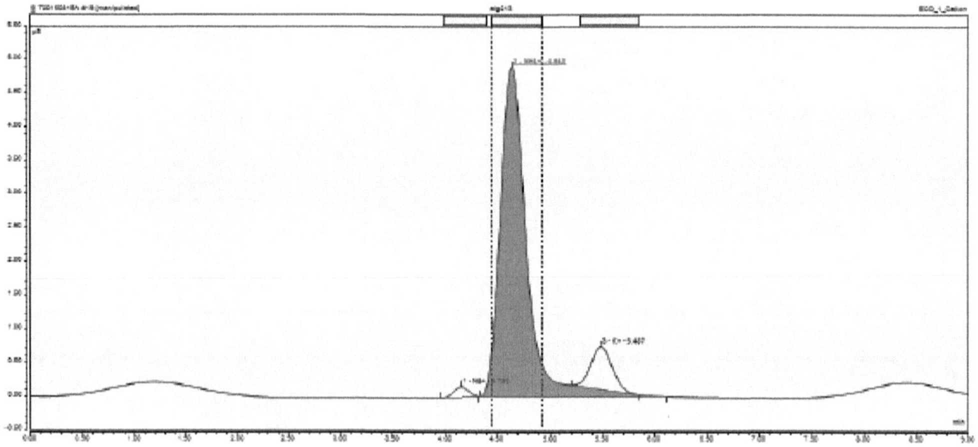

图 4.45　钾峰骑在高的铵峰的尾部

(色谱图显示了镁的截止色谱图和前一个样品中洗脱的钙,见问题 6)

4.5.10　流动注射分析比色法测定铵

4.5.10.1　背景

流动注射分析(FIA)提供了精确测量铵浓度的比色测定方法。以下是 FIA 与 IC 相比进行铵分析的一些优势。

1)FIA 仪器使用注射环,使每个样品注入试剂流中的体积相同。FIA 系统耐用、灵敏且功能多样。可以联接多个系统从单个样品管中抽取样品。大多数系统是模块化的,因此可以在不更换整个系统的情况下更换模块。

2)FIA 系统提供了快速运行时间。一个工作日内可重复分析多达 150 个样品。相比之下,用 IC 进行 150 个样品的铵分析,则需要两天时间并连夜运行。快速运行时间还有另一个优势,由于铵不稳定,因此,快速进行分析是非常重要的。

3)FIA 比色法的校准曲线具有非常好的线性,并通过零点。而铵的 IC 校准曲线则是非线性的,通常不会通过零点。当曲线下降到零点以下时,检测限会随着标准老化而变差。FIA 的检出限可低至 0.005 $mg \cdot L^{-1}$。

比色法是通过测量透过有色复合物的光强(与浓度有函数关系)来确定浓度的方法。比色法遵循比尔-朗伯定律,可表述为:吸光度与样品的厚度(或路径长度)、吸收介质的浓度、吸收率或给定分子的吸光程度呈线性比例。进入或入射到样品上的光强,与通过或透射过样品的光强的基本关系可在数学上表示为(Clark,2013):

$$\lg\left(\frac{I_0}{I}\right) = abc = \text{吸收率}$$

式中,I_0 = 入射辐射功率;

I = 透射辐射功度;

a = 吸收率(对于给定系统为常数);

b =样品路径长度；

c =吸收物质的浓度(ppm)。

在FIA比色法中，将样品与化学试剂以精确的比例混合，试剂和样品混合会产生有色的复合物。样品转换器提供了样品盘，样品从样品盘引入样品环和进样阀。蠕动泵将样品、载液和试剂输送到歧管，使得试剂和样品进行混合。试剂量的比例由试剂泵管的内径控制。被有色复合物吸收的特定波长的光与被测分析物浓度成比例。图4.46给出了用于铵分析的典型FIA系统。

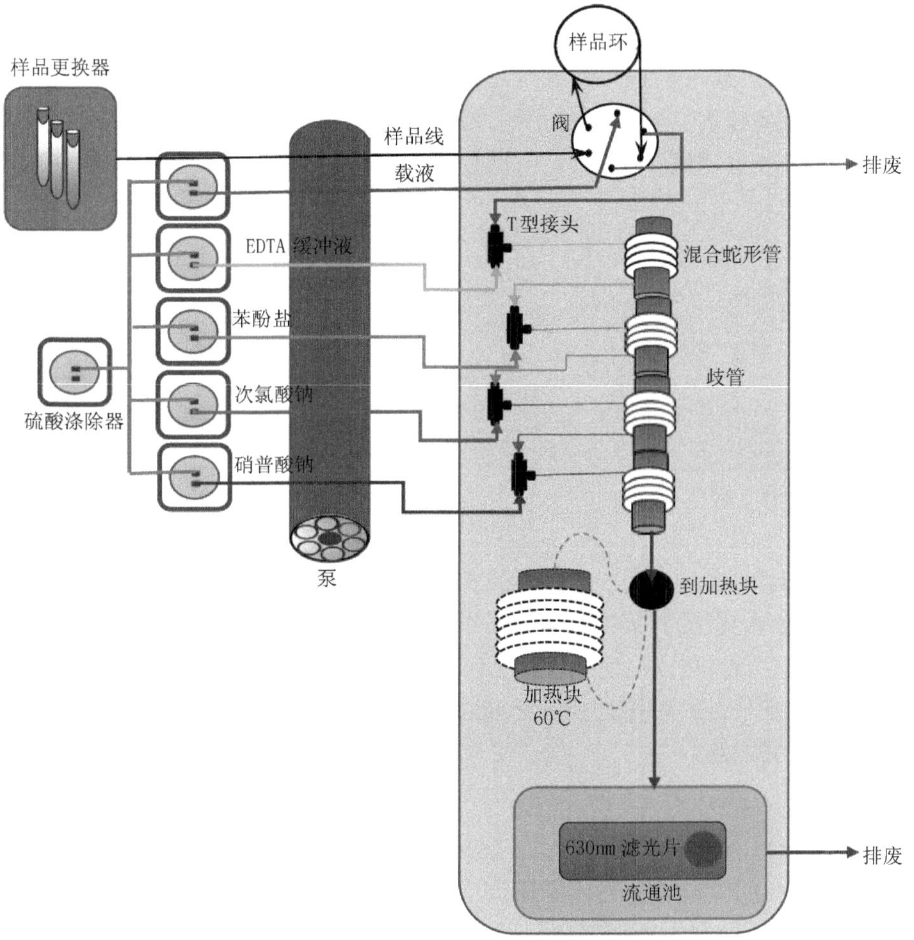

图4.46 铵测量的FIA系统

这里简要介绍如何使用FIA进行铵的测量。将样品与乙二胺四乙酸盐或EDTA一起注入系统，以防止样品中的钙和镁发生沉淀。将该溶液进一步与碱性苯酚和次氯酸钠混合，形成靛酚蓝复合物。通过添加硝普酸钠以增强蓝色复合物的颜色，从而增强测量的灵敏度。该溶液进入60 ℃的温控加热块来增加颜色形成的速率。在显色之后，流通池接收到着色的复合物溶液，并且使波长为630 nm的光束穿过样品。用光电检测器测量透过样品的光，透射光与样品中的铵离子浓度成正比。

注意,作为试剂之一的苯酚的气味令人不愉快,尽管没有害处。由于这种气味,建议将这个专用的 FIA 系统放置在通风良好的房间内。

校准曲线使用 6～10 个校准标样和去离子水零标样来制作。从该曲线,可以确定降水样品中铵的浓度。

4.5.10.2 仪器

FIA 系统使用注射环将样品引入色度计,提供比自动分析仪更精密的系统。

1)FIA 色度计;
2)样品更换器;
3)试剂传送系统(蠕动泵);
4)配有流通池的歧管;
5)台式计算机和打印机;
6)工作站软件;
7)分析天平。

4.5.10.3 试剂和溶液

试剂的一致性很重要。应测试新材料结果的一致性。详情请参阅 4.3.14 节。

1)去离子水—载液—纯度非常重要。应对其进行过滤和去离子,电阻大于 18.0 MΩ。
2)20%的 H_2SO_4。
3)氦气(超高纯等级)。
4)苯酚钠。
①液态苯酚(ASC 级);
②氢氧化钠(ASC 级)。
5)EDTA 的乙二胺四乙酸二钠(ASC 级)。
6)次氯酸钠(ASC 级),不要使用家用漂白剂。
7)硝普酸钠(ASC 级)。

(1) 氦气吹扫

使氦气鼓泡吹扫次氯酸钠,EDTA 二钠和硝普酸钠至少需要 1 min 以除去铵。如果溶液起泡并且有可能溢出,则减少气体流量。

(2) 20%的 H_2SO_4(涤除器)

将 200 mL 浓 H_2SO_4(95%～97%GR 级)稀释在 800 mL 的去离子水中。请注意图 4.46 中的 H_2SO_4 涤除溶液是排放到所有试剂容器中以清洁这些容器中偶然产生氨气的空气。每 3 个月更新一次涤除溶液。

(3) 苯酚钠

1)在 2 L 容量瓶中,将 188 g 液态苯酚(C_6H_5OH)(ASC 级)溶解在约 1 L 的去离子水中。在搅拌的同时,缓慢加入 64 g 氢氧化钠(NaOH)。继续搅拌直至氢氧化钠颗粒溶解。

2)让溶液冷却。用去离子水稀释至 2 L 标记。盖上烧瓶并翻转 3 次以彻底混合溶液。不要吹扫这种溶液。

3)在室温下储存在两个染成黑色的 1 L 乐基因(Nalgene)瓶中。稳定 1 个月。

(4) 次氯酸钠

注意:在分析日前一天进行准备。

1)在容量瓶中,用去离子水稀释 300 mL 5%的次氯酸钠(NaOCl)(试剂级)至 500 mL。盖上盖子并通过倒置的方式进行混合。

2)用氦气吹扫。在室温下储存在 1 L 的 Nalgene 瓶中。稳定 24 h。

(5) 乙二胺四乙酸二钠(EDTA)

1)在 2 L 的容量瓶中,将 110.8 g 的 Na_2EDTA 和 11.0 g 的 NaOH 溶于 1 L 的去离子水中。用去离子水稀释至 2 L 标记。盖上盖子并通过倒置的方式进行混合。

2)对烧瓶进行超声波处理约 1 h 以溶解溶质,或插入搅拌磁体并在磁力搅拌器上混合直至溶液澄清。

3)用氦气吹扫。在室温下将溶液储存在 2 L 的 Nalgene 瓶中。稳定 1 个月。

(6) 硝普酸钠

1)在 2 L 容量瓶中,将 7.0 g 硝普酸钠(硝基铁氰化钠)$[Na_2[Fe(CN)_5NO]\cdot 2H_2O]$溶于 1 L 的去离子水中。用去离子水稀释至 2 L 标记。盖上盖子并通过倒置混合以溶解晶体。

2)用氦气吹扫。在室温下将溶液储存在 2 L 的 Nalgene 瓶中。稳定 1 个月。

4.5.10.4 校准

每 40～50 次进样后校准 FIA。FIA 的校准曲线通常是线性的;尽管如此,曲线在非常高的浓度时趋向于变平。仅使用曲线的线性部分。这个方法预期的分析范围是 0.005～1.000 $mg\cdot L^{-1}$。

(1) 储备标准溶液(1000 $mg\cdot L^{-1}$)

为制备氯化铵溶液,将约 4 g 的 NH_4Cl 置于玻璃坩埚中,在 110 ℃下干燥一夜。

新烧瓶和瓶子的老化处理是将它们浸泡在去离子水中过夜,然后用去离子水冲洗 3 次并在温热的烘箱中干燥。烧瓶和瓶子只需在新产品投入使用前进行一次老化处理。有关烧瓶和分析天平的校准以及玻璃器皿存储的详细信息,请参阅附录 C。

1)使用分析天平称量所有体积。彻底冲洗所有称量皿。使用专门用于储备标准溶液制备和储存的容器。

2)强烈建议通过称量去离子水的体积来制备标准溶液。通过将去离子水按质量分配到烧瓶并在液体线处做标记来校准接收到的烧瓶。

3)轻轻地将约 2.972 g 干燥的氯化铵轻拍到称量皿中。在校准日志中记录质量到小数后 3 位。

4)在经校准和老化的 1 L 容量瓶中,将 NH_4Cl 粉末溶解在 800 mL 的去离子水中。用去离子水稀释至 1 L 的标记。盖上烧瓶盖子并翻转 3 次。

5)计算 NH_4^+ 浓度,精确至小数点后 3 位。在校准日志中记录溶液的浓度和制备日期。该溶液含有 1000.000 mg·L^{-1}的 NH_4^+。

6)在标签上记录溶液的浓度和制备日期,并将其粘贴在烧瓶上。

7)为了确保新、旧标准溶液之间的一致性,配制稀释新的储备标准溶液,并将其作为未知样进行分析。

①在冲洗过的称量皿中分配 0.500 g 新的储备标准溶液。

②将此溶液倒入干净的、经过冲洗和校准的 1 L 容量瓶中。

③使用Ⅰ型去离子水,将称量皿上的溶液冲洗到烧瓶中,并将烧瓶填充至 1 L 标记处。

④充分混合,然后使溶液平衡至少 1 h。

⑤使用一组旧的校准标样,分析新的储备标准溶液。

⑥测量值应在 0.500 mg·L^{-1}左右,并应落在该浓度预期的精度范围内。

⑦1000 mg·L^{-1}的标准溶液最好保存在原装玻璃烧瓶中,用四周缠有 Parafilm® 的塞子密封。在 4 ℃下储存。稳定 6 个月。

8)如果新稀释的储备标准溶液的浓度不在预期范围内,则弃去 1000 mg·L^{-1}溶液,并配制新的储备标准溶液。确保新制备的储备标准溶液,在分析之前已进行了 1 h 的平衡。

(2) 中间工作标样(1.000 mg·L^{-1})

1)每次分析运行时,都应准备好新鲜的工作标样。使用经校准的玻璃容量瓶,专门用于制备和储存该溶液。最佳的实践是使用与上一次运行中用于存储工作标样相同的烧瓶。这个烧瓶已经老化处理,可用于相同浓度的 NH_4Cl 溶液。倒空这个使用过烧瓶的溶液,用去离子水冲洗 3 次。您也可以使用来自储罐的去离子水进行前两次冲洗,但最后一次冲洗是使用来自使用点分配器的新鲜去离子水。新鲜去离子水应完全不含有任何溶解的铵。

2)使用分析天平称量所有的体积。彻底冲洗所有的称量皿。

3)将 1.000 g 储备标准溶液分配到称量皿中。质量精确到小数后 3 位。在校准日志中记录质量。

4)将该溶液的等分试样转移到经校准、老化、专用的 1 L 容量瓶中,并用来自使用点分配器的新鲜去离子水稀释至 1 L 标记处。盖上烧瓶盖子并翻转 3 次,以确保溶液充分混合。

5)计算 NH_4^+ 的浓度,精确至小数后 3 位。在校准日志中的记录下浓度。该溶液中含有约 1.000 mg·L^{-1}的 NH_4^+。使用这个中间工作标样,制备表 4.39 所列的其余标样。

(3) 校准标样

1)使用分析天平称量所有的体积。彻底冲洗所有的称量皿。使用经校准的、专用的玻璃容量瓶作为最终的容器。不要使用来自其他程序的容器。

2)使用来自使用点分配器的去离子水作为第十或零校准标样。

3)表 4.39 列出了建议的校准系列。图 4.47 给出了使用这些标准的一个校准曲线示列。

表 4.39 NH_4^+ 校准标样制备(CAPMoN,2013)

校准标样 #	中间工作标样体积(mL)	最终体积(mL)	浓度(NH_4^+)($mg \cdot L^{-1}$)
1	中间校准标样		1.000
2	80	100	0.800
3	50	100	0.500
4	30	100	0.300
5	10	100	0.100
6	8	100	0.080
7	5	100	0.050
8	3	100	0.030
9	1	100	0.010
10	0	100	0.000

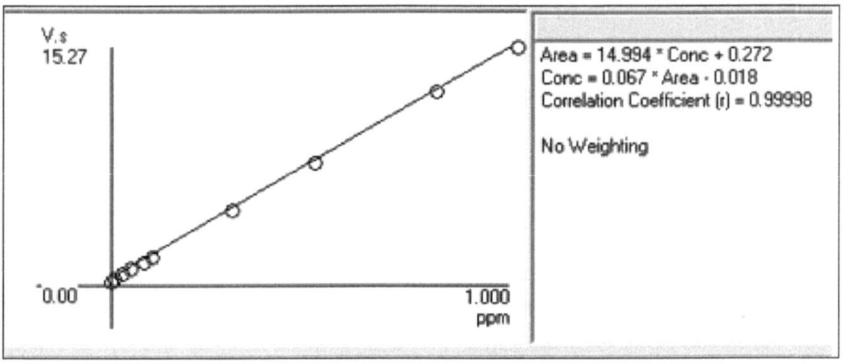

图 4.47 铵校准曲线

4.5.10.5 质量控制

即使冷藏,自然降水中的铵会迅速变质,不能用于 QC 溶液。QC 溶液的其他来源包括:

1)有证标准物质;

2)由替代的标准物质(如硫酸铵)制成的模拟样品;

3)如果已进行了过滤灭菌,可以使用实验室间比对的合并样品;无论如何,如果已经将移液管浸入其中或者用手触摸了瓶口,会导致细菌污染,请勿使用这个溶液。

配制至少 3 种标准范围的 QC 溶液,可能类似于表 4.39 中所列的标样 9、7 和 4。QC 溶液应能对校准曲线的低、中和高浓度范围进行测试。

4.5.10.6 分析程序

1)接通计算机、样品转换器、蠕动泵和装有加热块和光源的系统单元的电源。

2)将废液管线从流通池放入废液容器中。将传输管线连接到试剂。废物含有苯酚和其他试剂,不得倒入水槽。在空气通风口上装有炭过滤器的容器,将有助于减少苯酚的气味。按照当地法规负责任地处理废物。

3)按照厂商的要求拉紧试剂泵管。

4)启动蠕动泵,用试剂老化传输管线,建立系统基线。定期检查显示屏是否存在与基线间的偏差。这可能表明在管道中有气泡。老化处理通常需要大约半小时。分析人员可以在这个预热期间来配制标样。

5)运行去离子水样品以检查仪器的稳定性。通常只需要1～3次进样。

6)在达到良好的基线且加热单元的温度达到60 ℃后,可以开始校准。

在系统显示稳定的基线之前,不要分配待分析的样品。这将有助于最大限度地减少样品暴露于实验室空气中。人类呼出氨气,这种气体还有许多其他来源,包括一些清洁溶剂。从实验室环境中分离标样和样品是非常重要的。

---

7)通过将约5 mL体积的校准标样分配到每个试管来开始仪器的校准。对于同一试管而言,两次分析就足够了。请注意,当对试管过行标记时,某些标记的墨水中可能含有氨。使用蜡笔或带有黏性背衬的标签。将液体加入试管后,立即将Parafilm® 盖在每个试管上。确保每根试管都具有重复读数所需的最小体积。

8)运行校准序列,然后立即运行QCS。当所有标样运行完成后,重新盖好所有标样。如果系统不稳定,且需要排除故障时,请再次分配新鲜的标样。

9)仅在仪器稳定性和成功校准验证后才继续分析降水样品。

10)按照指定的样品序列填充样品架。确保每个试管中有足够的体积来进行分析,而不会将空气吸入FIA系统。一次50个样品(一式两份)大约需要1.5 h。已经盖住的标样可用于下一次校准。每隔3 h从烧瓶中分配一次新鲜的标样。

注意:在分析后不要丢弃校准标样。将标样留在烧瓶中,以对烧瓶进行老化。

11)运行后,在报告、整理或制表结果之前,重新检查所有的校准曲线和QCS结果。

12)单独检查所有原始数据点是否正确积分和输出。备注所有异常并相应地对数据进行标记。

13)根据正确的校准曲线来计算最终结果。使用正确的小数位。根据需要应用检测限值标记。标记超过校准范围上限的所有样品。稀释这些样品并进行重复分析。确保说明样品缺失的原因,并根据需要应用样品污染代码。

14)从FIA系统导出数据并归档与分析相关的所有参数,包括校准数据、原始测量数据、样器识别和仪器审计跟踪。审计跟踪包括仪器参数设置,当发现基线漂移时,这些设置可能很有用。可能有必要从FIA输出中发现问题的点处进行重复分析。来自FIA的信号跟踪称为FIAgram。图4.48是FIAgram的一个示例。

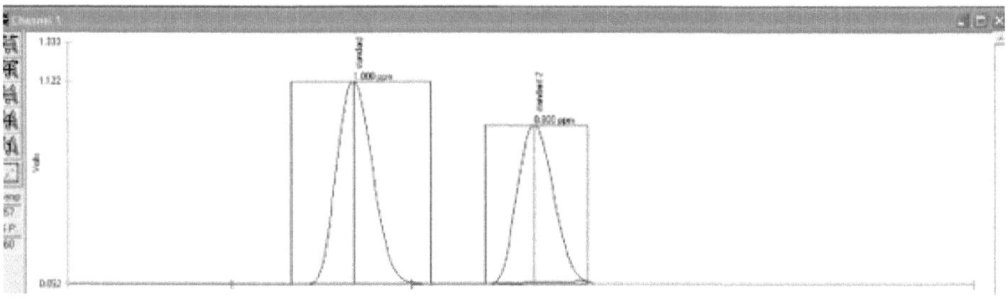

图4.48 FIAgram示例

4.5.10.7 故障处理

问题1:在实时显示上看到有空气峰,在基线或样品峰上也出现嘈杂不规则的峰。

解答1:如果试剂未脱气或传输管线未牢固连接时,气泡将被引入流通池。确保在分析之前用氦气喷射了所有试剂。检查每个试管中样品的体积,确保有足够体积进行分析。如果试管破裂且样品泄漏了,探头可能会吸入空气,从而导致空气峰的出现。

问题2:残留效应。极高浓度的样品不能完全从样品管线中洗脱,导致后续一个或多个样品的读数错误。

解答2:必须重新分析样品。稀释高浓度的样品并与第一次分析结果进行比较。此外,重复分析高浓度样品后面的几个样品,并对初始和重新分析的结果进行比较,确保已消除了任何残留效应。不要分析污染严重的样品。受鸟粪污染的样品不会产生有效的铵的结果,只会污染系统。报告、编码或备注样品,对于分析而言样品太过污染了。

问题3:试剂管线泄漏。

解答3:根据使用情况更换蠕动泵管线。保存维护日志,查看日志并定期检查所有管线的状况。根据需要更换传输管线。有时废液管线会被阻塞,导致较大背压,使得试剂管线的连接松脱,甚至导致它们的连接断开。确保废液管线始终处于清洁状态。寻找废液管线上的卷曲,无论如何要确保线路不会缠绕或收缩。

问题4:质量控制测量变差。

解答4:检查 QCS 的年限。根据需要配制新的 QCS。在分析的前一天准备次氯酸铵。

问题5:与先前的运行相比,校准标样和控制标样的峰面积较低。

解答5:检查所有试剂的年限,并配制新鲜的试剂。检查样品管线是否有堵塞。

问题6:在每个峰之前显示出小的负峰,即峰前负峰。

解答6:作为保存步骤,如果样品已经被酸化,则试剂系统中的 pH 将会发生变化。可以向去离子水载液中添加一定比例的酸来克服峰前负峰,使混合试剂的 pH 与样品基质的 pH 相匹配。有关峰前负峰的示例,请参见图 4.49。

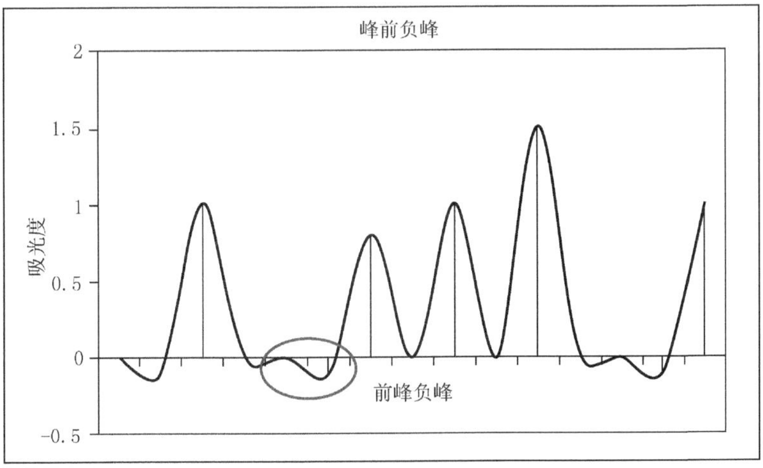

图 4.49 具有峰前负峰的 FIAgram 示例

4.5.10.8 提高性能的提示

1)保留记录维护程序的日志。

2)保持校准溶液的制备记录。记录制备日期、计算、质量、体积以及制备溶液的人员。

3)校准溶液需使用专用的玻璃器皿和容器。不要将这些容器用于任何其他目的。

4)保留标准制备的分析天平,对于试剂则使用另一个天平。

5)立即盖上样品,以尽量减少在环境空气中的暴露,尽量减少样品试管的顶部空间。

6)在每次分析运行中准备新的标样。使用未用于任何其他溶液的校准烧瓶。称量校准标准溶液。

7)保持区域清洁。不要让试剂溢出变干并在实验室工作台上形成残留物。

8)将仪器安装在低交通流量的区域。应放在通风良好的房间里。

9)每 400 次进样应更换一次蠕动泵管线。

10)每 3 个月更换一次互连管线。

11)不要加满试剂瓶。在将新试剂装入瓶中之前,应将试剂瓶完全清空并冲洗容器。

12)经常检查样品管线和进样阀是否没有细菌生长。检查废液管线内液体是否可以自由流动。T 型接头处是残留物汇集的地方,应经常进行检查。

13)在任何情况下,都不要外推校准曲线。在饱和时比色的校准曲线会变平。

4.5.11 消解流动注射分析测定总磷

4.5.11.1 背景

磷以 3 种形式存在于水中:正磷酸盐、酸性水解性磷酸盐和有机磷酸盐。在这种方法中,有机磷和其他磷酸盐分别通过 UV 过硫酸盐消解和硫酸消解转化为正磷酸盐。一旦转化为正磷酸盐,通过流动注射分析(FIA)——比色法进行分析。FIA 技术已在 4.5.10 节的背景中进行了描述。

对于总磷,在 FIA 系统中需要添加一个模块,以消解各种形式的磷,并将其转化为正磷酸盐。消解后,将样品与钼酸铵和酒石酸锑混合以形成钼磷酸盐,其在酸性条件下还原形成蓝色复合物。比色法遵循比尔-朗伯定律,使用波长为 880 nm 的光对蓝色复合物进行检测和定量。透射光与正磷酸盐的浓度成正比,正磷酸盐是溶液中总磷的量度。

试剂和样品通过蠕动泵进行输送。使用进样阀可将精确量的样品导入试剂流中。图 4.50示例说明了总磷测量的 FIA 系统的各部分。

4.5.11.2 仪器

1)FIA 色度计;

2)样品更换器;

3)样品消解模块,配有 254 nm 的 UV 灯和 120 ℃的加热块;

4)蠕动泵;

5)配有流通池的歧管;

6)台式计算机和打印机/工作站软件;

7)分析天平。

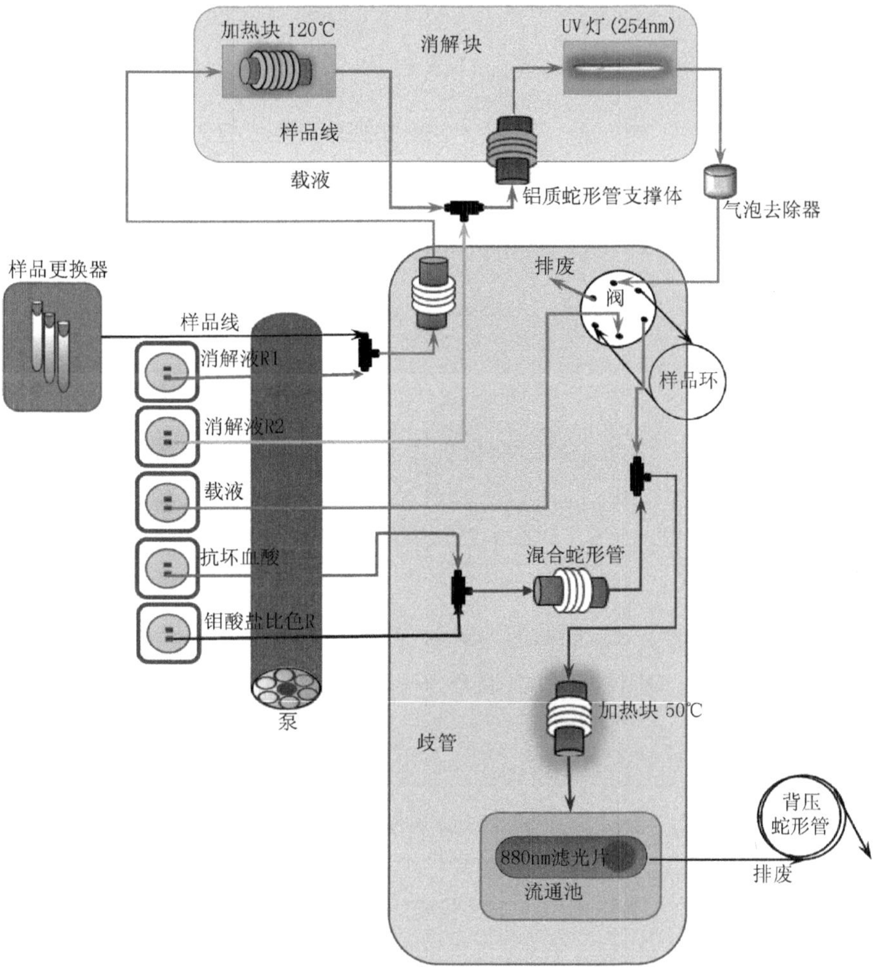

图 4.50　总磷测量的 FIA 系统示意图

可以通过分流样品流来设置 FIA 系统以多于一种的方法运行。FIA 系统使用罗丹尼(Rheodyne)进样阀。来自第一个进样阀的样品废液管线连接到第二个系统的进样阀的入口。请注意,对于同步采样时间和数据输出,总的分析时间是非常重要的。

4.5.11.3　试剂和溶液(Missoari State University et al.,2007)

1)去离子水——纯度非常重要。应对其进行过滤和去离子,电阻大于 18.0 MΩ。

2)钼酸铵(ASC 级)。

3)酒石酸锑钾(ASC 级)。

4)钼酸盐比色试剂:

①硫酸(H_2SO_4);

②钼酸铵(ii);

③酒石酸锑钾(iii)。

5)抗坏血酸还原剂:

①抗坏血酸；

②十二烷基硫酸钠。

6)载液：

①硫酸(H_2SO_4)；

②氯化钾(KCl)。

7)消解试剂1：

硫酸(H_2SO_4)。

8)消解试剂2：

过硫酸钾($K_2S_2O_8$)。

(1) 钼酸铵溶液

在1 L的容量瓶中，将40.0 g的钼酸铵四水合物[$(NH_4)_6Mo_7O_{24} \cdot 4H_2O$]溶解在800 mL的去离子水中。稀释至刻度，并用磁力搅拌器搅拌该混合物至少4 h。在4℃条件下稳定2个月。

(2) 酒石酸锑钾

在1 L的容量瓶中，将3.0 g的酒石酸锑钾半水合物[$K(SbO)C_4H_4O_6 \cdot 1/2H_2O$]溶解在800 mL的去离子水中。稀释至刻度，混合直至溶解。在4 ℃条件下储存在黑色的HDPE瓶中。稳定2个月。

(3) 钼酸盐比色试剂

在1 L的容量瓶中，将25 mL的浓硫酸加入至500 mL的去离子水中。加入213 mL的钼酸铵溶液(如上所述)和72 mL的酒石酸锑钾溶液(如上所述)。稀释至标记处。每周配制新鲜的溶液。如果出现蓝色或黄色沉淀，则丢弃之。

(4) 抗坏血酸还原剂

在1 L的容量瓶中，将70.0 g颗粒状抗坏血酸溶于约700 mL的去离子水中。稀释至标记并混合。加入1.0 g的十二烷基硫酸钠并混合。每次运行前配制新鲜的溶液。

(5) 载液

在1 L的容量瓶中，将30 mL的硫酸加入至600 mL的去离子水中。加入9.0 g氯化钾，用去离子水稀释至刻度。混合。稳定1周。

(6) 消解试剂1

在1 L的容量瓶中，将106.5 mL的浓硫酸加入至500 mL的去离子水中。**注意：这种溶液是高放热性的。**稀释至标记并通过倒置进行混合。使用前应让其冷却至室温。

(7) 消解试剂2

在1 L的容量瓶中，将26 g的过硫酸钾($K_2S_2O_8$)加入至800 mL的去离子水中。混合直至溶解。稀释至标记处。稳定1周。

4.5.11.4 校准

每40～50次进样，应进行一次FIA校准。因为比色法遵循比尔定律，校准曲线是线性的，但如果使用过于集中的标样，则曲线将在上端变平。仅使用曲线的直线部分。通过 FIA 比色法测得的总 P(磷)的预期分析范围是 0.003～0.500 $mg\cdot L^{-1}P$。

(1) 储备标准溶液(1000 $mg\cdot L^{-1}$ P)

为制备磷酸盐储备溶液，将约 4 g 的 KH_2PO_4 置于玻璃坩埚中，在 110 ℃条件下干燥一个晚上。

新烧瓶和瓶子的老化处理是将它们在去离子水中浸泡一个晚上，然后用去离子水冲洗 3 次，并在温热的烘箱中进行干燥。烧瓶和瓶子只需在新产品投入使用前进行一次老化处理即可。有关烧瓶和分析天平的校准以及玻璃器皿存储的详细信息，请参见附录 C。

1)使用分析天平称量所有体积。彻底冲洗所有称量皿。使用专门用于储备标准溶液制备和储存的容器。

2)强烈建议通过称量去离子水的体积来制备储备标准溶液。通过将去离子水按质量分配到烧瓶并在液体线处做标记来校准接收到的烧瓶。

3)轻轻地将约 2.197 g 的无水 KH_2PO_4 轻拍到称量皿中。在校准日志中记录质量到小数后 3 位。

4)在 500 mL 容量瓶中，KH_2PO_4 粉末溶解在 200 mL 的去离子水中。用去离子水稀释至 500 mL 标记。盖上盖子，然后翻转烧瓶 3 次，彻底混合溶液。

5)计算 P 的浓度，精确至小数点后 3 位。在标签上记录浓度和制备日期，并将其粘贴在烧瓶上。在校准日志中记录此信息。溶液含有约 1000.000 $mg\cdot L^{-1}$的 P。

6)为了确保新、旧储备标准溶液之间的一致性，配制稀释新的储备标准溶液，并将其作为未知样进行分析。

①在冲洗过的称量皿中分配 0.25 g 新的储备标准溶液。

②将此溶液倒入干净的、经过冲洗和校准的 1 L 的容量瓶中。

③使用Ⅰ型去离子水，将称量皿上的溶液冲洗到烧瓶中，并将烧瓶填充至标记处。

④充分混合，然后使溶液平衡至少 1 h。

⑤使用一组旧的校准标样，分析新储备标准溶液。

⑥测量值应在 0.25 $mg\cdot L^{-1}$左右，并应落在该浓度预期的精度范围内。如果结果没有落在预期范围内，废弃这个储备标准溶液，并配制另一个 1000.000 $mg\cdot L^{-1}$的 P。确保新制备的储备标准溶液，在分析之前已进行了 1 h 的平衡。

7)将新配制的储备标准溶液保存在其原装的玻璃烧瓶中。在 4℃条件下稳定 6 个月。

(2) 中间工作标样(1 $mg\cdot L^{-1}$ P)

1)在分析运行开始后 24 h 内，配制新鲜的中间工作标样。使用分析天平称量所有体积。彻底冲洗所有称量皿。使用专用的玻璃容量瓶作为最终容器。不要使用来自其他程序的容器。

2)将 1.000 g 储备标准溶液分配到称量皿中。质量精确到小数后 3 位。在校准日志中记录质量。

3)将该溶液的等分试样转移到 1 L 的容量瓶中，并用来自使用点分配器的新鲜去离子水稀释至标记处。盖上烧瓶盖子并翻转 3 次，以确保溶液充分混合。

4)计算 P 的浓度,精确至小数后 3 位。在校准日志中的记录下浓度。该溶液中含有约 1.000 mg·L^{-1}的 P。每次分析运行时配制新鲜的溶液。使用这个中间工作标样制备所有其余的标样。

(3) 校准标样

1)每天配制新的校准标样。使用分析天平称量所有的体积。彻底冲洗所有的称重皿。使用专用的玻璃容量瓶作为最终容器。不要使用来自于其他程序的容器。

2)使用来自使用点分配器的去离子水作为第 7 或零校准标样。

3)表 4.40 列出了建议的校准系列。注意在溶液中加入硫酸。

表 4.40 磷校准标样制备

标样#	H_2SO_4(mL)	中间工作标样体积(mL)	最终体积(mL)	浓度(mg·L^{-1} P)
1	0.4	50	100	0.500
2	0.4	20	100	0.200
3	0.4	10	100	0.100
4	0.4	5	100	0.050
5	0.4	2	100	0.020
6	0.4	1	100	0.010
7	0.4	0	100	0.000

(4) 消解检查控制标样

引入消解检查控制标样,以确保消解过程起作用并且有机磷完全转化为正磷酸盐,并准确地表现在最终的总磷值中。每 10～15 个样品运行一次消解检查控制标样。

(5) 储备消解检查控制标样的制备:100 mg·L^{-1} $P_{有机}$

将 101.9 mg 的腺苷-5″-单磷酸盐一水合物(AMP,MW=363.24)加入 100 mL 的去离子水中。在 4 ℃条件下冷藏。稳定 1 个月。

(6) 消解检查控制:0.200 mg·L^{-1} P

1)每次分析运行时,配制新鲜的溶液。将 0.500 mL 的储备消解检查控制标样(100 mg·L^{-1} $P_{有机}$)分配到称量皿中。将质量记录到校准日志中,精确到小数点后 3 位。将该等分试样转移到 250 mL 的容量瓶中。

2)用去离子水稀释至 250 mL 标记处。盖上烧瓶,并通过倒置烧瓶的方式使溶液混合。

3)计算 P 的浓度,精确到小数点后 3 位。在校准日志中记录浓度。每次分析运行时都要配制新鲜的溶液。

4.5.11.5 质量控制

即使是冷藏,磷酸盐在自然降水中会很快发生变质,不能将降水用于质量控制目的,下面列出了 QC 溶液的其他来源。

1)有证标准物质;

2)由替代标准物质配制成的模拟样品,如腺苷-5″-单磷酸盐一水合物(AMP);

3)如果已进行了过滤灭菌,可以使用实验室间比对的合并样品;无论如何,如果已经将移液管浸入其中或者用手触摸了瓶口，会导致细菌污染，请不要使用这个溶液。

配制至少3种标准范围的QC溶液，可能类似于表4.40中所列的标样6、4和2。QC溶液应能对校准曲线的低、中和高浓度范围进行测试。

注意，在重复打开容器后，任何标准物质的大等分试样都会发生变质。将小的控制等分试样冷藏保存。

4.5.11.6 分析程序

1）接通计算机、样品转换器、蠕动泵和内置消解单元和系统单元的电源。

2）将废液管线从流通池放入废液容器中。将传输管线连接到试剂。废物含有有毒试剂，不得倒入水槽。按照当地法规负责任地处理废物。

3）按照厂商的要求拉紧试剂泵管线。仅使用PVC管线。

4）内置消解单元至少需要20～30 min才能达到所需120 ℃的温度。启动试剂泵，使试剂和样品达到相同的120 ℃的温度。此外，加热块必须达到50 ℃。在开始任何分析之前必须达到这些温度。**在没有将试剂泵入系统的情况下，不得运行加热块和消解单元。在没有液体通过的情况下，这些单元会过热。**

5）建立基线。定期检查显示屏是否存在与基线间的偏差。这可能表明在管线中有气泡。老化处理通常需要大约半小时。分析人员可以在这个预热期间来配制标样和样品。

6）未用硫酸收集和保存的样品必须用硫酸进行预处理。该预处理也适用于QCS和空白样品。

①将每种样品移取5.0 mL到标记的样品试管中。将每个试管放在样品盘中正确的位置。

②使用重复移液器，在每个5 mL样品等分试样中加入20 μL的10%的H_2SO_4溶液，包括空白、QCS和消解检查控制样品。

③盖上试管，并翻转3次以确保它们充分混合

7）将5 mL体积的校准标样分配到每个样品试管。不要在标样中添加H_2SO_4，因为它是在标样配制过程中添加的（见表4.40）。及时将Parafilm® 放在每根试管上，检查是否符合重复读数的最小体积要求。

8）运行去离子水（如，空白样）序列以检查仪器的稳定性。通常只需要1～3次进样即可。检查加热块和消解块的温度，以确保它们分别达到50 ℃和120 ℃。

9）当基本达到稳定时，即可开始校准。

10）运行校准序列，然后立即运行QCS。仅在确认仪器稳定性和成功校准后才继续分析降水样品。已经用硫酸处理的样品应稳定1 d，并且如果需要可以一直保持冷藏直至分析。

11）每分析50个样品，使用新鲜的标准物质的等分试样进行一次校准。每分析10个样品，应运行一次QCS和消解检查控制样品。

12）如果系统不稳定并且需要一个故障排除期，请重新分配新鲜的标样。运行50个样品大约需要2 h。每运行50个样品，从烧瓶中分配一次新鲜的校准标样。使用新鲜的标准溶液冲洗样品试管数次，以消除上一次测试中遗留的任何标准的痕迹。

13）运行后，在报告、整理或制表结果之前，重新检查所有的校准曲线和QCS结果。

14）单独检查所有原始数据点是否正确积分和输出。备注所有异常并相应地对数据进行标记。

15)根据正确的校准曲线来计算最终结果。使用正确的小数位。根据需要应用检测限值标记。标记超过校准范围上限的所有样品。稀释这些样品并进行重复分析。确保说明样品缺失的原因,并根据需要应用样品污染代码。

16)从 FIA 系统导出数据并归档与分析相关的所有参数,包括校准数据、原始测量数据、样器识别和仪器审计跟踪。审计跟踪包括仪器参数设置,当发现基线漂移时,这些设置可能很有用。可能有必要从 FIA 输出中发现问题的点处进行重复分析。

4.5.11.7 故障处理

问题 1: 在实时显示上看到有空气峰,在基线或样品峰上也出现嘈杂不规则的峰。

解答 1: 如果传输管线未牢固连接时,气泡将被引入流通池。确保在每个试管中有足够的样品进行分析,且所有试剂管线连接牢固。如果试管破裂且样品泄漏了,探头可能会吸入空气,从而导致空气峰的出现。

问题 2: 残留效应。极高浓度的样品不能完全从样品管线中洗脱,导致后续一个或多个样品的读数错误。

解答 2: 必须重新分析样品。稀释高浓度的样品并与第一次分析结果进行比较。此外,重复分析高浓度样品后面的几个样品,并对初始和重新分析的结果进行比较,确保已消除了任何残留效应。不要分析污染的样品,特别是有昆虫或植物的样品。结果将不具降水代表性且会污染 FIA 系统。报告或对样品编码,对于分析而言样品太过污染了。

问题 3: 试剂管线泄漏。

解答 3: 根据使用情况更换蠕动泵管线。保存维护日志,查看日志并定期检查所有管线的状况。根据需要更换传输管线。有时废液管线会被阻塞,导致较大背压,使得试剂管线的连接松脱,甚至导致它们的连接断开。确保废液管线始终处于清洁状态。

问题 4: 质量控制测量变差。

解答 4: 检查 QCS 的年限。确保具有试剂配制的维护计划。在试剂发生变质之前做好准备是很重要的。

问题 5: 仅对无机磷物质进行定量,有机物质缺失。

解答 5: 确保消解模块的温度正确。确保正在运行消解检查控制溶液,并确保当消解器不能正常工作时,仍能正确识别物质。

问题 6: 在每个峰之前显示出小的负峰,即峰前负峰(见 4.5.10 节的图 4.49)。

解答 6: 作为保存步骤,如果样品已经被酸化,则试剂系统中的 pH 将会发生变化。可以向去离子水载液中添加一定比例的酸来克服峰前负峰,使混合试剂的 pH 与样品基质的 pH 相匹配。

4.5.12 消解流动注射分析比色法测定总氮

4.5.12.1 背景

氮(N)以无机和有机形式存在于降水中。在该方法中,所有溶解的氮化合物都被转化为硝酸盐,一种稳定的、氧化的无机形式的氮。这种转化发生在消解器中,使用过硫酸盐氧化,然后使用内置的紫外(UV)光将有机和还原形式的氮氧化成硝酸盐。这种氧化是 UV 光提供额外的能量、在 90 ℃条件下完成的。

在通过消解器后，通过流动注射分析(FIA)——比色法进行样品分析。在 FIA 中，样品与最终将 N 转化为有色染料的试剂混合，并通过比色计进行检测和定量，比色计则是基于透射光与化学品浓度响应关系的比尔—朗伯定律来进行定量的。这个技术更全面的描述参见 4.5.11 节的背景部分。

图 4.51 说明了消解器和 FIA 比色系统的组成。在 FIA 中，样品通过镀铜的镉柱，其中硝酸盐被还原成反应性更强的亚硝酸盐。然后亚硝酸盐在酸性条件下与磺胺发生重氮化反应形成重氮离子。该离子与 N-(1-萘基)二盐酸乙二胺盐或 NED 偶合，形成粉红色的偶氮染料。所得染料吸收 540 nm 的光与总氮的浓度成比例关系。

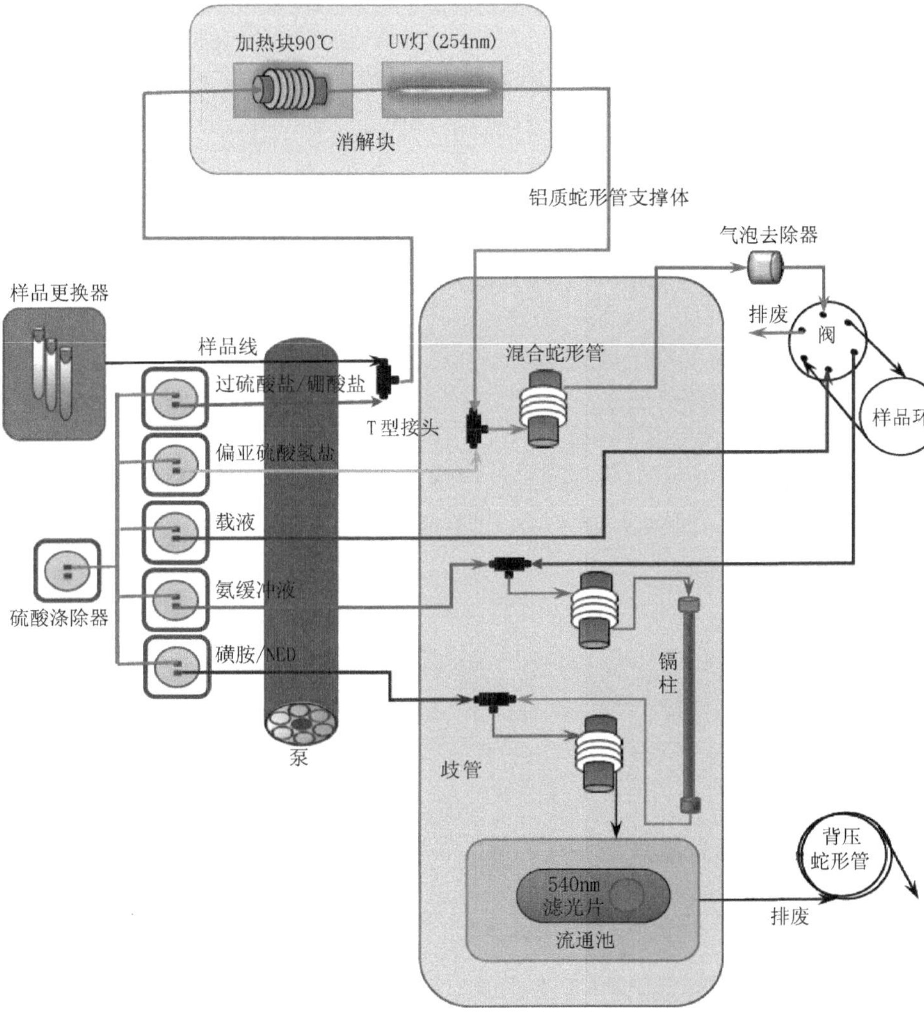

图 4.51　总氮测量的 FIA 系统示意图

4.5.12.2　仪器

1)FIA 色度计；

2)样品更换器；

3)样品消解模块,配有 254 nm 的 UV 灯;

4)镉柱;

5)蠕动泵;

6)配有流通池的歧管;

7)台式计算机和打印机/工作站软件;

8)分析天平。

4.5.12.3 试剂和溶液

1)去离子水—载液—纯度非常重要。应将其进行去离子并过滤至电阻>18.0 MΩ。

2)10%的 H_2SO_4。

3)氯化铵缓冲液(ASC 级成分)

①浓盐酸(HCl);

②氢氧化铵(NH_4OH);

③EDTA(Na_2EDTA)。

4)磺胺显色溶液(ASC 级成分)

①磷酸(H_3PO_4);

②磺胺;

③N-(1-萘基)-二盐酸乙二胺(NED)。

5)偏亚硫酸氢盐(ASC 级)。

6)过硫酸盐和硼酸盐(ASC 等级)

①过硫酸钾($K_2S_2O_8$);

②四硼酸二钠十水合物($Na_2B_4O_7 \cdot 10H_2O$)。

7)水基质

硫酸(H_2SO_4)。

(1) 去离子水

使用Ⅰ型去离子水(>18.1 MΩ)进行样品更换器的冲洗、载体溶液和试剂配制。从使用点分配器中取水,并用氦气喷射以除去溶解的 N 气体,例如氨。

(2) 氦气吹扫

使氦气剧烈鼓泡并通过溶液至少 1 min。如果溶液起泡并且有可能溢出,则减少气体流量。

(3) 10%的 H_2SO_4

该溶液用于洗涤试剂管线和样品预处理。根据需要,将 100 mL 的浓 H_2SO_4(95%~97% GR 级)加入到 900 mL 去离子水中。每 3 个月重新配制一次。

请注意图 4.51 中,硫酸洗涤溶液是如何从聚乙烯或聚氯乙烯(PVC)传输管线排放到每个试剂容器中的。为防止交叉污染,确保插入洗涤容器的管线不会碰酸性溶液。

(4) 氯化铵缓冲液(注意:烟雾)

1)在通风橱中,使用 2 L 的容量瓶进行制备。注意:为了防止烟雾,慢慢地将酸和碱溶液加入烧瓶中。

2)加入顺序如下：

①1000 mL 的去离子水；

②210 mL 的浓盐酸(HCl)；

③190 mL 的氢氧化铵(NH_4OH)；

④2.0 g 乙二胺四乙酸二钠(Na_2EDTA)。

3)混合溶解 EDTA,然后用去离子水稀释至标记线。

4)用 HCl 或 NaOH 溶液将溶液的 pH 值调节至 8.5。使用石蕊试纸估计 pH 值。稳定 1 个月。

(5) 磺铵显色试剂

1)向 500 mL 的琥珀色容量瓶中,依次添加：

①约 300 mL 的去离子水；

②50 mL 的 85%的磷酸(H_3PO_4)；

③20.0 g 磺胺；

④0.5 g N-(1-萘基)-二盐酸乙二胺(NED)。

2)摇动并搅拌 30 min,以确保完全溶解。用去离子水稀释至标记线。如果溶液变成粉红色,请勿使用。

(6) 偏亚硫酸氢盐

1)将 2.5 g 的偏亚硫酸氢钠,加入至 1 L 容量瓶中,然后加入去离子水至 1 L 标记处。盖上烧瓶盖子并使溶液混合。

2)用氦气吹扫该溶液。每周配制新鲜的溶液。

(7) 过硫酸盐和硼酸盐

1)在 1 L 容量瓶中,将 10.0 g 过硫酸钾($K_2S_2O_8$)和 8.75 g 的四硼酸二钠十水合物($Na_2B_4O_7 \cdot 10H_2O$)溶解在 500 mL 的去离子水中。

2)用去离子水稀释至 1 L 标记处。盖上盖子并搅拌直至溶解。稳定 1 个月。

重要事项：众所周知,过硫酸钾会产生氮污染。可使用超纯形式的过硫酸钾,但必须进行测试以确保其纯度。N 的痕迹将会抬升检测限。

为了减少污染并保持较低的检测限,请按照以下步骤重结晶过硫酸钾。使用重结晶过硫酸钾的检测限接近 0.02 $mg \cdot L^{-1}$ N。使用未纯化的过硫酸钾的检测限值为 0.200 $mg \cdot L^{-1}$ N。

---

(8) 过硫酸钾重结晶程序

1)在 1 L 烧瓶中,加入约 600 mL 去离子水,并预先加热至 60 ℃,将 100 g 的过硫酸钾溶于其中。使用中型搅拌棒。

2)通过烧结玻璃漏斗快速地过滤溶液。冲洗步骤 1 中使用的 1 L 烧瓶,然后再将滤液倒回到该烧瓶中。

3)将烧瓶置于冰水中,并将(滤液)溶液冷却至约 4 ℃。连续旋转烧瓶以防止溶液冻结。

4)在约 4 ℃时，过滤该溶液，并用冰冷的去离子水洗涤过滤器上残留的白色固体。保存白色固体晶体并废弃溶液。

5)使用用于冷却溶液相同的烧瓶，加入 450 mL 去离子水并加热至 60 ℃。

6)将步骤 4 中的白色晶体加入到 60℃的去离子水中并混合成溶液。

7)重复步骤 2)—4)。

8)在室温下真空(28 英寸汞柱)条件下用无水氯化钙干燥晶体 24 h。在良好的真空和低温下快速干燥，对于最小化晶体中的硫酸的形成是非常必要的。稳定 1 个月。

(9) 水基质

向 8 L 的瓶中加入去离子水，并加入 4 mL 的 98%的浓 H_2SO_4。摇匀并在室温下储存。稳定 6 个月。根据需要做好准备。

注意：如果 FIA 输出在氮峰之前的基线中显示小幅下降，请使用这种水基质作为载体溶液。使用这种水基质应该消除峰前负峰。峰前负峰降低了基线并使 N 峰的积分变得困难。(有关峰前负峰的示例，请参见第 4.5.10 节中的图 4.49。)

4.5.12.4 校准

该分析的预期范围是 0.02～2.00 mg·L^{-1}N。

(1) 储备标准溶液(1000 mg·L^{-1}N)

新烧瓶和瓶子的老化处理是将它们在去离子水中浸泡一个晚上，然后用去离子水冲洗 3 次，并在温热的烘箱中进行干燥。烧瓶和瓶子只需在新产品投入使用前进行一次老化处理即可。有关烧瓶和分析天平的校准以及玻璃器皿存储的详细信息，请参见附录 C。

1)使用分析天平称量所有体积。彻底冲洗所有称量皿。使用专门用于储备标准溶液制备和储存的容器。

2)强烈建议通过称量去离子水量来制备储备标准溶液。通过将 DI 水按重量分配到烧瓶中然后在流体管线处标记烧瓶来校准接收烧瓶。

3)为制备硝酸钾溶液，将约 8 g 的 KNO_3 置于玻璃坩埚中，在 60 ℃下干燥数个小时，然后：

①将约 7.221 g 干燥的硝酸钾轻轻地拍入干净的称量皿中。在校准日志中记录质量，并精确到小数点后 3 位。

②在 1 L 容量瓶中，将 KNO_3 粉末溶解在 800 mL 的去离子水中。用去离子水稀释至 1 L 升标记处。盖上盖子并通过倒置混合溶液。

③计算 N 的浓度，精确到小数点后 3 位。在标签上记录浓度和制备日期，并将其粘贴在烧瓶上。在校准日志中记录此信息。将溶液储存在 4 ℃。稳定 12 个月。

4)为了确保新、旧储备标准溶液之间的一致性，配制稀释新的储备标准溶液，并将其作为未知样进行分析。

①在冲洗过的称量皿中分配 1 g 新的储备标准溶液。

②将此溶液倒入干净，经过冲洗和校准的 1 L 的容量瓶中。

③使用 I 型去离子水，将称量皿上的溶液冲洗到烧瓶中，并将烧瓶填充至标记处。

④充分混合，然后使溶液平衡至少 1 h。

⑤使用一组旧的校准标样，分析新储备标准溶液。

⑥测量值应在 1.00 mg·L⁻¹左右，并应落在该浓度预期的精度范围内。如果结果没有落在预期范围内，则废弃这个储备标准溶液，并配制另一个 1000 mg·L⁻¹的 N。确保新制备的储备标准溶液，在分析之前已进行了 1 h 的平衡。

5)将新配制的储备标准溶液保存在其原装的玻璃烧瓶中。在 4 ℃条件下稳定 6 个月。

(2) 校准标样

注意：所有校准标样均使用上述的水基质来进行制备。

1)使用分析天平称量所有的体积。彻底冲洗所有的称重皿。使用专用的玻璃容量瓶作为最终容器。不得使用来自其他程序的容器。

2)移取 2 g 的储备标准溶液到称量皿中。在校准日志中记录质量，并精确到小数点后 3 位。

3)将该等分试样转移至经校准的 1 L 的容量瓶中，用水基质稀释至标记线。盖上盖子并混合溶液。

4)计算 N 的浓度，精确至小数后 3 位。在校准日志中记录浓度。使用此标准配制所有其他工作标样。

5)使用水基质作为第 10 或零校准标样。表 4.41 列出了一组建议的总氮分析校准标样。标样应稳定 1 周。

表 4.41 总氮校准标样的制备

标样#	标样#1 体积(mL)	最终体积(mL)	浓度(mg·L⁻¹ N)
1		100	2.000
2	75	100	1.500
3	50	100	1.000
4	40	100	0.800
5	20	100	0.400
6	10	100	0.200
7	5	100	0.100
8	2	100	0.040
9	1	100	0.020
10(水基质)	0	100	0.000

(3) 消解检查控制标样

引入消解检查控制标样，以确保消解过程起作用并且有机 N 完全转化为硝酸盐，并准确地表现在最终的总 N 值中。每 10～15 个样品运行一次消解检查控制标样。

(4) 储备消解检查控制标样的制备：1000 mg·L⁻¹N

在 500 mL 已校准的容量瓶中，将 1.072 g 尿素溶解在约 400 mL 水基质中。稀释至标记并翻转三次以彻底混合溶液。稳定 3 年。

(5) 消解检查控制：2.000 mg·L⁻¹ N

1)将 1 mL 的储备消解检查控制标样(1000 mg·L⁻¹N)分配到称量皿中。将质量记录到校准日志中,精确到小数点后3位。将该等分试样转移到500 mL的容量瓶中。

2)用去离子水稀释至500 mL标记处。盖上烧瓶并使溶液混合。

3)计算N的浓度,精确到小数点后3位。在校准日志中记录浓度。稳定6个月。

4.5.12.5 质量控制

即使是冷藏,氮在自然降水中会很快发生变质,不能将降水用于质量控制目的。下面列出了QC溶液的其他来源。

1)有证标准物质。

2)由替代标准物质配制成的模拟样品,如尿素。

3)如果已进行了过滤灭菌,可以使用实验室间比对的合并样品;无论如何,如果已经将移液管浸入其中或者用手触摸了瓶口,会导致细菌污染,请勿使用这个溶液。

配制至少三种标准范围的QC溶液,可能类似于表4.41中所列的标样8、6和3。QC溶液应能对校准曲线的低、中和高浓度范围进行测试。

注意,在重复打开容器后,任何标准物质的大等分试样都会发生变质。将小的控制等分试样冷藏保存。

4.5.12.6 分析程序

1)接通计算机、样品转换器、蠕动泵和内置消解单元和系统单元的电源。

2)将废液管线从流通池放入废液容器中。将传输管线连接到试剂。废物含有有毒试剂,不得倒入水槽。按照当地法规负责任地处理废物。镉柱含有已知的致癌物质,可以退还给一些供应商,供应商将负责处理它们。镉含量很高,但必须根据当地和区域的法规进行处理。

3)按照厂商的要求拉紧试剂泵管线。将传输管连接到试剂。

4)内置消解单元至少需要20～30 min才能达到所需90 ℃的温度。启动试剂泵,使试剂和样品达到相同的90 ℃的温度。在开始任何分析之前必须达到这个温度。**在没有将试剂泵入系统的情况下,不要运行加热块和消解单元。在没有液体通过的情况下,这些单元会过热。**

5)用试剂老化处理传输管线,直至基线维持稳定。定期检查显示屏是否存在与基线间的偏差。这可能表明在管线中有气泡。

6)未用硫酸收集和保存的样品必须用硫酸进行预处理。该预处理也适用于QCS和空白样品。

①将每种样品移取5.0 mL到标记的样品试管中。将每个试管放在样品盘中正确的位置。

②使用重复移液器,在每个5 mL样品等分试样中加入25 μL的10%的H_2SO_4溶液,包括QCS和空白。校准标样和消解检查控制溶液由水基质组成,不需要用H_2SO_4进行预处理。

③盖上试管,并翻转3次以确保它们充分混合。

7)将5 mL体积的校准标样分配到样品试管。不要在标样中添加H_2SO_4,因为它是在标样配制过程中添加的。及时将Parafilm®放在每根试管上,检查每根试管里的体积是否符合重复读数的最小体积要求。

8)运行去离子水序列以检查仪器的稳定性。通常只需要1～3次进样。检查加热块和消解块的温度,以确保达到90 ℃。

9)当基本达到稳定时,即可开始校准。

10)运行校准序列,然后立即运行QCS和消解检查控制溶液。仅在确认仪器稳定性和成功校准后才继续分析降水样品。已经用硫酸处理的样品应稳定一天,并且如果必要可以一直冷藏直至分析。

11)每分析50个样品,使用新鲜的标准物质的等分试样进行一次校准。每分析10个样品,应运行一次QCS和消解检查控制溶液。

12)如果系统不稳定并且需要一个故障排除期,请重新分配新鲜的标样。运行50个样品大约需要2 h。每运行50个样品,从烧瓶中分配一次新鲜的校准标样。使用新鲜的标准溶液冲洗样品试管数次,以消除上一次测试中遗留的任何标准的痕迹。

13)运行后,在报告、整理或制表结果之前,重新检查所有的校准曲线和QCS结果。

14)单独检查所有原始数据点是否正确积分和输出。备注所有异常并相应地对数据进行标记。

15)根据正确的校准曲线来计算最终结果。使用正确的小数位。根据需要应用检测限值标记。标记超过校准范围上限的所有样品。稀释这些样品并进行重复分析。确保说明样品缺失的原因,并根据需要应用样品污染代码。

16)从FIA系统导出数据并归档与分析相关的所有参数,包括校准数据、原始测量数据、样器识别和仪器审计跟踪。审计跟踪包括仪器参数设置,当发现基线漂移时,这些设置可能很有用。可能有必要从FIA输出中发现问题的点处进行重复分析。

4.5.12.7 故障处理

问题1:在实时显示上看到有空气峰,在基线或样品峰上也出现嘈杂不规则的峰。

解答1:如果试剂没有脱气或传输管线未牢固连接时,气泡将被引入流通池。确保在分析前,已使用氦气吹扫了所有的试剂。在每个试管中有足够的样品进行分析。如果试管破裂且样品泄漏了,探头可能会吸入空气,从而导致空气峰的出现。

问题2:残留效应。极高浓度的样品不能完全从样品管线中洗脱,导致后续一个或多个样品的读数错误。

解答2:必须重新分析样品。稀释高浓度的样品并与第一次分析结果进行比较。此外,重复分析高浓度样品后面的几个样品,并对初始和重新分析的结果进行比较,确保已消除了任何残留效应。不要分析被鸟粪、有机物质如树叶或草等污染了的样品。结果将不具降水代表性,且会污染或阻塞FIA系统。报告或对样品编码,对于分析而言样品太过污染了。

问题3:试剂管线泄漏。

解答3:根据使用情况更换蠕动泵管线。保存维护日志,查看日志并定期检查所有管线的状况。根据需要更换传输管线。有时废液管线会被阻塞,导致较大背压,使得试剂管线的连接松脱,甚至导致它们的连接断开。确保废液管线始终处于清洁状态。

问题4:质量控制测量变差。

解答4:检查镉柱的使用年限,并确保有更换柱子的维护计划。在柱子变质之前进行更换是非常重要的。镉柱可用于约 500 个样品的分析。

问题 5:检测限增加、灵敏度降低。例如,通常的检测限为 0.020 mg·L^{-1}N 增加至 0.050 mg·L^{-1}N。

解答 5:过硫酸钾的质量非常重要。确保晶体已经过提纯并进行了质量检测。

问题 6:仅对无机氮物质进行定量,有机物质缺失。

解答 6:确保消解模块的温度正确,UV 灯是点亮的。确保正在分析消解检查控制溶液,并确保当消解器不能正常工作时,仍能正确识别物质。为有效地进行消解,必须对样品进行酸化处理。

问题 7:在每个峰之前显示出小的负峰,见图 4.52。

解答 7:作为保存步骤,如果样品已经被酸化,则试剂系统中的 pH 值将会发生变化。可以向去离子水载液中添加一定比例的酸来克服峰前负峰,使混合试剂的 pH 值与样品基质的 pH 值相匹配。

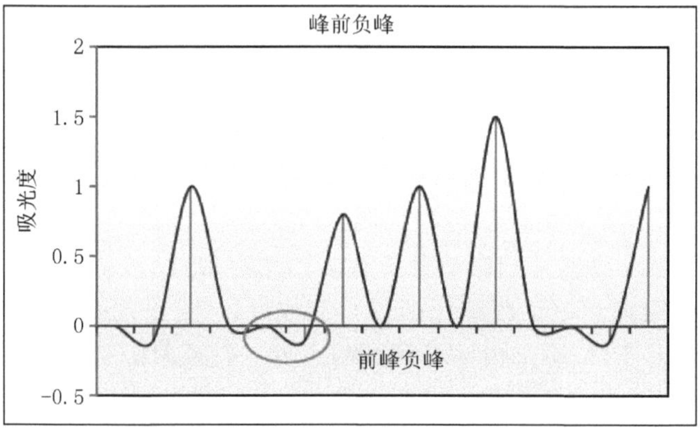

图 4.52 峰前负峰的 FIAgram 示例

参考文献

Aqueous Solubility and Henry's Law Constants of Organic Compounds,2011-2012. In CRC Handbook of Chemistry and Physics,92nd Ed[M]:5-161. Retrieved from http://www.hbcpnetbase.com.

ASTM International,1996. ASTM D3694-96,Standard Practices for Preparation of Sample Containers and for Preservation of Organic Constituents[M]. WestConshohocken,PA. Retrieved from www.astm.org.

ASTM D6328-12.(n.d.). Standard Guide for Quality Assurance Protocols for Chemical Analysis of Atmospheric Wet Deposition[M]. In S. D. Emissions,Book of Standards(Vol. 11.07). Retrieved from http://www.astm.org/Standards/D6328.htm.

CAPMoN,2013a. Ammonium in Precipitation by Colourimetric Flow Injection Analysis(FIA). Canadian Air and Precipitation Monitoring Network National Laboratory Standard Operating Procedure SOP 13 [Z]. Toronto,ON,Canada.

CAPMoN,2013b. Chloride,Nitrate and Sulphate in Precipitation by Ion Chromatography- SOP 15. Canadian Air and Precipitation Monitoring Network (CAPMoN) National Laboratory Standard Operating Procedure[Z]. Toronto,ON,Canada.

CAPMoN,2013c. Dissolved Calcium, Magnesium, Sodium and Potassium in Precipitation and on Teflon® Membranes using Inductively Coupled Plasma-Atomic Emission Spectroscopy. Canadian Air and Precipitation Monitoring Network National Laboratory Standard Operating Procedure SOP 5[Z]. Toronto, ON,Canada.

Clark J,2013. Beer-Lambert Law[Z]. Retrieved from UC Davis ChemWiki: http://chemwiki. ucdavis. edu/Physical_Chemistry/Spectroscopy/Electronic_Spectroscopy/Electronic_Spectroscopy_Basics/The_Beer-Lambert_Law.

Clement R,Keith L H,Michael Siu K W,1997. Reference Materials for Environmental Analysis[M]. Boca Raton: Lewis Publishers.

D1193-06 A,2011. Standard Specification for Reagent Water[Z]. In S. D19. 02.

Dionex Corporation, Thermo Scientific, 2012. IonPac AS11 and AS11-HC Anion-Exchange Column [M]. Sunnivale,CA: Thermo Scientific. Retrieved from www. thermoscientific. com/dionex.

Dissociation Constants of Inorganic Acids and Bases,2011-2012[M]. In CRC Handbook of Chemistry and Physics 92nd Ed:5-92. Retrieved from http://www. hbcpnetbase. com.

Gardrat E,2016a. Acides et Anions; Acetic,Propionic,Formic et Oxalic,Chloride,Nitrate and Sulfate(L. N, Interviewer).

Gardrat E,2016b. Collection techniques(N Lance,Interviewer).

Gardrat E,2016c. Hydrogen carbonate Analysis in Precipitation using Ion Exclusion Chromatography [M]. Laboratoire d'Aerologie, IDAF Network Analysis Laboratory. Retrieved from http://idaf. sedoo. fr/spip. php? rubrique33.

Gilson Scientific Limited,2013a. Gilson product catalogue[M/OL]. Retrieved from Gilson UK. com: http://www. gilsonuk. com/search/Catalogue/oc-802.

Gilson Scientific Limited, 2013b. Gilson UK[Z/OL]. Retrieved from Gilson UK. com/catalogue: http://www. gilsonuk. com/catalogue/product/itemNo/A430.

Gros N,Nemarnik A,2007. Accurately Determining Hydrogen Carbonate in Water in the Presence of or Simultaneously with the Anions of Carboxylic Acids[M]. Acta Chim. Slovania:210-215.

Haynes W,2015. CRC Handbook of Chemistry and Physics[M].

Hodgkins R,Grzywacz C,Garrell R,2011. An Improved Ion Chromatography Method for Analysis of Acetic and Formic Acid Vapours[M]. Los Angeles,California: MORANA RTD d. o. o.

ISO/IEC-17025, 2005. General requirements for the competence of testing and calibration laboratories [Z/OL]. Retrieved from http://www. iso. org/iso/catalogue_detail. htm? csnumber=39883.

Keene W,Maben J,2016. Formate and Acetate Determination Using High-Performance Ion Chromatography [Z]. Standard Operating Procedure, University of Virginia, Department of Environmental Sciences, Charlottesville.

Keene W, Galloway J L, Deviney F, et al, 2015. Atmospheric Wet Deposition in Remote Regions: Benchmarks for Environmental Change[J]. Journal Atmospheric Science. doi:10. 1175/JAS-D-14-0378.

Lockard J, 1978-1983. Quality Assurance Report NADP/NTN Deposition Monitoring [Z]. Quality Assurance, Illinois State Water Survey, Laboratory Operations, Champaign. Retrieved from http://nadp. isws. illinois. edu/lib/qa/CAL_qar_1978-1983. pdf.

Missouri State University, Ozarks Environmental and Water Resources Institute(OEWRI), 2007. Standard Operating Procedure for QuikChem© 8500 Flow Injection Analysis System Operation for Total Phosphorus[Z/OL]. Retrieved from OEWRI, Missouri State: http://oewri. missouristate. edu/assets/OEWRI/Lachat_TP-R01. pdf.

NADP,2014. National Atmospheric Deposition Program Publications[Z/OL]. Retrieved from National Atmospheric Deposition Program: http://nadp. sws. uiuc. edu/lib/qaPlans. aspx.

NADP/CAL,2012. IPD/CPD CalculationsforNTN,AIRMoN and Related Atmospheric Deposition Samples [Z]. In C Lehmann,J Rothert,SOP DA-0067. 1.

NIST,2015. Standard Reference Materials[Z/OL]. Retrieved from NIST: http://www. nist. gov/srm/definitions. cfm.

Radiometer Analytical,2004. Conductivity Theory and Practice TAU[Z/OL]. Retrieved from Conductivity Theory and Practice: http://www. tau. ac. il/～chemlaba/Files/Theoryconductivity. pdf.

Simser J,2016. Sterilization Techniques for Water Matricies(N. Lance,Interviewer).

Standard Atomic Weights 2009,2012. In CRC Handbook of Chemistry and Physics 92nd ed:1-12,1-13.

STP-867 A,1985. Quality Assurance for Environmental Measurements[M/OL]. In Taylor J,Stanley T. ASTM. Retrieved from http://www. astm. org/DIGITAL_LIBRARY/STP/SOURCE_PAGES/STP867. htm.

TM Associates,2009. Lab DI Water Systems[Z]. Retrieved from Precision Cleaning Systems Lab DI Water Systems:tmasc. com/basic di info systems. pdf.

Toth R,1990. Standards Management: A Handbook for Profit[Z]. American National Standards Institute. Retrieved from https://ansi. org/.

Trends in Atmospheric Carbon Dioxide,2018. Retrieved from Earth Systems Research Laboratory[Z/OL]. https://www. esrl. noaa. gov/gmd/ccgg/trends/.

Waters Corperation,2001. Conquerscientific[Z]. Retrieved from Waters In-Line Degasser AF,Operator's Guide: https://conquerscientific. com/wp-content/ad_images/waters-inline-degasser-af-user-manual. pdf.

Westgard J,2010. Basic QC Practices Third Edition[M]. Madison: Westgard Quality Corp. Retrieved from Tools,Technologies and Training for Healthcare Laboratories[M/OL]. http://www. westgard. com/.

5 数据管理

数据管理包括收集、质量保证、报告、归档、分析和分发测量数据及支持元数据的整个过程。虽然数据用户群体对测量值感兴趣，但支持元数据在建立测量的置信水平方面起着重要作用。现场或实验室偏差，或影响样品的妥协事件，无论何时发生都必须报告和存档相关信息。本章介绍了 GAW 降水化学观测计划数据管理的各个方面，包括向 WMO 质量保证——美洲科学活动中心提交数据所需的格式。对强制性参与 WMO/GAW 实验室比对计划也进行了描述。

5.1 数据收集

当从降水化学采样器中取出样品并在样品历史记录表格上报告样品相关信息时，数据收集便开始了。样品历史记录表格在第 3.5 节中进行详细描述。图 3.1 和图 3.2 给出了已证明有效的两种现有样品历史记录表格的样例。为了确保收集到所有关键的现场相关信息，样品历史记录表格应有一个用于现场报告的部分和另一个用于实验室样品接收报告的部分（或者可以用现场和实验室部分单独的表格）。根据定义，样品历史记录表格的样式和内容可根据各个机构使用的采样手册的要求而变化（例如，每日和每周的样品历史记录表格是不同的）。因此，在 GAW 观测中，不建议使用单一的样品历史记录表格；鼓励各机构设计他们自己的样品历史记录表格。目前，没有使用样品历史记录表格或未收集表格中详细信息的机构，需要根据给出的样例制订一个较为适合的表格。

样品历史记录表格中的关键信息包括：

1)站点名称；

2)站号；

3)站点操作员姓名；

4)样品开始日期和时间；

5)样品结束日期和时间；

6)样品重量（含采集容器的重量）；

7)雨量计测量的降水量；

8)降水类型（雪、雨、冻雨、冰雹或混合类型）；

9)可见的样品污染（悬浮颗粒物、鸟粪、昆虫、植物残骸等）；

10)仪器状况（正常/不正常）；

11)操作员备注（异常情况、非标准操作规程，现场的农业、工业或车辆活动，其他观察结果或问题）；

12)供应需求（样品容器、去离子产水、现场供应、冷藏包）；

13)表格中有关采样期间干燥或接近干燥的条件的报告条目("无降水"或"微量")。

5.2 现场数据报告

应在现场为每个样品填写样品历史记录表格的现场报告部分。现场信息填写应字迹清楚、准确，且无遗漏。在实验室收到样品历史记录表格后，应对问题和遗漏进行审核。对现场表格中发现的任何问题(例如，通过联系现场操作人员获取无意中遗漏的信息并进行填写)应立即采取纠正措施。

现场表格收集的信息用于评估样品数据质量，即判断采样仪器正确或不正确操作，遵守或不遵守标准操作规程，以及影响降水样品质量的因素。

现场操作人员必须按要求填写所有可能判识样品质量较差的信息，包括可能影响样品质量的不正确的仪器操作、不正确的样品采集和处理方法、物理或生物污染物，还应包括重要的场地变化和异常事件(例如，在现场建造新建筑物，或附近森林火灾产生的烟雾)。第2章"选址"中详细讨论了站点更改和文档记录。

注意：样品历史记录表格必须说明每个采样期间是否发生了降水。必须对每个样品给出是否发生了降水的明确标识，例如，如果没有发生降水且没有获得样品，则必须加以说明。这种类型的文档对于美洲的QA/SAC和未来的数据用户确认样品缺失或丢失而不可用是非常重要的。

5.3 实验室数据报告

在样品及其相关的样品历史记录表格送达实验室后，实验室人员负责在表格中添加实验室的相关信息，主要包括：

1)明显的样品受损(例如，泄漏、变色、在极热或极冷中暴露)；

2)实验室设备的问题；

3)实验室程序的变化和与标准操作规程的偏差；

4)污染标识。

5.4 数据合并

当对样品的化学分析完成后，NMHS必须将实验室的化学分析数据与样品历史记录表格中收集的元数据进行合并。合并后的数据，以及站点的历史数据应保留在本地存档中，以用于数据质量评估。根据每个机构的监控和研究需求，本地存档可能像目录中的文件集合一样简单，也可以像计算机化数据库管理系统那样精心设计。

5.5 数据提交给美洲QA/SAC

数据经过质量控制后，必须将其格式转化为世界降水化学数据中心的数据提交格式

（WDCPC-ds 3.0 版），以提交给美洲的 QA/SAC。每个机构负责以 WDCPC 的数据格式（WDCPC-ds）提交其数据。在数据收集后的每年 12 月 31 日之前，应将数据提交给美洲的 QA/SAC。

5.5.1 联系方式和数据提交说明

邮寄地址：
WMO Quality Assurance-Science Activity Centre for the Americas
Attention：WMO/GAW Data Manager
Atmospheric Science Research Centre
251 Fuller Road
Albany，New York 12203
USA

电话：+518 437 8702
传真：+518 437 8758
Email：qasac@qasac-americas.org
匿名文件传输：ftp://ftp.qasac-americas.org
网址：http://www.qasac-americas.org

数据格式必须符合 WDCPC-ds 的标准。电子介质是首选。推荐的文件提交方法[①]是：

1）电子邮件。准备两封电子邮件。将数据文件附加到第一封电子邮件。在第二封电子邮件中，列出第一封电子邮件中包含的所有附件，但不包含任何其他附件。发送两封电子邮件的目的是创建审计跟踪。某些电子邮件服务器在不发出任何警告的情况下会自动删除包含大型附件的电子邮件。电子邮件发送至 qasac@qasac-americas.org。

2）ftp。美洲的 QA/SAC 有一个安全的 ftp 站点：ftp://ftp.qasac-americas.org。以"匿名"身份登录，并使用您的电子邮件地址作为密码。登录后，将目录更改为/qasac（cd/qasac）。将文件上传到此目录。请注意：出于安全原因，你将被拒绝查看/qasac 目录的内容；因此，您将无法看到上传的任何文件。在上传后，请发送电子邮件至美洲 QA/SAC，并附上新文件列表。在文件处理完成后，美洲 QA/SAC 会向你发送确认邮件。

3）软盘和 CD。仅使用由 Microsoft Windows 或 Sun Microsystems（Solaris）格式化的物理介质，如磁盘和光盘（CD-R 和 CD-RW）。不要用 Apple 或 Mac 计算机格式化软盘或 CD；美洲 QA/SAC 无法读取此格式。美洲 QA/SAC 不会返还物理介质。请将物理介质邮寄到上面的 QA/SAC 地址。

5.5.2 WDCPC-ds 模板

为了帮助数据提交者完成以 WDCPC-ds 格式提交数据的任务，美洲 QA/SAC 提供了

① 美洲 QA/SAC 最终可能会提供一种基于 WEB 的文件提交方法，但目前还在建设中。

一个纯文本的 ASCII 逗号分隔(csv)的模板,适用于加载到几乎任何电子表格的程序中。包含了所有必需的结构和标题。

此外,对于那些使用 Microsoft 的 EXCEL 2000(或更高版本)电子表格的用户,美洲 QA/SAC 提供了一个增强模板,提供了许多附加功能(修改自 Sukloff,2001)。主要是:

1)常用字段条目的下拉式选择列表;

2)基本的错误检查和字段验证;

3)自动生成文件名。

可以从 QA/SAC 的安全匿名 ftp 服务器 ftp://ftp.qasac-americas.org 下载模板副本。

建立 FTP 连接后,切换到 /pub/qasac/templates 目录。

正在不断增强 EXCEL 电子表格的功能。电子表格的“说明”页面列出了最新更新的日期和时间。要获得增强功能,美洲 QA/SAC 建议定期检查 ftp 服务器以获取更新。

5.5.3 格式

5.5.3.1 数据格式概述

WDCPC 数据提交格式(WDCPC-ds)3.0 版是数据提交人用于向美洲 QA/SAC 提交其降水化学数据和实验室比对结果的格式,用于质量保证和 WDCPC 的最终归档。数据字段的顺序是固定的,所有字段都包含在单个物理记录中。但是,单个字段的长度是可变的,以允许更高的精度和可读性。WDCPC-ds 格式使用逗号分隔数值(csv)的 ASCII 文本文件结构。

格式分为两部分:1)静态区域;2)动态区域。静态区域包括文件头。WDCPC 元数据以元数据头开始,以一些 WDCPC 特定的附加结构结束(Hare et al.,1999)。元数据提供以下信息:

1)收集样品的位置,包括现场条件的变化;

2)样品的状况,包括可疑或经过验证的污染;

3)用于获取和分析样品的技术;

4)样品的历史记录,包括变化或程序中的不规范之处;

5)数据提交者的联系信息;

6)辅助数据,如降雨量和可能的其他气象数据。

简而言之,元数据为检验样品数据的质量提供了基础。

元数据头和附加 WDCPC 结构一起形成了数据文件的唯一描述符。元数据头是静态的,因为元数据适用于文件中的每一个样品的数据记录。如果将样品数据记录添加到文件中时,需要更改静态区域,则必须创建一个具有适当元数据的新的文件。

WDCPC-ds 格式的动态区域是特定的提交数据类型。样品数据结构包含降水化学参数测量的记录,例如降雨量、pH、电导率、化学浓度等。每个主要类别的降水数据都将具有单独的样品数据结构。**目前,已定义了四个样品数据结构:**#WET_ION_DATA、#TRACE_

METAL_DATA、#WET_ORGANIC_DATA 和 #OTHER_WET_ION_DATA(在下文中,这四种结构将统称为 SAMPLE_DATA)。一个文件仅具有四个 SAMPLE_DATA 结构中的一个。如果数据提交者希望以其他结构之一提交数据,则必须创建第二个文件来保存这些数据。#WET_ION_DATA 结构用于提交样品数据和实验室比对研究数据。

注意:如上所述,数据提交格式要求将特定的元数据(站点和实验室信息)嵌入到数据文件中。由于元数据在每次提交时很少发生变化,因此建议使用以下模板程序,只需输入一次静态信息:

1)将模板导入到电子表格中;

2)为每个台站制作一个单独的电子表格副本;

3)填写元数据;

4)将每个台站的电子表格保存为单独的模板。

使用台站的电子表格模板:

1)制作电子表格模板的副本;

2)更新元数据中任何有变化的字段;

3)将新的化学分析数据输入到电子表格的数据部分;

4)**将电子表格保存为 csv 文件**,不要以电子表格的格式返回数据;

5)将 csv 文件的副本发送给美洲 QA/SAC。

美洲 QA/SAC 有软件可以读取 csv 文件,并将数据加载到 WDCPC 数据库中。

5.5.3.2 文件结构

WDCPC-ds 文件格式的主要结构如图 5.1(静态格式部分)和图 5.2(动态格式部分)所示。结构的关键字以粗体显示,关键字后面的非粗体线表示结构字段的列标题。

虽然未在两个图中显示,但字段列表后面的行将包含实际的元数据或数据记录。符号[CR]是回车符,它结束每条逻辑行。在图 5.1 和图 5.2 中,一些逻辑行比页面宽度长,因此它们已被自动换行。完整的 WDCPC 数据提交示例见附录 F。

> 附录 F 包含详细的文件结构说明。它包括降水类型、样品质量、实验室备注和异常事件等质量控制信息表,还包括报告单位和测量方法的表格。每个测量参数必须具有与之关联的数据质量标识。数据质量标识的讨论见 5.6.1 节和附录 F。

```
* 这是 WDCPC-ds 格式的元数据头。结构的顺序从
* #CONTENT 到 #INTERCOMPARISON_INFORMATION 是固定的。
#CONTENT[CR]
Class, Category, Level, Form [CR]
#DATA_GENERATION[CR]
Date, Agency, Version, ScientificAuthority, Laboratory ID, Laboratory Name,
Laboratory Address,Laboratory City, Laboratory State or Province,
Laboratory Postal Code, Laboratory Country [CR]
```

图 5.1 WDCPC-ds 格式的静态元数据头

 # PLATFORM[CR]
Type,ID,Name,Country,GAW_ID[CR]
 # LOCATION[CR]
Latitude,Longitude,Height[CR]
 # INSTRUMENT[CR]
Name,Model,Number,Orifice_Height [CR]
 # RAINGAUGE[CR]
Name,Model,Number,Orifice_Height[CR]
 # LAB_INSTRUMENT[CR]
Analysis_Method,Name,Model,Number [CR]
 # SAMPLE_PROTOCOL[DR]
Sampling_Interval,Sampling_Type,Filter,Filter Used,Preservation,Other Preservative [CR]
* 只有在将结果提交给实验室比对调查时才包括以下结构。报告监控数据时应省略。
 # INTERCOMPARISON_INFORMATION[CR]
Intercomparison Number
* 静态元数据头结束

图 5.1(续) WDCPC-ds 格式的静态元数据头

* 文件的动态部分....
* 在随后的 SAMPLE DATA 结构中,第一个逻辑行包含字段名称。第二个逻辑行列出参数单位。第三个逻辑行列出了参数测量的方法,第四条逻辑线列出了参数的检测限。由于第三和第四逻辑行根据各个实验室使用的方法和技术而变化,因此本模板中省略了它们。逻辑行超出了页面宽度时将自动换行。
 # WET_ION_DATA[CR]
Sample_id, LST_start_date, LST_start_time, LST_end_date, LST_end_time, Time_zone, UTC_start_date, UTC_start_time,UTC_end_date,
UTC_end_time, Precipitation_Type, Sample_Quality, Laboratory Comment, Unusual_Occurances, Standardgauge, Standardgauge Flag,
Samplequantity, Samplequantity Flag, pH, pH Flag, Conductivity, Conductivity Flag, Acidity, Acidity Flag, Sulphate (SO4), Sulphate (SO4) Flag,
Ammonium (NH4), Ammonium (NH4) Flag, Nitrate (NO3), Nitrate (NO3) Flag, Chloride (Cl), Chloride (Cl) Flag, Calcium (Ca) , Calcium(Ca) Flag,
Potassium (K), Potassium (K) Flag, Magnesium (Mg) , Magnesium (Mg) Flag, Sodium (Na), Sodium (Na) Flag, Fluoride (F), Fluoride(F) Flag[CR]
alphanumeric, yyyy-mm-dd, hh:mm, yyyy-mm-dd, hh:mm, alphanumeric, yyyy-mm-dd, hh:mm, yyyy-mm-dd, hh:mm, alphanumeric, alphanumeric,
alphanumeric, alphanumeric, mm, flag, g, flag, pH units, flag, μS/cm, flag, μeq/L, flag, mg/L, flag, mg/L, flag, mg/L, flag,mg/L, flag, mg/L, flag,
mg/L, flag, mg/L, flag, mg/L, flag, mg/L, flag[CR]
或
 # WET_TRACE_METAL_DATA[CR]
Sample_id, LST_start_date, LST_start_time, LST_end_date, LST_end_time, Time_zone, UTC_start_date, UTC_start_time, UTC_end_date,

图 5.2 WDCPC-ds 格式的动态部分

UTC_end_time, Precipitation_Type, Sample_Quality, Laboratory Comment, Unusual_Occurances, Standardgauge, Standardgauge Flag,
Samplequantity, Samplequantity Flag, Manganese (Mn), Manganese (Mn) Flag, Iron (Fe), Iron (Fe) Flag, Cadmium (Cd), Cadmium (Cd) Flag,
Copper (Cu), Copper (Cu) Flag, Nickel (Ni), Nickel (Ni) Flag, Lead (Pb), Lead (Pb) Flag, Zinc (Zn), Zinc (Zn) Flag, Mercury (Hg), Mercury (Hg) Flag,
Aluminium (Al), Aluminium (Al) Flag[CR]
alphanumeric, yyyy-mm-dd, hh:mm, yyyy-mm-dd, hh:mm, alphanumeric, yyyy-mm-dd, hh:mm, yyyy-mm-dd ,hh:mm, alphanumeric, alphanumeric,
alphanumeric, alphanumeric, mm, flag, g, flag, mg/L, flag, mg/L, flag, mg/L, flag, mg/L, flag, mg/L, flag, mg/L, flag, mg/L, flag, mg/L, flag, mg/L, flag[CR]
或
#OTHER_WET_ION_DATA[CR]
Sample_id, LST_start_date, LST_start_time, LST_end_date, LST_end_time, Time_zone, UTC_start_date, UTC_start_time, UTC_end_date,
UTC_end_time, Precipitation_Type, Sample_Quality, Laboratory Comment, Unusual_Occurances, Standardgauge, Standardgauge Flag,
Samplequantity, Samplequantity Flag, Alkalinity, Alkalinity Flag, Br, Br Flag, HCO3, HCO3 Flag, H, H Flag, I, I Flag, NO2, NO2 Flag, PO4, PO4 Flag,
S,S Flag, Strong Acids, Strong Acid Flag[CR]
alphanumeric, yyyy-mm-dd, hh:mm, yyyy-mm-dd, hh:mm ,alphanumeric, yyyy-mm-dd, hh:mm, yyyy-mm-dd, hh:mm, alphanumeric, alphanumeric,
alphanumeric, alphanumeric, mm, flag, g, flag, μeq/L, flag, mg/L, flag, mg/L, flag, mg/L, flag, mg/L, flag, mg/L, flag, mg/l, flag, mg/L, flag, mg/L, flag, μeq/L, flag[CR]
或
#WET_ORGANIC_DATA[CR]
Sample_id, LST_start_date, LST_start_time, LST_end_date, LST_end_time, Time_zone, UTC_start_date, UTC_start_time, UTC_end_date,
UTC_end_time, Precipitation_Type, Sample_Quality, Laboratory Comment, Unusual_Occurances, Standardgauge, Standardgauge Flag,
Samplequantity, Samplequantity Flag, HCOO, HCOO Flag, CH3COO, CH3COO Flag, C2H5COO, C2H5COO Flag[CR]
alphanumeric, yyyy-mm-dd, hh:mm, yyyy-mm-dd, hh:mm, alphanumeric, yyyy-mm-dd, hh:mm, yyyy-mm-dd, hh:mm, alphanumeric, alphanumeric,
alphanumeric, alphanumeric, mm, flag, g, flag, mg/L, flag, mg/L, flag, mg/L, flag[CR]

图 5.2(续) WDCPC-ds 格式的动态部分

5.5.3.3 构建有效的 WDCPC-ds 文件指南

必须应用以下规则来定义一个有效的 WDCPC-ds 文件。

1)WDCPC-ds 文件可以包含任意数量的不同长度的行。

2)静态结构的顺序如图所示是固定的。但是,当文件中含有实验室比对调查结果时,可以省略#PLATFORM、#LOCATION、#INSTRUMENT 和#RAINGAUGE 结构。同样,当报告站点监视数据时应省略#INTERCOMPARISON_INFORMATION结构。

3)以星号(*)开头的行是备注或文件注释。这些文件注释可以放在文件中的任何位置,可被数据处理软件忽略。文件注释旨在用作可读性辅助或非关键文件注释。所有可报告的数据和元数据必须是其中一个结构的一部分。

4)允许空行,但可以通过WDCPC数据处理软件删除它们。

5)每个结构关键字前面都有井号("#")。

6)定义良好的结构由关键字组成,后面跟着数据字段描述符列表,再跟着恰好一行的元数据或数据。#LAB_INSTRUMENT、#RAINGAUGE、#WET_ION_DATA、#TRACE_METAL_DATA、#WET_ORGANIC_DATA和#OTHER_WET_ION_DATA结构例外。对于分析采集样品中每个物质的设备,在#LAB_INSTRUMENT结构中都应有一行元数据与之相对应。同样,在#RAINGAUGE结构中,站点使用的每个降水雨量计(某些观测站使用单独的仪表来测量液体与结冰的降水量)也有一行元数据与之相对应。#WET_ION_DATA、#TRACE_METAL_DATA、#WET_ORGANIC_ DATA和#OTHER_WET_ION_DATA结构有三行元数据,后面跟着一行或多行的实际数据。第一行元数据描述测量单位;第二行元数据描述分析方法;第三行元数据给出检测限。

7)每条记录的分隔符是回车换行符。

8)标准字段的分隔符是逗号(",")字符。

9)分号";"和制表符[tab]字符也可作为字段分隔符,但它们被认为是非标准的。QA/SAC的数据处理软件对使用非标准分隔符和使用逗号作为字段分隔符的文件的处理方式略有不同。首先,假设数字字段中的句号和逗号按欧洲惯例正在使用,因此需要将它们转换为北美的用法。其次,将非标准字段的分隔符替换为逗号。

10)其他的字符均不能作为字段的分隔符。

11)如果需要在文本字段中嵌入字段分隔符,则整个文本字段必须用双引号字符("")括起来。大多数电子表格程序都可以设置为自动使用双引号括起文本。

12)允许在行尾添加额外的字段分隔符,但它们将被WDCPC的数据处理软件删除。

13)每个文件必须只包含一类数据,因此#WET_ION_DATA、#TRACE_METAL_DATA、#WET_ORGANIC_DATA或#OTHER_WET_ION_DATA中只能有一种数据结构出现在文件中。

14)数据提交者可以选择想要报告的任何时间段的数据。但是,在该时间段内,数据记录必须在时间上完整且连续。例如,如果数据提交者创建一个文件拟提交6个月的数据,并且观测网络的采样周期为周采样,那么该文件应该在26周中每一周都至少有一条记录。即使在采样周期内没有收集到降水的情况下,也需要输入一条记录。对于这种情况,在降水类型字段的代码中应写明"无降水发生"。

15)无论文件中的数据量如何(如本指南中前文所述),最终经过检验的降水化学数据将以一年的数据块提交给WDCPC,每年一次,不迟于数据收集后1年。例如,2000年1月1日至12月31日的数据,应在2001年12月31日前提交WDCPC。数据块中可能包含多个文件,如4个季度的文件。

16)样品采集的日期和时间必须以当地标准时间(LST)和世界时(UTC)报告。格式中有开始日期和时间以及结束日期和时间的字段。

17)如果在 # WET_ION_DATA、# WET_ORGANIC_DATA、# TRACE_METAL_DATA 或 # OTHER_WET_ION_DATA 结构中特定字段的数据丢失或无效，请不要将其留空，而是输入代码：－9999.9。在相关的标识字段中，根据需要编码“M1”(缺失)或“M2”(无效)。

18)**对于低于检测限(BDL)的值**，有两种方式报告 BDL 数据：

①输入分析测定的值，并将其相关的数据质量标识设置为“V1”(有关 BDL 报告和标识的进一步信息请参见第 5.6.4 节)。

②用检测限替换分析测定的值，并将其相关的数据质量标识设置为“V7”(有关 BDL 报告和标识的进一步信息请参见第 5.6.4 节)。

19)**不要报告无效的数据值**。无论任何原因(例如污染)将数据视为无效，则应将该值替换为－9999.9 并将数据标识记为“M2”。

5.5.3.4 文件命名要求

为了有效地处理大量的输入数据文件，规定了文件名的格式。不遵循这些格式的文件可能会遇到处理延迟，或者被返回给数据提交者进行更正。如果您没有合适的观测站或实验室的代号，请联系美洲 QA/SAC 寻求帮助。

降水样品数据文件名：

使用以下格式：WMO_yyyymmdd_zzzzzzzzzzzz.<ext>。其中，yyyy 是年份，mm 是月份，dd 是文件中第一个样品开始的日期，zzzzzzzzzzzz 是 WDCPC 的站点代号，<ext>是文件的扩展名。例如，如果观测站是白面山(Whiteface Mountain)，并且您将要发送含有 2001 年数据的 csv 文件，那么，您的数据文件名将为：WMO_20010101_332021101Q08.csv。如果文件中的数据跨度超过一年，则在文件名中使用起始年份。

比对数据文件名：

使用以下格式：IC_nn_yyyyx_wwwwww.<ext>。其中，nn 是比对活动的编号，yyyy 是年份，x 是 A(4 月)或 O(10 月)，wwwwww 是您的实验室编号(ID)，<ext>是文件的扩展名。例如，如果您的实验室编号(ID)为 700150，并且您将要发送第 24 次比对的 csv 文件，那么，您的数据文件名将为：IC_24_2001A_700150.csv。

如果您的计算机无法处理超过 8 个字符的长文件名，请使用以下格式：ccyyssss.<ext>。其中，cc 是您的 ISO-3166 双字符国家代码，yy 是该年份的最后 2 位数字，ssss 是：1)对于监测数据：指观测站唯一的字母数字名称，其中第一个“s”必须是字符；或 2)对于比对数据：指实验室代号的后四位数字。<ext>是文件的扩展名。

5.5.3.5 实验室和观测站注册

附录 G 给出了实验室和观测站的注册登记表。这些表格的 pdf 格式文件也可以从 QA/SAC 的安全匿名 ftp 服务器获得：ftp://ftp.qasacamericas。连接后，切换到 /pub/

qasac/templates 目录。

要注册一个新的实验室或观测站,请填写整个表格,但是要将“ID”字段留空。

一旦收到您的注册表格并被处理,美洲 QA/SAC 将会分配一个 ID。

表格上也可对已存在的实验室或观测站进行更新和修订。在这种情况下,请填写需要更新的字段(例如联系人),必须包含实验室或观测站的 ID。不需要更新的所有其他字段可以留空。

5.6 数据质量

5.6.1 数据质量标识

在提交给美洲 QA/SAC 之前,每个机构都应负责确保 GAW 降水化学数据的质量。质量控制过程的目的是在数据库中判识数据是有效的还是无效的。这需要通过查看现场和实验室元数据的问题和不正确性,并在每个数据上附加“数据有效性标识”。表 5.1 列出了完整的数据有效性标识集。有 3 类标志,V=有效的,M=缺失的或无效的,H=历史的。历史的标识很少使用,因为它们是为没有质量控制和不能进行质量控制的老数据保留的。数据及其附加的数据有效性标识将按照第 5.5 节和附录 F 中描述的条款报告给美洲 QA/SAC。

每个数据必须有相关的数据质量标识。如果发现数据无效,则将值设置为−9999.9 并将数据质量标识代码设为“M2”。**不要向 WDCPC 报告无效的数据值。**

表 5.1 数据质量标识

标识码	标识含义*
V0	有效值
V1	有效值,但低于检测限
V2	WDCPC 未使用
V3	WDCPC 未使用
V4	有效值,尽管未能满足某些 QC 或统计标准
V5	有效值,但由于合理的污染而合格(例如,污染源)
V6	有效值,但由于非标准采样条件而合格(例如,仪器)
V7	有效值,但低于检测限并设置为等于检测限
M1	缺失值,因为没有可用的值
M2	缺失值,因为数据提交者标记为无效
H1	尚未评估或验证的历史数据

* 来自 Sukloff(2001)。

5.6.2 数据质量控制检查

除了在现场和实验室进行降水化学测量和分析的质量控制检查之外(参见第 3.2.1.4 节、第 3.3.2.3 节、第 3.5 节和第 4.3.1 节至第 4.3.3 节),对于单个样品值而言还有三个特定的检查。它们是离子平衡、测量与计算的电导率的一致性以及海盐订正。

降水的电中性原理要求总阴离子当量等于总阳离子当量。根据这一原理，降水样品中的离子平衡和电导率平衡应分别按第 4.3.3.1 节和第 4.3.3.2 节中描述的方法进行检查。此外，附录 E 描述了 EMEP 用于检查离子平衡的替代方法。

位于海洋附近或其气团受海洋气溶胶影响较大的台站，需要对其硫酸盐浓度进行校正，以解释海盐硫酸盐的影响。当海盐对硫酸盐浓度的贡献非常高时，非海盐硫酸盐浓度将倾向于高的不确定性，这可能会使样品无效。

海盐硫酸盐的订正通常基于海水中的 Na^+、Mg^{2+} 或 Cl^-（在极少数情况下，Keene et al.，1986；Hawley et al.，1988）。美洲 QA/SAC 具有海盐硫酸盐的订正算法，可以计算海盐硫酸盐对降水样品中测量的总硫酸盐浓度的预期贡献。在 WDCPC 数据库中保存了三个数据：

1)用户报告的总硫酸盐浓度（变量 SO_4）；

2)预期的非海盐浓度（由算法确定—变量 XSO_4）；

3)使用的订正方法。

海盐硫酸盐的订正算法在附录 H 中有详细的讨论。

海盐订正算法的一个问题是，当总硫酸盐浓度相对较低时，它可能使非离子硫酸盐产生负值。小的负值可能是由于舍入误差或测量的不确定性造成的。如果负值持续且频繁，则可能表明有其他问题，例如分析一种或多种分析物的分析仪器的校准漂移。应对数据集中频繁出现负值问题的原因进行调查，这可能导致重新分析样品。

目前，美洲 QA/SAC 仅将海盐硫酸盐的订正算法应用于距离海洋 100 km 范围内的地点。**观测站的注册登记表（附录 G）包括一个检查复选框，用于标识位于 100 km 范围内或受海洋影响的站点。将这个信息提供给美洲 QA/SAC 是非常重要的。**

5.6.3 有效数字①

GAW 降水化学数据库中的测量值和相关计算反映出有效数字结果的真实精度是非常必要的。

记录值中的数字具有两个性质：有效性和确定性。反映确定性的数字带有真实信息。有效数字包括所有确定的数字加上一位不确定的附加数字。因此，结果的不确定度等于最后一位有效数字（即第一个不确定数字）±1。例如，在硫酸盐浓度为 12.39 $mg \cdot L^{-1}$ 的降水样品中，数字 1、2 和 3 是确定的，而数字 9 是不确定的。必须在达到第一个不确定数字时完成数值的舍入。此外，必须记住，在完成所有算术运算之前不应进行舍入操作。重要的是将所有 GAW 降水化学数据以正确的有效数字位数提交给 WDCPC。

为了帮助相关机构理解，请参考以下示例：

对于使用加法和/或减法得到的数值。与加法或减法操作相关的有效程度由代数学的小数位数最少的加数（即被加或减的数字）来确定。在以下示例中：

$$50+2+0.55\approx 53$$

① 这部分来自 Zolotv，1996。

结果的有效程度由加数“2”确定，结果记为“53”。

对于使用乘法和/或除法得到的数值。作为简化方法，从乘法或除法运算得出的数值的有效程度等于具有最少有效位数的辅因子的有效程度。以下示例说明了这一点：

$$1.5\times2.35\approx3.5$$

其中结果的有效程度由辅因子“1.5”确定，结果应记录为“3.5”。这是简化的方法。而严格的方法，有效数字的位数应基于计算中使用的辅因子的相对不确定度。这里，辅因子的相对不确定度由数字的绝对不确定度与数字本身的比率来计算。在确定了每个辅因子的相对不确定度后，乘积或商的相对不确定度等于辅因子相对不确定度的总和。例如：

$$98/87.25=1.1232092$$

在这种情况下，第一个辅因子的相对不确定度是“$1/98=1\times10^{-2}$”，而第二个辅助因子的相对不确定性是“$0.01/87.25=1\times10^{-4}$”。商的相对不确定度为“$0.01+0.0001=1\times10^{-2}$”。因而，小数点右边的第二个数字是第一个不确定的数字，因此代表最后的有效数字。所以，报告的值应四舍五入为“1.12”。

对于有多个零的数值。当数字以一个或多个零数字结束时，就会出现特殊的情况。在这些情况下，报告的结果应以指数形式表示，例如 2.300×10^{3}。这里最左边的零是最后一个确定的数字，而最后一个零是最后一个有效数字。

对于指数数值。指数数值的有效位数基于基数的相对不确定度和指数的乘积的相对不确定度。对于以下示例：

$$3.5^{2.5}=22.9176$$

基数的相对不确定度为 $0.1/3.5=0.02857$。结果的相对不确定度为 $0.02857\times2.5=0.0714\approx0.1$。因此，最终的结果应报告为 22.9。

（译者注：指数函数运算后，结果中有效数字的位数与指数小数点后的有效数字位数相同。）

对于对数。当采用测量的对数时，应该在尾数（小数点右边的部分）中给出尽可能多的数字，因为它们是测量中的有效数字。例如：

$\ln(45.123)=3.80939209$。

在这种情况下，结果的有效部分是 3.80939。

（译者注：对数函数运算后，结果中尾数的有效数字位数与真数有效数字位数相同。）

5.6.4 零值和低于检测限数据的报告准则

GAW 降水化学历史数据库的主要问题是浓度和测量值低于检测限（BDL）的数据的处理。在 WDCPC 存档的历史数据中，老的数据集中出现了大量的零值。由于缺乏或可能永远也找不到那个时段的描述性的元数据，因此这些零值可能会引起歧义。例如，数据提交者编码零值的几个可能的原因是：

1）零值表示缺失数据；

2）样品被污染或者与已建立条款的偏差较大，该数值无效并设置为零；

3）浓度低于检测限。

在历史数据库中，由于零会引发歧义，因此必须将它们视为无意义。仅此问题就足以证明需要完整的描述性的元数据。**现在报告给美洲 QA/SAC 的所有数据不应包含零值，除非它们是以下段落中描述的低于检测限值并标记为 V1 的情况。**

当报告数据低于检测限(BDL)时，必须使用如下定义的 V1 或 V7 标志将每个数据标识为 BDL 值：

标识	描述
V1	有效数据——已知低于检测限，并报告为实验室测量的值。 已知所报告的数据低于分析的检测极限，并且对应于来自仪器或方法的正、负或零信号，例如“0.003 V1”。
V7	有效数据——已知低于检测限，并报告为等于检测限的数值。 已知测量值低于分析的检测限，但被替换(或取代为)检测限的数值(例如，0.01 的测量值低于已知的检测限 0.03，因此报告为“0.03 V7”)。这个方法称为“取代方法”，为数据用户提供检测限值以及测量数据小于检测限值的认识。

数据文件中的 BDL 数据应符合以下标记和报告准则。

1)报告测量的 BDL 值。低于分析检测限的任何值都可以报告为与分析仪器信号相对应的正值、负值或零值。这个值必须标识为 V1(即 BDL 值)。

2)取代方法。任何 BDL 值都可以报告为等于分析检测限的“取代值”。这个值必须标识为 V7。不应使用零或类似于“BDL”的文本符号来代替低于检测限的数值。

示例

为说明报告和标识的准则，请参看以下未标识的数据集(按从最高到最低的顺序排列)：

数值	描述
1.22	有效值
0.96	有效值
0.64	有效值
0.32	有效值
0.17	有效值
0.08	有效值
0.07	有效值
0.06	有效值
0.05	有效数值，等于分析仪器或方法的检测限值
0.04	数值低于分析/方法检测限
0.03	数值低于分析/方法检测限
0.02	数值低于分析/方法检测限
0.01	数值低于分析/方法检测限
0	BDL 数值——分析仪器或方法未产生信号
−0.01	BDL 数值——分析仪器或方法产生负值
−0.03	BDL 数值——分析仪器或方法产生负值

正确的标识和报告低于检测限的数据，生成的数据集应如表 5.2 所示的两个选项中的一个。

表 5.2 生成的数据集

测量值	选项 1	选项 2
1.22	1.22 V0	1.22 V0
0.96	0.96 V0	0.96 V0
0.64	0.64 V0	0.64 V0

续表

测量值	选项 1		选项 2	
0.32	0.32	V0	0.32	V0
0.17	0.17	V0	0.17	V0
0.08	0.08	V0	0.08	V0
0.07	0.07	V0	0.07	V0
0.06	0.06	V0	0.06	V0
0.05	0.05	V0	0.05	V0
0.04	0.04	V1	0.05	V7
0.03	0.03	V1	0.05	V7
0.02	0.02	V1	0.05	V7
0.01	0.01	V1	0.05	V7
0	0.00	V1	0.05	V7
−0.01	−0.01	V1	0.05	V7
−0.03	−0.03	V1	0.05	V7

5.7 WMO/GAW 实验室比对研究

鼓励降水化学实验室尽可能多地参加实验室的比对研究。这是一种很好的方法，不仅可以评估实验室的绩效，还可以检测分析程序中的问题。WMO 致力于降水化学实验室比对已超过 20 年了(请访问美洲 QA/SAC 的网址：http://www.qasac-americas.org/lab_ic.html 以获取更多信息和调查结果)。目前，美洲 QA/SAC 与伊利诺伊州水资源调查局共同代表 WMO 管理 GAW 实验室的比对计划。每年两次向参与实验室发送三组模拟雨水样品。

分析 GAW 降水化学观测站样品的所有实验室都必须参加由美洲 QA/SAC 发起的 WMO/GAW 实验室比对研究，并在规定的截止日期前提交分析结果。未参加 WMO/GAW 实验室比对研究的 GAW 台站的实验室，它们的数据将与 WMO 的数据库隔离。这项政策的依据是美洲 QA/SAC 在没有调查结果的情况下无法对实验室的绩效或数据质量进行评估。

上述政策有两个明确的目标：

1)确定绩效不佳的降水化学实验室，并协助 QA/SAC 及时纠正这些实验室的质量控制问题；

2)向国际科学界提供一种描述每个实验室产生的数据质量的方法。

通过这种方式，在 WDCPC 存档的数据将具有已知和备案的质量，反过来，这也将有助于环境评估和模型改进。

为了在 WDCPC 降水化学数据库中增强和维持已知质量的数据，美洲 QA/SAC 计划将实验室比对研究的结果纳入世界数据中心的数据库。在评估完每个实验室的绩效后，那些来自于表现不佳的GAW站实验室的数据将被标识为合格或无效。

5.8 数据分析

每年应制作和公布降水化学数据的统计摘要，以确保采样数据具有最大使用率和质量。对诸如陆地和水体影响等特定类型的研究，建议进行更短时间尺度的统计摘要和详细分析（例如，每月、季节和季度）。推荐的降水化学数据统计分析方法见Olsen等（1990）和Vet（1991）的论文，并在下面进行了简要讨论。图5.3给出了一个可接受的年度统计摘要的例子，这个例子是加拿大国家大气化学数据库和分析中心利用加拿大空气和降水监测网络的数据制作的。

其他例子可通过美国国家大气沉降计划/国家趋势网、欧洲监测和评估计划获得。年度统计摘要通常包括以下统计测量：

1）有效浓度数据的数量；

2）浓度和降水量数据的算术平均值、几何平均值、算术和几何标准偏差；

3）最小值，最大值，第10、第25、第50、第75和第90分位的数值；

4）正态和对数正态频率分布测试结果；

5）年降水量加权平均浓度；

6）年度湿沉降；

7）年降水总量；

8）海盐硫酸盐订正因子（如果适用）；

9）数据完整程度。

基于Olsen等（1990）的文献，湿沉降的月、季、年和多年的估算应以该时段内降水的加权平均浓度和总降水量（在气象雨量计中采集）的乘积来计算，即：

$$D = C_{pw} \cdot P_{tot} \tag{5.1}$$

式中：

D =时段内的沉降（单位面积每单位时段的质量，例如 $kg \cdot hm^{-2} \cdot a^{-1}$）；

C_{pw} =时段内的降水加权平均浓度（每单位体积的质量）；

P_{tot} =时段内的标准雨量计的总降水量（厚度）。

式中，$C_{pw} = \sum_{i=1}^{m}(C_i \cdot P_i)/P_{tot}$ （5.2）

式中：

C_i=样品 i（i=1～m）中分析物的浓度；

P_i=样品 i（i=1～m）的标准雨量计的雨量；

m=有效、无缺失浓度的样品总数。

$$P_{tot} = \sum_{i=1}^{n} P_i \tag{5.3}$$

式中，n=包括缺失和无效浓度的样品总数。

NATIONAL ATMOSPHERIC CHEMISTRY (NAtChem) DATA BASE

2002 ANNUAL

SUMMARY STATISTICS OF PRECIPITATION CHEMISTRY DATA

Egbert (ON)

Site Name: Egbert (ON) **Period Covered:** 01 JAN 2002 to 01 JAN 2003 **Network:** CAPMoN

Site Id: *CAPMCAON1EGB*

Latitude:	44° 13' 57"	**Possible Sampling Periods:**	365
Longitude:	79° 46' 53"	**Precipitation Coverage Length:**	100 %
Site Rating:	1	**Actual Precip. Sampling Periods:**	217
Sampling Period:	Daily	**Trace Sampling Periods:**	31
Sea Salt Correction:	0 %	**Non-Trace Sampling Periods:**	186

	pH	H^+	SO_4^-	XSO_4^-	NO_3^-	Cl^-	NH_4^+	Na^+	Ca^{++}	Mg^{++}	K^+	%IB
DATA COMPLETENESS												
Total Precipitation of Valid Samples (% TP)	99	99	99	99	99	99	99	99	99	99	99	99
Valid Sample Length (% VSL)	98	98	99	99	99	99	99	98	99	98	98	84
Valid Wet Samples (% VSMP)	88	88	98	98	98	98	93	97	97	97	97	87
Collection Efficiency (% CE)	100	100	100	100	100	100	100	100	100	100	100	100
No. of Samples Below Detection Limit	na	na	0	0	0	0	0	0	0	1	1	na
Data Completeness Rating: Annual (¢/ly)	1(1111)	1(1111)	1(1111)	1(1111)	1(1111)	1(1111)	1(1111)	1(1111)	1(1111)	1(1111)	1(1111)	na
DISTRIBUTION TEST [a]												
Normal	0.000	0.000	0.000	0.000	0.000	0.000	0.000	0.000	0.000	0.000	0.000	0.000
Log-Normal	0.000	0.000	0.143	0.143	0.021	0.677	0.271	0.870	0.676	0.978	0.448	na
CONCENTRATION [b]												
Arithmetic Mean	4.929	0.031	2.943	2.943	4.505	0.275	1.116	0.144	0.863	0.126	0.063	-5.118
Arithmetic Standard Deviation	0.772	0.038	3.306	3.306	8.102	0.395	1.904	0.226	1.380	0.203	0.088	8.138
Geometric Mean	4.873	0.012	1.858	1.858	2.479	0.148	0.589	0.068	0.384	0.057	0.036	na
Geometric Standard Deviation	1.161	5.890	2.679	2.679	2.734	3.045	2.966	3.458	3.612	3.604	2.838	na
Minimum	3.557	0.000	0.126	0.126	0.158	0.008	0.047	0.003	0.020	<0.005	<0.005	-56.500
10th Percentile	4.163	0.001	0.459	0.459	0.666	0.034	0.125	0.014	0.069	0.012	0.010	-14.800
25th Percentile	4.362	0.004	1.092	1.092	1.425	0.075	0.303	0.030	0.146	0.023	0.017	-7.200
50th Percentile	4.700	0.020	1.897	1.897	2.394	0.148	0.551	0.067	0.352	0.055	0.034	-3.200
75th Percentile	5.364	0.042	3.361	3.361	4.274	0.293	1.219	0.170	0.931	0.135	0.070	-0.900
90th Percentile	6.073	0.067	6.542	6.542	7.535	0.552	2.292	0.330	2.189	0.313	0.141	1.400
Maximum	7.018	0.277	21.754	21.754	74.198	2.609	15.613	1.577	10.416	1.745	0.702	7.400
Precipitation-Weighted Mean (mg/l)	4.60 [c]	0.025	1.887	1.887	2.095	0.111	0.585	0.053	0.327	0.056	0.028	na
Wet Deposition (kg/ha/yr)	na	0.186	13.892	13.892	15.422	0.819	4.304	0.391	2.408	0.413	0.209	na
Total Precipitation (cm)	73.63	73.63	73.63	73.63	73.63	73.63	73.63	73.63	73.63	73.63	73.63	na

Notes:

<	:Denotes below detection limit	a	:probability-value. If probability < chosen confidence level (e.g. 0.05), then data do not fit the stated distribution
na	:Not Applicable to this column		
–	:Data not available	b	:In mg/l, except pH and %IB
*	:Maximum of standard gauge and collector depth is used	c	:Calculated from H+ concentration, then converted to pH

SAS DB: November 10, 2003
Report Ver: November 10, 2003

Egbert (ON)

图 5.3　年度统计摘要样例，利用加拿大空气和降水监测网络收集的降水化学数据并由加拿大国家大气化学数据库和分析中心发布（Ro et al.，2003）

重要的是要注意降水加权平均浓度，公式(5.2)中的 C_{pw}，是仅用有效、无缺失浓度的那些样品进行计算的。也就是说，无效的或缺失浓度的样品不能包括在 C_{pw} 的计算中。相比之下，总降水量 P_{tot} 确实包括所有样品的标准雨量计测的雨量，即使是那些数据缺失或无效浓度的样品。这是处理缺失和无效数据的一个有效方法。但是，它提出了一个问题，就是在进行年度统计前有多少数据缺失或无效的数据是不可接受的。确定缺失和无效数据的可接受数量的指南见附录 A 的第 A.7 节“数据完整情况”专题。应按附录 A 中推荐的方法计算数据的完整情况，并与所有的年度沉降、降水加权平均浓度和降水量统计等一起提交(见图 5.3 的示例)。

对未能达到可接受的数据完整性水平的国家，有责任改进他们的测量，直到达到可接受的水平。世界降水化学数据中心不会公布未达到数据完整性标准的数据。在用式(5.2)和式(5.3)进行计算时，建议将低于检测限浓度的数据分配一个等于规定检测限一半的数值。

在一些国家采集降水化学样品时，不测量标准雨量计的雨量。在这种情况下，可以使用样品的降水量测量来代替标准雨量计的雨量值。但是，这种做法是不鼓励的，因为降水化学采样器通常比标准雨量计和雪量计的降水收集效率要低。

5.9 WDCPC 的数据存档

世界降水化学数据中心(WDCPC)以电子形式对降水化学数据进行存档。数据类型包括湿无机离子、湿痕量金属和湿有机酸。将来，WDCPC 可能会开始接收干沉降监测数据，但目前还没有计划。通常，存档的数据已通过数据提交人的质量控制检查以及美洲 QA/SAC 工作人员的质量保证检查。但是，在极端情况下，WDCPC 也会接受原始数据和未经验证的数据(通常称为“0 级数据”)，以确保其长期保留。0 级数据将与降水化学数据库分开存放，并且只能通过特别要求才能提供。

为了减少 WDCPC 在数据整理过程中的工作量，强烈建议 NMHS 通过电子媒体提交数据。WDCPC 不会保留硬拷贝的文档。在适当情况下，硬拷贝数据将被转换为电子形式，并保留电子副本。

虽然 WDCPC 主要关注来源于 WMO/GAW 源头的降水化学数据，但它也将归档来自非 GAW 来源的已知质量的真实的降水化学数据。仅当数据提交人免费提供非 GAW 数据，且数据提交人同意 WMO 的数据分发政策条款时，WDCPC 才会存档非 GAW 数据。在可能的情况下，WDCPC 也寻求与其他环境档案馆的合作。

5.10 数据分发

WDCPC 承认并遵守 WMO 大会在第 40 号决议(Cg-12)中制定的原则草案。这些原则的简要摘录如下：

1)WMO 成员对 WMO 世界数据中心(WDC)的数据拥有共同所有权。

2)WDCs 将在免费和不受限制的基础上提供数据(估计会有再加工和配发的名义费用，但数据是免费的。目前 WDCPC 不会估计这些费用，但保留这样做的权利)。

3)WDCs 不接受对其有限制的馆藏数据进行免费和开放获取。

4)WDCs 的数据档案必须包括易于获取和全面描述数据集的信息，包括质量评估。

5)WDCs 应在最大程度上使用兼容国际公认标准和协议的媒体以及处理和通信系统。

WDC 管理者于 1998 年 9 月在挪威大气研究所(NILU)举行的会议上通过了第 40 号决议的原则。他们添加了以下数据提交人对数据进行限制的建议：

a)如果数据是来自 GAW 站点或实验室，那么 WDC 管理者可以坚持不受限制地发布数据。b)如果数据是来自非 GAW 站点，则 WDC 管理者可以或者拒绝接受数据，或者将数据存储在受保护或不可访问的目录中。

WDCPC 通过匿名 ftp(ftp://ftp.qasac-americas.org/pub/qasac/data_out)提供对 WDCPC 存档数据的免费和不受限制的访问。数据按国家(或地区)存储，在每个国家/地区内的数据按数据收集的周期(每日、每周等)存储。最后，文件在每个收集期间内按站进行存储。数据文件采用 WDCPC-ds 3.0 版格式。

WDCPC 还提供了基于网络的观测站点信息管理系统，可以通过网络地址链接 http://www.qasac-americas.org/maps/gaw_world_frame.html 进行访问。WDCPC 数据库中的每个站点都有一个单独的信息页面。站点页面可从一系列向下钻取的可点击地图中进行选择。在每个站点的页面上，将显示位置和运营机构以及数据可用性图表，并链接到 WDCPC 的匿名 ftp 服务器以下载数据。请注意，WDCPC 网页仅提供有关降水化学观测站的信息。对于其他 GAW 的参数，请访问 GAWSIS 系统。

其他有关如何提出数据请求的信息，请访美洲质量保证/科学活动中心(QA/SAC)的网址链接 http://www.qasac-americas.org/data.html。

参考文献

Hare E W, Carty E J, 1999. WMO/GAW Programme: Recommendations for a Harmonised, Metadata Header for Data File Submissions to the WMO World Data Centres[M]. Meteorological Service of Canada.

Hawley M E, Galloway J N, Keene W C, 1988. Standard error calculations for non-sea salt constituents in marine precipitation[J]. Water, Air, and Soil Pollution, **42**: 87-102.

Keene W C, Pszenny A A P, Galloway J N, et al, 1986. Sea-salt corrections and interpretation of constituent ratios in marine precipitation[J]. J Geophys Res, **91**(D6): 6647-6658.

Olsen A R, Voldner E C, Bigelow D S, et al, 1990. Unified wet deposition data summaries for North America: data summary procedures and results for 1980-1986[J]. Atmospheric Environment, **24**A(3): 661-672. 76.

Ro C U, Vet R J, 2003. Analyzed Data Fields from the National Atmospheric Chemistry Database (NAtChem) and Analysis Facility[M]. Air Quality Research Branch, Meteorological Service of Canada, Environment Canada, 4905 Dufferin St, Toronto, Ontario, Canada M3H 5T4.

Sukloff W, 2001. The NARSTO Data Exchange Template[Z]. Meteorological Service of Canada.

Vet R J, 1991. Wet Deposition: Measurement Techniques[M]// Hutzinger O. The Handbook of Environmental Chemistry, Volume 2 Part F, Reactions and Processes. Springer-Verlag, Berlin.

Zolotov Y A, 1996. Basis of Analytical Chemistry. Part I: General Problems. Methods of Separation[M]. Moscow, Vysshaya Shkola Publishing House: 383.

6 质量保证和质量控制

本章介绍了应纳入 GAW 降水化学观测计划的主要质量保证和质量控制程序。之前关于选址、标准操作规程、实验室程序和数据管理等章节包含了许多与这些活动相关的质量保证/质量控制程序，因此，本章对这些最重要的程序进行了总结，并介绍了几项尚未提出的重要的质量保证活动。

质量保证和质量控制现在已成为降水化学测量群体中许多人能理解的常用术语。但是，在 QA/QC 领域，对于一些读者来说，仍有许多可能不太熟悉的术语。这些读者可以参考以下基于网络的称为术语参考系统中的术语，该系统由美国环境保护局（U. S. EPA，2002）运营，网址为 http://www.epa.gov/trs/。

质量保证和质量控制对于收集和报告高质量的 GAW 数据极为重要。因此，本章首先回顾了 GAW 降水化学测量的数据质量目标，从而为测量群体提供了每个 NMHS 进行 GAW 降水化学测量所必须达到的具体的测量质量水平。以下部分描述了 NMHS 应在其监测站、实验室和数据中心制定的具体的质量保证/质量控制程序，以满足规定的数据质量目标。

6.1 质量保证要求

本部分介绍了 NMHS 参与 GAW 降水化学项目而被建议采用的具体质量保证程序。它包括数据质量目标、质量保证官员的要求以及适当的质量保证文档需求等部分。

6.1.1 数据质量目标

数据质量目标定义如下：

基于环境数据得出结论或做出决策的过程中，决策者要接受的关于总体不确定性水平的定性和定量陈述。它们为规划和管理符合用户需求的环境数据操作提供了统计框架（U. S. Environmental Protection Agency，1997）。

GAW 降水化学项目定量的数据质量目标见表 A.1，并在附录 A 中进行了详细描述。这些数据质量目标（DQO）是由 GAW 降水化学科学咨询小组根据已发布的、可实现的数据质量措施提出的。DQO 为每个 NMHS 提供了一组特定的偏差、精密度、完整性、检测限和校准目标。**每个 NMHS 都有责任审查这些 DQO 并调整其 GAW 降水化学观测以达到 DQO。**

6.1.2 质量保证项目计划

质量保证项目计划（QAPjP）“集成了项目的所有技术和质量的各个方面，包括规划、实施和评估。质量保证项目计划的目的是为了获得特定决策或用途所需要的环境数据的类型和质量,而对环境数据操作规划结果进行记录,并提供项目特定的'蓝图'。QA 项目计划记录了如何将质量保证(QA)和质量控制(QC)应用于环境数据操作,以确保获得需要和期望的数据类型和质量。"(U. S. Environmental Protection Agency,1998)

建议每个 NMHS 为其 GAW 降水化学项目制定一个质量保证项目计划。QAPjP 应详细描述纳入测量系统的 QA/QC 程序。准备质量保证项目计划的指南可以在美国环保局(1998)找到。其他公共领域制定质量保证项目计划的指南同样是可以接受的。QAPjP 应随时可供实验室工作人员使用,并每年至少更新一次。

6.1.3 质量保证报告

每个 NMHS 负责按照表 1.1 中所列出的数据质量目标对其降水化学观测数据的质量进行评估。分析数据质量的过程通常称为数据质量评估,在美国环保局(U. S. Environmental Protection Agency,2000)相关文件中有详细的描述。

建议每个 NMHS 准备一份年度或半年度的质量保证报告,其中包括 GAW 降水化学观测系统使用的质量保证/质量控制程序的说明,及与数据质量目标相关的正式的数据质量评估。报告应特别关注数据的准确性、精密度、完整性、可比性和代表性。所有质量保证报告应提交给美洲的 GAW 质量保证-科学活动中心进行存档。适用于降水化学观测质量保证报告的大纲可从以下网站的"详细元数据"工作表中找到:http://cdiac.esd.ornl.gov/programs/NARSTO/NARSTO_template _atmospheric_measurements.xls。有关数据质量评估的统计方法,请参阅以下美国环保局的网站:http://www.epa.gov/quality/qa_docs.html。

6.2 现场操作的质量保证和质量控制

以下部分阐述了推荐用于 GAW 降水化学项目观测台站的具体的 QA/QC 活动和程序。

6.2.1 选址和仪器布设

为了确保收集到具有空间和时间代表性的 GAW 数据,所有降水化学站点必须满足第 2 章中给出的"全球"和"区域"GAW 站点的选址标准。应根据选址标准每年对 GAW 站点进行评估,以确定它们是否继续符合 GAW 最低的选址要求。建议每 5 年对场址进行一次独立审核。应按 2.6 节所述进行记录场址的变化。

6.2.2 仪器

以下部分描述的 QA/QC 程序,是确保 GAW 降水化学项目观测仪器的正确安装和操作。在适当情况下,这些方法可以参考现场和实验室章节中的特定部分。

6.2.2.1 满足最低操作规范

降水化学采样器和标准雨量计必须符合第 3 章中列出的最低操作规范的要求,例如,传感器的灵敏度、化学惰性等。只能购买那些符合规范要求的降水化学采样器和标准雨量计,并用于 GAW 降水化学观测计划(见 3.2.1 节)。

6.2.2.2 仪器预测试

维修过和新购置的仪器，在发送到 GAW 站点运行前应在实验室或维修车间进行预测试。坚持这一原则将会减少意外的仪器停机时间。

备件和/或备用采集器，应尽可能存放在 GAW 降水化学观测站点，以便快速修理/更换仪器，从而减少测量的停机时间。

6.2.3 样品采集和处理

下面部分简要给出了与现场样品采集和处理相关的最为重要的 QA/QC 程序。在第 3 章中给出了详细的程序描述。

6.2.3.1 样品容器测试

降水化学采样器中使用的样品容器（例如，桶、袋、漏斗和瓶等）必须在部署到现场之前进行化学惰性测试。必须进行特定的测试，以确保采集容器的材料不会通过容器壁吸附/解吸主要离子而对降水产生不利的影响。应使用高容量和低容量的去离子水，以及已知浓度的真实雨水样品或标准溶液（标准溶液主要离子浓度是已经过认证并在实际降水样品的正常范围内）进行测试。不同的体积将表明，如果存在材料吸附/解吸的影响，是否与体积有关；并且不同的雨水或标准溶液将指示是基质影响还是浓度依赖。

旧的采集容器，应按上述方式每 5 年至少进行一次测试，以确保吸收/解吸的影响不会随着时间累积或改变。

6.2.3.2 样品容器清洁

所有的样品容器（包括漏斗和瓶子）必须在使用之间用去离子水清洗——最好是在分析实验室里进行，但如果必要，也可在现场进行。在 GAW 站点对采集容器进行现场清洗时，必须对清洁过程中使用的去离子水进行测试，以确保其在样品容器清洁之前和之后都符合预定的质量标准（参见 3.3 节）。方法必须包括仔细清洁和冲洗桶和/或漏斗边缘，因为它们与采集器的盖子直接接触。清洁后，不立即使用的样品容器必须在干净的地方风干，密封或用塑料覆盖，并在安装到降水化学采样器之前储存在一个清洁的地方。具体的样品容器清洁程序，请参见 3.3.1 节和 4.3.1.3 节。

6.2.3.3 样品采集

在样品采集和处理过程中防止污染发生的具体的质量控制程序包括：

1）将采集容器放入采样器之前，应检查采集容器内是否有明显的污染痕迹；

2）当收集样品时，应站在降水化学采样器的下风方向以减少可能的污染；

3）每当处理降水样品容器和转移样品时，应戴上一次性塑料手套；

4）告诫操作人员切勿触摸样品容器的内部；

5）定期地更换采样器盖下方脏的垫圈（每隔几个月，取决站点的清洁程度）；

6）检查样品在运输过程中，以及实验室收到样品时的泄漏情况，并做好记录（3.2.1 节）。

6.2.4 样品存贮和运输

必须使用合适的储存和运输方法，以保持降水化学样品的化学和物理完整性。用于此目的的质量控制程序包括：

1)在现场、实验室和运输样品期间，应将样品温度保持在4 ℃；

2)在GAW降水化学观测站和实验室，应称量样品的体积，以检查在运输过程中是否有泄漏；

3)制定相关程序以消除运输过程中的泄漏(见3.3节)。

6.2.5 空白

在每个站点应定期收集现场空白，以确保采样方法和材料不会干扰样品的化学组分。对于日采样，建议每月随机收集2～4个空白，对于周采样，每月收集1～2个空白。在采样期间没有降水发生(或在短时间内模拟采样周期)时，通过将等分试样的去离子水倒入安装在降水化学采样器上干燥的样品容器(例如桶、袋、漏斗和瓶等)的方式来收集空白。等分试样应以与降水样品相同的方式提交给实验室。应定期检查空白样品数据是否有污染迹象，并应定期制作控制图(3.3.2.3节)。

重要提示：必须仔细标记所有的现场空白样品。空白样品的数据必须与降水样品的数据分开存储。

6.2.6 现场数据报告

必须在GAW降水化学观测站填写每个采样周期的样品历史记录表格(参见图3.1和图3.2中的示例)。与现场数据报告相关具体的质量保证/质量控制程序包括：

1)样品历史记录表格的清晰、准确和完整程度检查，当发现问题记录时，应立即联系台站操作员以纠正问题并获得准确的数据；

2)根据样品历史记录表格中所包含的信息，评估样品数据的质量，例如，确定采样仪器操作的问题以及是否遵守或未遵守标准操作规程(3.5节)。

6.2.7 常规仪器检查

现场操作员采集降水化学样品时，必须检查降水化学采样器和标准雨量计是否正常运行。具体检查包括：

1)采样器有电，且开关处于“开”的位置；

2)传感器在被润湿或触发时，盖子打开；

3)当感雨器不再潮湿时，盖子返回“关闭”位置；

4)盖子在样品容器的边缘上密封紧密，在盖子和边缘之间没有明显的缝隙；

5)标准雨量计安装正确且没有泄漏(3.2.1.4节)。

6.2.8 定期维护

为减少仪器故障，应定期对降水化学采样器进行维护(3.2.1.4节)。

6.2.9 站点定期检查

NMHS的工作人员每年应对站点仪器、样品处理程序和站址符合性等问题进行一次检查，检查员应检查以下内容：

1)正确操作降水化学采样器；

2)盖子移动正常，在干燥天气条件下能完全密封降水样品采集容器；

3)盖子的垫圈清洁；

4)感雨器能按设计要求启动采样器盖子打开和关闭；

5)样品容器清洁；

6)样品处理区域清洁；

7)正确遵守标准操作规程(SOPs)；

8)正确存放和运输样品；

9)正确布设仪器；

10)确认符合 GAW 的选址标准(2.6 节)。

6.2.10 纠正措施

在仪器发生故障或检测到不合规的样品后，必须尽快采取纠正措施。即时响应将确保站点符合 GAW 降水化学项目 95%的年度数据完整性目标。如 6.2.2.3 节所述，如果备件或额外的仪器已经在台站现场，则可以减少纠正措施时间。

6.3 实验室操作的 QA/QC

如第 4 章所述，实验室操作涉及包括样品接收、现场采样支持、样品转移、储存和分析、质量保证、质量控制和数据报告等许多各种不同的活动。与这些实验室操作相关的质量保证/质量控制可以分为 3 个部分，即：

1)设置实验室数据质量目标；

2)采用良好的实验室质量保证/质量控制实践；

3)定期的质量保证/质量控制报告。

具体的实验室质量控制程序包括：

1)良好的实验室实践；

2)良好的样品处理实践；

3)分析程序文件；

4)实验室仪器的定期维护；

5)分析人员的培训和提高；

6)适当的设施、仪器和试剂的供给；

7)检查和/或审核；

8)合适的安全措施；

9)明确的样品监管链；

10)校准标准的可溯源性；

11)控制图表；

12)准确度检查(校准控制、加标、盲样、试剂空白等)；

13)精密度检查(批内和批间重复)。

在操作具有良好控制的实验室设施时,必须考虑所有这些活动。

6.3.1 实验室数据质量目标

所有GAW降水化学实验室的数据质量目标见表A.1和附录A。每个实验室都有责任实施一套合适的操作和质量保证/质量控制活动,以确保达到或超过这些目标。

6.3.2 实验室样品处理QA/QC

与实验室样品处理相关的质量控制程序包括:

1)**样品接收、记录和保管。**实验室必须实施正确的样品记录和保管链过程,以确保没有样品丢失、混淆或错放。样品在进入分析流之前应储存在4 ℃。

2)**样品处理、标记和转移。**接收样品后,应对记录的样品进行称重(检查运输过程中的泄漏并与现场重量确认)和检查是否有明显的污染。应注意有问题的样品和验证信息。

6.3.3 化学分析QA/QC

参与降水样品分析的化学实验室有望达到数据质量目标。这可以通过严格遵守分析系统的SOP和QA/QC程序来做到,具体的QA/QC程序如下所述。

6.3.3.1 校准控制和验证

所有实验室必须实施质量控制程序,以保证校准的准确性。建议的程序包括:

1)使用可溯源至认证标准物质的超纯试剂来制作校准标样;

2)检查每条校准曲线的斜率、截距和相关系数是否在可接受的范围内(建议使用控制图);

3)使用校准标样,浓度范围覆盖所有降水样品浓度的2%~98%;

4)在校准曲线的非线性部分使用额外的校准标样;

5)在每次分析运行的开始和结束时进行校准;

6)对每批样品中的一个或多个质量控制检查溶液进行分析并制作控制图表。建议校准检查溶液对应NMHS所有样本浓度的第10、第50和第90百分位数。当校准检查溶液超过控制限值时,应对整批次样品重新进行分析。

6.3.3.2 重复分析

降水样品的重复分析提供了分析精密度的措施。有两种类型的重复分析:批间和批内。这里的"批"被定义为一组或一批连续测量,其中分析仪器在固定的校准设置和控制限度内操作。通常,批间重复比批内重复更重要,因为它们可以捕捉到日与日和批与批之间分析的差异。

建议用2%~5%的样品量进行批间重复分析,所有重复分析的样品从样品流中随机选择。重复分析结果应立即制作控制图,每当超过控制限值时,应对整批样品重新进行分析。在每年年底,重复分析数据可用于确定分析的精密度,反过来,也可以与表A.1中所述的实验室精密度的数据质量目标进行比较(计算方法见附录A)。在计算分析精密度时,应使用不少于30个重复样品。

6.3.3.3 实验室空白

去离子水和试剂空白应进行与降水样品相同的化学分析。每个分析批次应分析一个去离子水空白和一个试剂空白。分析结果应绘制控制图表，当超过控制限值时应采取纠正措施，如更换去离子水和/或试剂。

6.3.3.4 盲样

盲样由去离子水、酸化去离子水、模拟雨水或经认证的标准物质等组成，每周应将其插入到样品流中进行分析。分析结果应绘制控制图表，以确保系统处于控制之中。

6.3.3.5 稀释检查

稀释通常用于增加小降水样品的体积（为获得足够用于完全化学分析的样品量）和/或将高浓度样品降低至分析仪器的正常工作范围。建议用1%的样品对稀释方法进行定期的测试。公认的测试稀释溶液的方法是在稀释前和后分析大降水样品（经认证的标准物质也是可接受的）的等分试样。稀释之前和之后的差异超过未稀释浓度10%时，应启动稀释系统的审核。这种检查应定期进行，并连续制作控制图表。

6.3.4 控制图表

质量控制图表是用于确保测量系统处于控制之下的统计工具。使用控制图应是所有GAW实验室的标准做法。有关控制图表的进一步讨论请参见4.3.2.2节。控制图表的详细制作方法可参考文献Taylor(1987)和ASTM(2002)。

6.3.5 数据质量控制和报告

数据的质量保证/质量控制程序必须定期应用，以确保分析结果准确和完整。具体的质量保证/质量控制程序包括：

1)验证实验室控制图表上所有超出控制限值的部分已进行了及时和令人满意地处理（例如，重新分析）；

2)验证所有极值和低于检测限的数值是正确的；

3)识别（标记）无效或可疑的分析结果，例如，实验室污染和仪器故障；

4)对离子平衡标准检验失败的样品进行识别和重新分析。

6.3.6 实验室比对研究

所有分析GAW降水化学样品的实验室都必须参加WMO/GAW的实验室比对研究。每个国家的NMHS人员都需要向美洲QA/SAC的GAW降水化学项目实验室比对研究管理人员注册他们的一个或所涉及的多个化学实验室（请参见附录G中的实验室注册登记表）。每年两次的比对样品将被送到每个实验室进行分析，分析结果必须在规定的时间期限内报告给QA/SAC。

未参加WMO/GAW实验室比对研究的国家的降水化学数据将不会在世界降水化学数据中心内存档。这些数据将与主要存档的数据文件分开存放。WDCPC的目的是在数据档案中包含基于WMO/GAW实验室比对研究的实验室绩效标识。

鼓励参加 WMO/GAW 以外的实验室比对。这些研究包括 EMEP 实验室比对研究、加拿大实验室比对研究和东亚网络比对研究。这些研究的详细信息可以通过联系美国纽约州奥尔巴尼的 GAW 降水化学项目质量保证科学活动中心获得。

每个 NMHS 应使用 WMO/GAW 实验室比对研究的结果来评估其观测网络实验室之间的偏差。附录 A 给出了计算实验室偏差的建议方法。一旦计算出来,实验室偏差值应与表 1.1 中规定的实验室间偏差的数据质量目标进行比较(详见附录 A)。

GAW 降水化学实验室的绩效不佳,将降低 GAW 降水化学项目的整体质量。必须立即采取纠正措施,将表现不佳的实验室的绩效提升到令人满意的水平。建议采取的措施包括:

1)改进内部实验室质量控制程序;

2)建立认证标准物质(CRMs)分析和制作控制图表的常规系统;

3)分析合作"控制"实验室提供的拆分样品;

4)安排另一个 GAW 降水化学实验室的管理人员进行专家访问/审核。

绩效不理想的实验室希望安排专家访问时,应与 WMO 秘书处或美洲 QA/SAC 联系。

6.3.7 实验室 QA 报告

建议所有 GAW 降水化学实验室编写年度实验室质量保证报告,以记录实验室产生数据的质量。报告副本应按要求提供给 GAW 数据用户。

6.4 GAW 降水化学数据管理的 QA/QC

每个 NMHS 都应该有一个精心设计和管理的数据处理系统,包括站点、实验室和办公室的数据活动。以下部分描述了数据管理 QA 系统的关键要素。

6.4.1 GAW 降水化学数据管理目标

GAW 降水化学项目的数据管理目标如下:**最终经过检验的降水化学数据将以一年的数据块提交给 WDCPC,每年一次,不迟于数据收集后 1 年。**例如,2002 年 1 月 1 日至 12 月 31 日的数据,应在 2003 年 12 月 31 日前提交给 WDCPC。

GAW 要求每个测量数据值都应附有一个"有效性标识",来指明数据是有效的("V"标识)还是无效的("M2"标识)。这些标识必须由 NMHS 负责收集和报告数据的工作人员分配给测量数据。标识系统的细节在第 5 章和附录 F 中给出。

6.4.2 数据保管/数据流

每个 NMHS 机构的数据保管和数据流必须明确定义并认真遵循。参与 GAW 降水化学项目的人员,从现场操作人员到实验室分析人员,再到数据管理人员,都必须非常谨慎和精确地理解和开展数据活动。必须对所有员工检测数据流问题和开展合适的纠正措施的培训。

6.4.3 现场数据的 QC

在样品历史记录表格上报告的现场数据包括测量数据(例如,雨量计的雨量、样品的重量/体积等)和采样信息(例如,仪器故障、污染等的备注)。为确保正确的数据管理,从现场收到样本历史记录表格后应立即进行审核,以便:1)识别不准确和/或缺失的数据,2)识别现场的操作问题,3)立即采取纠正措施。建议指定专人负责到现场对样品历史记录表格进行检查:

1)抄写错误或缺失记录;

2)采样器采集效率差的证据;

3)缺失样品;

4)仪器故障或问题。

这个人有责任纠正错误,收集缺失的信息/样本,并采取纠正措施。

6.4.4 实验室数据的 QC

实验室数据应进行质量控制,以发现问题和不准确之处。实验室工作人员应负责审核和发布数据。建议的质量控制程序参见 4.3 节和 6.3.5 节。

6.4.5 现场/实验室合并数据的 QC

现场和实验室的数据必须合并到一个单独的数据库中。现场和实验室数据完全匹配至关重要,即没有不匹配的样品和采样日期。为了确保现场和实验室数据的正确匹配,两个数据集均应包含有相同的采样日期信息和样品识别号码。然后,再用计算机程序对这些数字进行匹配。

6.4.6 数据注释和标识

每个 NMHS 机构应以明确的有效或无效的标识方式对 GAW 降水化学项目数据进行标识(参见 5.6.1 节)。数据质量控制官员应对所有数据进行审核,以确保在数据集中识别和标记出有测量问题的数据。在向 GAW 世界降水化学数据中心报送数据时,必须严格遵守 GAW 降水化学项目的数据标记系统(参见 5.6 节和附录 F)。

6.4.7 数据质量评估

每个 NMHS 在每年注销数据之前,都应进行一系列的数据有效性、验证和评估检查。这些检查包括异常值测试、离子平衡检查、图形化的时间序列图和检测限验证等。未通过评估过程的数据应给出合适的标识。在美国环保局的网站上给出了环境数据评估的统计方法:http://www.epa.gov/quality/qa_docs.html。

6.5 文档和文档控制

GAW 降水化学项目的所有要素必须记录在案并保持在最新状态。每个 NMHS 机构负责制作一套手册,包括现场、实验室和数据处理操作手册以及质量保证手册。理想情况下,这应包括:现场操作员手册、仪器手册、实验室手册、数据管理手册、质量保证项目计划、年度质量保证报告、详细的人员岗位职责、站点描述和数据报告等。每个文档都应包含一个文档控制系统,以便正确索引页面并指明新/更新页面的日期。

6.6 培训与提高

员工培训和提高是GAW降水化学项目成功的关键。所有现场和实验室的人员都应在GAW观测站开始采样之前接受培训和认证。新操作员必须立即进行培训。进修培训应定期进行，例如每2年一次，以确保现场和实验室人员保持正确的最新实践和程序。无论何时制定新条款，都应在现场和/或实验室进行正式培训。

注意：台站操作员应始终由经过认证的培训人员培训，而不是由台站的其他操作员培训。

6.7 纠正措施

快速修复湿沉降采样器的故障是非常必要的，因为如果不这样做将导致数据的完整性不能令人满意。NMHS的人员应确保采取纠正措施，以便在检测到故障的一到两天内对仪器(现场和实验室)进行检修。在偏远的GAW降水化学观测站，应在现场配有备件和/或仪器，以便能立即更换有故障部件和仪器。在这种情况下，可能需要对现场人员进行专门的培训。

6.8 校准和溯源

现场和实验室设备的正确校准至关重要。所有校准都应可以溯源到公认的国际标准组织，如美国国家标准与技术研究所等，所有校准程序都应记录在站网的手册和质量保证项目计划中。

在GAW降水化学观测站点，应遵循校准方法对称量天平(如果适用)、雨量计和感雨器等进行校准。在实验室中，必须对所有分析程序进行校准。

6.9 审核

建议每5年对现场、实验室和数据管理系统进行绩效审核和系统审核。绩效审核被定义为系统性检查，这些检查本质上是定量的，而系统审核是系统的定性检查，通常包括审核测量程序，以确保它们与标准操作规程一致。

绩效审核包括检查采集器传感器灵敏度和操作、认证标准物质的实验室分析以及数据中心的计算检查(例如，离子平衡计算等)。**正式的审核最好由独立专家**进行。如果无法做到这一点，可以使用NMHS的审核员。

6.10 测量准确性、精密度、可比性、完整性和代表性评估的常规和非常规QA/QC程序

每个NMHS机构必须解决好质量保证的五个要素，以确保高质量的GAW降水测量。五个质量保证要素是：准确性、精密度、完整性、代表性和可比性。这些问题具体的质量保证活动如下所述。

6.10.1　准确性

由于没有标准参考物质以已知速率从云层落下，因此无法确定降水化学测量的绝对准确度。因此，对于每个 NMHS 来说，以下这两个方面都是很重要的：1)采用精心设计的标准操作规程，最大限度地减少测量误差；2)量化测量系统特定部分的准确度。上面已经讨论了最小化测量误差的方法。量化测量系统组件准确度的方法如下。

1)比较动态现场空白与实际降水样品的离子浓度。现场空白的离子浓度通常应小于或等于实际降水样品离子浓度的第 15 百分位数。

2)对于周或月采样周期，确定样品处在采集器中时的蒸发和干沉降污染量。这可以在关闭的采样器中放置一个已知浓度已知降水量的样品，在采样周期结束后，通过确定样品损失的体积和浓度的增加来完成。

3)认证标准物质的实验室分析。

4)现场、实验室和数据管理系统的审核。

这些研究结果可用于归类整个数据集的不确定性。有关测量不确定性的进一步讨论请访问以下网址：

http://physics.nist.gov/cuu/Uncertainty/index.html；

http://www.measurementuncertainty.org/。

6.10.2　精密度

每个 NMHS 可以通过在同一地点，在不少于一年的时间里同步运行两个降水化学采样器和标准雨量计的方式来确定其降水化学测量的总体精密度。两个降水化学采样器必须独立运行，但样品应由同一实验室进行分析。可以测试成对样品间的差异以确定它们是否与零之间有显著差异和估计差异的量级(等于精密度)。附录 A 推荐了一种基于此类数据估算精密度的方法。计算结果应与表 A.1 中所述的数据质量目标中的总体精密度进行比较。描述估算精密度的方法的出版物包括 NILU(1996)，Sirois 和 Vet(1999)以及 Nilles 等(1994)。

6.10.3　完整性

完整性定义为从测量系统获得的有效数据量与在正确和正常条件下预期获得的数据量相比的量度(U. S. Environmental Protection Agency，1976)。GAW 降水化学项目采用了两种数据完整性标准。这些在 Olsen 等(1990)的文章中有所表述(注意，这篇参考文献确定了 4 个未在 GAW 项目中使用的完整性标准)。两个完整性标准如下。

1)**降雨/雪量计降水量测量的完整性。**这被定义为降水覆盖长度百分比(%PCL)，是在总结期内(例如，月、季、年)是否有降水发生的百分比。实际上，它是标准雨量计正常运行并报告降水是否发生的时间百分比。如果知道已经发生降水但没有测量到降水量，那么可以假设没有降水发生。因此，如果一年有 365 个采样日，而标准雨量计仅有正确报告了 300 d 的数据，那么%PCL=82.2%。

2)**与有效化学分析和有效样品采集相关的降水量的完整性。**这被定义为总降水百分比

(%TP)。对于给定的总结期(例如,月、季、年),它是有效降水化学数据相关降水量与标准雨量计测量的总降水量的百分比。例如,如果标准雨计测量的一年的降水量为 1000 mm,但与有效降水化学样品相关的总降水量为 782 毫米,那么%TP=78.2%。需要注意的是,应计算测量的每种离子的%TP,因为某些离子浓度可能无效或缺失的比率要比其他离子更多。

对于 GAW 降水化学项目,可接受的数据完整性水平如下(注意,要求站点同时达到季度和年度完整性标准,以满足年度完整性要求)。

GAW 可接受的季度数据完整性要求

%PCL≥90%

%TP≥70%

GAW 可接受的年度数据完整性要求

%PCL

年度≥90% 且 每个季度≥60%

%TP

年度≥70% 且 每个季度≥60%

确保达到数据完整性标准的方法包括:

1)尽快修复故障仪器,以最大限度地减少数据丢失;

2)即使未采集降水化学样品,也应每天进行降水量的测量;

3)使用大型采集容器,即使是小的降水事件也足以使样品体积满足全部化学分析;

4)在实验室中稀释小体积的样品,以最大限度地分析化学物质种类;

5)通过实施良好的操作规程,最大限度地降低样品污染、泄漏、破损或损失的风险。

6.10.4 代表性

站址代表性可通过定期进行站址检查和审核以检验站点持续满足合适的选址标准的方式来保证。样品代表性可以通过良好的采样器设计和正确的标准操作规程来最小化所有可能的样品污染源的方式来保证。

6.10.5 可比性

总体测量的可比性可以通过将两个或更多 GAW 成员国的降水化学采样器和雨量计配置在一个站点来确定。每个采集器的降水化学样品应送到它们对应的 GAW 降水化学实验室(即,每个采集器应以与其所在国家完全相同的方式运行)。应对来自不同国家的采样器的数据进行分析,以确定其可比性和网络间的总体偏差。应将网络间的偏差与表 A.1 中所述的数据质量目标的网络间偏差进行比较(推荐的估算网络间偏差的方法请参见附录 A)。已发表的网络间可比性研究的例子有 Sirois 等(2000)和 Areskoug(1988)。

多国别的现场比较是确定 GAW 国家之间总体测量可比性的最佳方法。但是,这样的研究对所有的 GAW 国家来说是不可行的。

6.11 专题研究

为调查具体的测量问题或改变测量方法的影响等，应开展专题研究。研究示例包括：

1)确定离子是否被样品采集容器吸附或解吸的研究；

2)评估新旧采样程序和仪器可比性的研究；

3)确定各种样品防腐剂适用性的研究。

这些类型专题研究的结果应用于最佳采样方法的选取和测量系统不确定性的评估。研究结果应正式报告，且应按要求提供给国际使用。

参考文献

American Society for Testing and Materials(ASTM),2002. Manual 7A Manual on Presentation of Data and Control Chart Analysis,Seventh Edition[M]. ASTM International,West Conshohocken,Pennsylvania,USA:135.

Areskoug H,1988. In Expert Meeting on Sampling,Chemical Analysis and Quality Assurance(Nodop K, Leyendecker W)[M]. Arona,Italy: Norwegian Institute of Air Research,Kjeller,Norway.

Nilles M A,Gordon J D,Schroder L J,1994. The precision of wet atmospheric deposition data from National Atmospheric Deposition Programme/National Trends Network sites determined with collocated samplers[J]. Atmos Environ,**24A** :661-672. 90.

NILU,1996. EMEP Manual for Sampling and Chemical Analysis[M]. Kjeller,Norway:Norwegian Institute for Air Research.

Olsen A R, Voldner E C, Bigelow D S, et al, 1990. Unified wet deposition data summaries for North America: Data summary procedures and results for 1980-1986[J]. Atmos Environ,**24A** (3):661-672.

Sirois A,Vet R,1999. The precision of precipitation chemistry measurements in the Canadian Air and Precipitation Monitoring Network(CAPMoN)[J]. Environ Monitor and Assess,**57**:301-329.

Sirois A,Vet R J,Lamb D,2000. A comparison of the precipitation chemistry measurements obtained by the CAPMoN and NADP/NTN networks[J]. Environ Monitor and Assess,**62**:273-303.

Taylor J K, 1987. Quality Assurance of Chemical Measurements [M]. Lewis Publishers, Inc., Chelsea, MI,USA.

U. S. Environmental Protection Agency,1976. Quality Assurance Handbook for Air Pollution Measurement Systems-Volume 1 Principles[M]. EPA-600/9-76-005,Research Triangle Park,NC.U.S.

Environmental Protection Agency, 1997. EPA/OA/Office of Communications, Education, and Media Relations : Terms of Environment: Glossary, Abbreviations, and Acronyms (Revised December, 1997)[Z/OL].http://oaspub.epa.gov/trs/.

U. S. Environmental Protection Agency, 1998. EPA Guidance For Quality Assurance Project Plans, EPA QA/G-5, Report EPA/600/R-98/018, EPA Office or Research and Development, Washington DC [Z/OL]. http://www.epa.gov/swerust1/cat/epaqag5.pdf.

U. S. Environmental Protection Agency,2000. Guidance for Data Quality Assessment-Practical Methods for Data Analysis,EPA Report QA G-9 QA00 Update,Washington DC,July 2000[Z/OL]. http://www.epa.gov/quality/qs-docs/g9-final.pdf.

U. S. Environmental Protection Agency, 2002. Terminology Reference System [Z/OL]. http://www.epa.gov/trs/.

附录A GAW降水化学数据质量目标和评估

本附录描述了建立表A.1中规定的数据质量目标(DQO)的方法,并提供了确定实验室是否符合DQO的方法,这一过程通常被称为数据质量评估。GAW降水化学实验室的目标是应该能够达到或超过本表中的DQO;虽然有些实验室可能需要改进其分析和质量控制方法。以下各部分均专指表A.1中规定的DQO。

A.1 检测限

表A.1中列出的检测限是根据参加欧洲监测和评估计划(EMEP)的所有实验室提供的2001年的检测限综合确定的。表A.1中列出的检测限是所有参加EMEP实验室的检测限中值。

GAW降水化学项目确定检测限的优选方法需要对低离子浓度的溶液重复进行30次(或更多次)的化学分析。溶液必须稳定,并且浓度水平等于或接近分析技术的检测限。在理想情况下,这意味着溶液的浓度水平应在空白水平(纯的去离子水)和预期检测限之间。在实践中,溶液的浓度水平可以高至不超过预期检测限的5倍。例如,如果分析硫酸盐的预期检测限为0.04 $mg \cdot L^{-1}$,那么确定实际检测限的稳定的硫酸盐溶液的浓度应小于0.20 $mg \cdot L^{-1}$,理想情况下,应在0.01 $mg \cdot L^{-1}$和0.04 $mg \cdot L^{-1}$之间。可以在一段时间内对单个分析批次或者多个分析批次进行30次或更多次的重复性分析,而后者是优选。每种分析物的检测限等于30次或更多次重复性分析的标准偏差的3倍。与表A.1所列的数据质量目标(DQO)相比,那些优于或等于DQO的检测限被认为符合数据质量标准(DQO)。

A.2 总体精密度

总体精密度是包括现场和实验室在内、完整的降水化学测量系统的精密度。表A.1中列出的总体精密度的数据质量目标是一个特定GAW网络(即加拿大空气和降水监测网络)测量精密度值的1.5倍。这个监测网络的精密度值发表在Sirois和Vet(1999)论文的表I中。这里,在Sirois和Vet(1999)的论文中,总体精密度表示为修正中位数绝对偏差(M. MAD),将在以下的部分进行详细的描述。为解决GAW成员国在测量方法和能力方面的较大差异,考虑选取了1.5这个因子。值得注意的是,对于Mg^{2+}、Na^{+}和K^{+},按照Sirois和Vet(1999)论文中定量的修正中位数绝对偏差的总体精密度小于这些离子的分析检测限,在这种情况下,DQO值设为等于检测限乘以因子 1.5。DQO 中 pH>5.0 的选取也是有考虑，是因为没有可用的精密度估计值。

GAW 成员国对总体精密度的估算应通过在同一地点、在一年或更长的时间里同步运行两个相同的降水化学采样器和标准雨量计的方式来确定。应使用来自各个样品成对的浓度和降雨量数据来计算修正中位数绝对偏差(M. MAD)，其中 M. MAD 是频数分布的非参数估计扩散函数，当基础频数分布是正态分布时，其对于异常值的存在和标准偏差的相容估计是相对不敏感的。M. MAD 的数学表达式如下：

$$M.MAD = \frac{1}{0.6745} Median(|x_i - Median(x_i)|) \tag{A.1}$$

式中，x_i = 相关变量。

M. MAD 计算的描述和示例如下。读者可以参考 Sirois 和 Vet(1999)的文献以获取完整的细节。

A.2.1　修正中位数绝对偏差(M. MAD)的计算

1)对于每组配对的浓度数据，i 来自采样器 1 和采样器 2，计算采样器间的偏差 e_i，即

$$e_i = \frac{1}{\sqrt{2}}(C_{1i} - C_{2i}) \tag{A.2}$$

式中，C_{1i} 和 C_{2i} 表示采样器 1 和采样器 2 的第 i 个样品的浓度，而 $\frac{1}{\sqrt{2}}$ 表示假设两个测量中的误差来自于相同的分布。

2)计算总体精度(定义为 e_i 值的扩散)，它等于修正中位数绝对偏差(M. MAD)，计算如下。

①收集配对数值中所有的 e_i 值，计算 e_i 的中位数或 $Median(e_i)$。

②对于每个 e_i 的值，减去中位数 $Median(e_i)$，并取其绝对值，即 $|e_i - Median(e_i)|$。

③确定 $|e_i - Median(e_i)|$ 的中位数，即 $Median(|e_i - Median(e_i)|)$。

④中位数 $Median(|e_i - Median(e_i)|)$ 乘以因子 1/0.6745，这个因子在当 $|e_i - Median(e_i)|$ 值的基础分布为正态分布时，将 M. MAD 设为标准偏差的相容估计。

3)将计算出的 M. MAD 值与表 A.1 中的数据质量目标进行比较。

A.2.2　M. MAD 的计算示例

以下是基于加拿大空气和降水监测网络两个相同的采样器采集的硫酸盐浓度数据进行总体精度计算的示例。

M. MAD=(1/0.6745)×0.018=0.027 mg·L^{-1}。

表 A.1 中 DQO 的总体精密度=0.06 mg·L^{-1}。

由于 M. MAD<DQO，所以硫酸盐的总体精度符合 DQO。

采样器 1	采样器 2	e_i	$Median(e_i)$	$\lvert e_i - Median(e_i) \rvert$	$Median(\lvert e_i - Median(e_i) \rvert)$
5.234	5.453	−0.155	0.003	0.158	0.018
2.343	2.328	0.011		0.008	
2.359	2.335	0.017		0.014	
4.778	4.167	0.432		0.429	
0.736	0.733	0.002		0.001	
0.737	0.767	−0.021		0.024	
3.772	3.793	−0.015		0.018	
1.345	1.329	0.011		0.008	
11.787	11.426	0.255		0.252	
2.987	2.995	−0.006		0.009	
3.080	3.050	0.021		0.018	
1.095	1.098	−0.002		0.005	
1.636	1.631	0.004		0.001	
1.086	1.082	0.003		0.000	
3.207	3.314	−0.076		0.079	
1.756	1.788	−0.023		0.026	
1.772	1.778	−0.004		0.007	
3.118	3.102	0.011		0.008	
1.842	1.765	0.054		0.051	
2.719	2.677	0.030		0.027	
3.231	3.185	0.033		0.030	
1.239	1.289	−0.035		0.038	
4.392	4.354	0.027		0.024	
4.108	4.145	−0.026		0.029	
3.766	3.798	−0.023		0.026	
3.668	3.699	−0.022		0.025	
1.056	0.917	0.098		0.095	
2.560	3.580	−0.721		0.724	
0.863	0.870	−0.005		0.008	
1.202	1.207	−0.004		0.007	
2.812	2.809	0.002		0.001	
0.448	0.441	0.005		0.002	
15.412	14.285	0.797		0.794	
2.224	2.207	0.012		0.015	
2.621	2.631	−0.007		0.010	
0.920	0.928	−0.006		0.009	
1.642	1.601	0.023		0.020	
3.338	3.317	0.015		0.012	
5.910	5.839	0.050		0.047	

A.3 实验室精密度

实验室精度是指GAW降水化学实验室进行分析测量的精密度。表A.1中列出的实验室精密度的数据质量目标，是CAPMoN实验室(加拿大环境部的GAW实验室)分析精密度的1.5倍，如Sirois和Vet(1999)发表论文的表II所示。用于度量CAPMoN实验室分析精密度的标准是从大量的批间重复性分析数据计算的修正中位数绝对偏差(M.MAD)。选择因子1.5是为了扩大数据质量目标(DQO)的容忍度，使其超出单个实验室的容差，以便考虑GAW计划中的各种实验室的方法和测量能力。

GAW降水化学项目中的实验室，应通过对30个或更多个(优选多于30个)降水化学样品的批间重复性分析来估算其实验室的精密度，这些样品应覆盖较为广泛的离子浓度范围。与总体精密度一样，实验室精的密度使用重复性数据对来计算修正中位数绝对偏差，请参见A.2部分的描述。

A.4 网络间偏差

网络间偏差是衡量不同观测网络在相同环境条件下，在同一时间和地点进行相同测量的相对准确度或可比性的指标。网络间偏差仅是总体准确度的部分衡量指标，但它是一个特别有用，可以轻松量化和易于理解的指标。

网络间偏差是通过在同一站点同时进行两个或多个网络的并行测量来进行量化的。每个网络必须使用自己的仪器、标准操作规程、分析实验室和数据管理方法来处理其数据。然后，对多个网络的数据集进行相互比较以确定网络间偏差。

并行采样必须进行至少一年，以捕获对测量有影响的全部浓度范围和环境条件。

表A.1给出的网络间偏差的数据质量目标是基于对并行采样的一些假设而建立的，即：

1)来自不同观测网络的并行的采集器对相同的降水事件数量进行采样。

2)每个观测网络的测量系统产生独特的采样数据分布，反映这个网络的现场和实验室的测量方法。

3)完全可比的观测网络，在理论上能够产生相同的数据分布，但在实际上不太可能这样。即使并行的采样器是来自同一观测网络的，通常也会产生不同的数据分布。

4)高度可比较的观测网络，通常会产生的数据分布与来自单个观测网络并行的采集器的数据分布相差无几。换句话说，两个不同的观测网络间的差异通常会超过单个观测网络的总体精密度。

5)彼此显著不同(对于给定的概率水平)的观测网络，通常具有彼此不同的数据分布，它们之间的偏差比个别观测网络的精密度相同或更高。

基于这些假设，表A.1中网络间偏差的数据质量目标设为网络间相互比较研究中两个具有高精密度的GAW观测网络的网络间偏差的1.5倍，这两个观测网络分别是美国的国家大气沉降计划/国家趋势网和加拿大的空气和降水监测网络。在这项研究中的网络间偏差测量以修正中位数绝对偏差发表在Sirois等(2000)论文的表I中。选择乘法因子1.5是扩大GAW计划的容忍度的一种考虑,以解决GAW成员国在测量方法和能力方面的较大差异。网络间偏差是按照Sirois等(2000)的修正中位数绝对偏差进行量化的,对于Mg^{2+}和K^+而言,网络间偏差小于分析检测限,因此表A.1中的数据质量目标(DQO)值设定为等于检测限乘以1.5。对pH>5.0的DQO,选择为pH<5.0的DQO的2倍,是因为没有对此pH水平的定量的偏差估计。

采样量和标准雨量计降水量测量的网络间偏差的DQO,雨为±5%,雪为±15%,混合雨/雪为±10%,它们都是相对于每种类型降水的总年降水量。DQOs以相对值(即百分比)来表示,因为很难为50种或更多种的国家标准雨量计(Sevruk et al.,1989)和现今使用的超过14种类型的降水化学采样器建立绝对值(以毫米为单位)—每个都有自己的风速、暴露、润湿和蒸发误差(误差讨论参见Sevruk(1989)和Goodison等(1998)的文献)。

GAW成员国可以按照下一段描述的方法用并行的采样器数据计算网络间偏差(在这个方法中假设仅有两个观测网络的采样器在同一站点并行)。有关统计模型和方法的更详细描述,读者可参考Sirois等(2000)的文章。

网络间偏差的计算,最好是将多个观测网络的降水化学采样器和标准雨量计并行在同一站点。在经过至少一年的并行采样器运行之后,将所有降水采样期内两个采样器成对的离子浓度数据制成表格。如果两个观测网络的采样周期相同(例如,日采样对日采样、周采样对周采样),那么这个表格可以简单明了。但对于采样周期不同的情况(例如,日采样对周采样),则必须将较短采样周期的浓度值转换为较长采样周期的降水加权平均浓度值。例如,如果一个日采样器与一个周采样器并行,则必须将日的浓度转换为与周采样器相同周期的周降水加权平均浓度值。为此,必须使用标准雨量计的雨量作为加权因子,而不是样品的深度。同样还须计算周样品降水量和标准雨量计的降水量并制成表格。

1)对于每个采样周期的每对样品,计算浓度、样品量和标准雨量计降水量的网络间差异,即$\Delta C_i = C_{1i} - C_{2i}$,其中$C_{1i}$和$C_{2i}$表示采样期内观测网络1和2测量的浓度和降水量,$i=1 \sim n$。

2)检验网络间差异的频率分布,ΔC_i,正态分布(或非正态分布)。可以使用诸如Kolmogorov-Smirnov检验(参见相关文献,例如,Gibbons,1985)。

3)如果网络间差异的频率分布是正态的(不太可能),则可以使用T检验(student-t检验)来检验网络间差异ΔC_i的平均值与零的差异是否显著。如果分布是非正态的,使用符号检验(Sign test)来检验网络间差异的中位数与零的差异是否显著。结果将确定是否存在统计显著的网络间差异。请注意,如果要比较两个以上的观测网络,则必须使用特殊的多重检验技术,并在多重检验中保持同步的置信区间以确认网络间的显著差异。一种这样的检验是费里德曼秩和检验(Friedman Rank Sum Test),有关描述参见Hollander和Wolfe(1973)的文章,有关应用见Vet等(1988)的文章。

4)当网络间差异的频率分布为正态分布时,应计算网络间差异的平均值。这个值表示网络间偏差。当网络间差异的频率分布为非正态分布时,应计算网络间差异的中值,这个值表示网络间偏差。在正态分布或非正态分布情况下,将网络间偏差与表A.1中的DQO进行比较。如果这个值小于或等于DQO,则认为这两个网络已达到网络间偏差的DQO。

5)对于样品量和标准雨量计降水量的测量,计算每种仪器的雨、雪和混合雨/雪事件的年度总降水量。对于每种降水类型，从仪器 2 测量的总降水量中减去仪器 1 测量的总降水量，并除以两台仪器的总降水量的平均值。将这个数值与表中指定的 DQO 进行比较。

A.5　实验室间偏差

实验室间偏差是衡量实验室可比性的量度。表 A.1 中的实验室间偏差 DQO 是使用第 36 次至第 55 次 WMO/GAW 实验室间比较研究的数据来确定的。这 20 次研究是在 2007—2016 年间进行的，参加每次研究的实验室数量为 69～81 个。用 3 个样品对实验室进行检查，每个样品具有不同的离子浓度。这 20 次实验室间比较研究，共对 3 个样品进行了 60 组分析测量。确定了每组测量的频率分布，根据式(A.3)的定义计算了可接受的测量范围。

$$\text{可接受的范围(百分比)}=\pm\left[0.5\times\frac{IQR}{Median}\times 100\right] \tag{A.3}$$

IQR 表示频率分布的四分位数范围，即报告值的中间 50%范围。一组测量的可接受范围，是 IQR 的一半除以该组数据的中位数。

来自实验室间比较研究的 60 组测量的可接受范围，从最低到最高排序，每个分析物的实验室间偏差的 DQO 设定为或接近第 90 分位数。选择该值是为了避免异常值的影响，并且被认为是合理且可达到的所有 GAW 实验室的 DQO。

各个 GAW 实验室可以使用表 A.1 中实验室间偏差的 DQO，并按以下步骤来评估其 WMO/GAW 实验室间的比对结果：

1)对于每次测量，按式(A.4)计算实验室偏差：

$$\text{偏差}=100\times\frac{(C_{\mathrm{lab}}-MedianC)}{MedianC} \tag{A.4}$$

式中，C_{lab} =实验室报告的测量值；$MedianC$=所有实验室测量的中位数。

2)将实验室偏差与表 A.1 中的实验室间偏差的 DQO 进行比较。如果偏差等于或小于列表值，则达到 DQO。如果不是，则实验室在该样本测量中没有达到 DQO。

3)对每个样品中的每次测量都遵循相同的步骤。

示例：

实验室报告的硫酸盐浓度为 2.31 mg·L^{-1}。研究中 70 个参与单位的硫酸盐浓度的中位数为 2.54 mg·L^{-1}。

偏差=100×(2.31−2.54)/2.54=−9.1%；

硫酸盐的实验室间偏差的 DQO(表 A.1)=±5%。

结论：偏差＞DQO，因此，对于该样品中硫酸盐的测量，实验室没有达到 DQO。

A.6　校准水平

GAW 实验室的所有离子测量都必须使用多点校准曲线。作为一般规则，应使用至少 5 种校准溶液来制作每条校准曲线。当分析的浓度范围较大、校准曲线不是线性时，或当分析运行中的许多浓度达到或接近分析检测限时，应使用更多的校准溶液。

校准溶液的浓度应在实验室常规分析的降水化学样品浓度的第 2 和第 98 百分位数之间变化。前述的例外情况是 pH，建议使用两种低电导率的校准溶液进行校准(pH=4.0 和 7.0)。为了弥补校准标准的不足，每批样品中应包括几种 pH 检测溶液(即具有已知 pH 的稳定的低电导率溶液)，以确保 pH 计处于控制之下。

A.7 数据完整性

当对测量数据进行月度、季节、季度或年度时段统计汇总时，数据完整性是一个重要的数据质量指标。这是因为当在总结期间有大量的数据丢失或认为无效时，在进行诸如平均值、中位数和标准偏差之类的汇总统计时会有高度的误导性。因此，所有报告机构在报告其摘要统计数据之前都有义务保证有足够的数据。在 Sirois(1990)中可以找到关于缺失数据对降水化学统计影响的详细分析。

GAW 降水化学项目选择了两个数据完整性的 DQO。

1)**降水覆盖长度百分比(%PCL)**。PCL%是在总结期内(例如，月、季、年)有效降水测量的百分比。重要的是要注意，在没有降水发生时，0 也是一个有效的测量值。实际上，PCL%是在总结期内标准雨量计正常运行并报告降水量的百分比。如果有降水发生但没有测量到降水量时，那么可认为降水量测量是缺失的，且可以认为没有降水发生。例如，如果在一年 365 d 里(包括降水日和无降水日)标准雨量计仅正确报告了 300 d 的数据，那么%PCL=300/365=82.2%。

2)**总降水百分比(%TP)**。%TP 是在给定的总结期内(例如，月、季、年)，有效降水化学测量相关的降水量与标准雨量计测量的总降水量的百分比。重要的是要注意，必须为每种分析物计算%TP，因为对于任何给定的降水样品，一种或多种分析物的测量值(但不是全部)可能是无效的。例如，如果标准雨量计测量的一年的降水量为 1000 mm，但与有效降水化学样品相关的总降水量为 782 mm，那么%TP=78.2%。

表 A.1 中的数据完整性有 DQO 取自于 Olsen 等(1990)的文献。

GAW 年度数据完整性的 DQO

%PCL	%TP
年度≥90%	年度≥70%
每个季度≥60%	每个季度≥60%

GAW 季度数据完整性的 DQO

%PCL≥90%

%TP≥70%

每个 GAW 观测站应按式(A.5)计算季节、年度和季度数据完整率：

$$\%PCL=100\times\frac{M}{N} \tag{A.5}$$

式中，M = 在年度、季节或季度中，标准雨量计正常工作并报告数据的日数。标准雨量计正常运行但没有测量到降水的干日也包含在 M 中；

N =年度、季节或季度的总日数。

$$\%\mathrm{TP}=100\times\frac{M}{N} \tag{A. 6}$$

式中，M =在总结期内与有效、非缺失测量样品相关的总降水量；

N =在总结期内与所有样品采样相关的总降水量。

%PCL 和%TP 的计算值应与表 A.1 中列出的 DQO 进行比较。请注意，在报告年度期内的汇总统计数据时，观测网络必须同时满足年度和季度数据完整性的 DQO。这可以防止在一年中的一个或多个季节内由于大量缺失数据而引起年度统计中出现偏差。

在给定的年度期间，标准雨量计降水量测量的数据完整性 DQO 为%PCL=95%，并且每个日历季度的%PCL=90%。这意味着必须对每个采样周期标准雨量计的雨量进行测量，对丢失或缺失的数据几乎没有容忍度。对标准雨量计降水量测量的严格要求，是因为缺失和丢失的数据会对化学沉降和负载估算产生直接的负偏差，这在本手册其他地方进行了讨论。

参考文献

Gibbons J D, 1985. Nonparametric Statistical Inference, Second Edition[M]. Marcel Dekker, Inc, Statistics Textbooks and Monographs: Volume 65, New York, NY.

Goodison B E, Louie P Y T, Yang D, 1998. WMO Solid Precipitation Measurement Intercomparison Final Report. World Meteorological Organization Report WMO/TD No. 872[M]. Geneva, Switzerland.

Hollander M, Wolfe D A, 1973. Nonparametric Statistical Methods[M]. John Wiley & Sons, Inc, New York, NY: 503.

Olsen A R, Voldner E C, Bigelow D S, et al, 1990. Unified wet deposition data summaries for North America: Data summary procedures and results for 1980-1986[J]. Atmos Environ, **24A**(3): 661-672.

Sevruk B, 1989. Reliability of Precipitation Measurement. International Workshop on Precipitation Measurements, St. Moritz, Switzerland, 3-7 December 1989, Report WMO/TD No. 328 [M]. World Meteorological Organization, Geneva, Switzerland.

Sevruk B, Klemm S, 1989. Catalogue of National Standard Precipitation Gauges, World Meteorological Organization Report WMO/TD No. 313[M]. Geneva, Switzerland.

Sirois A, 1990. The effects of missing data on the calculation of precipitation-weighted mean concentrations in wet deposition[J]. Atmos Environ, **24A**(9): 2277-2288.

Sirois A, Vet R, 1999. The precision of precipitation chemistry measurements in the Canadian Air and Precipitation Monitoring Network(CAPMoN)[J]. Environ Monitor and Assess, **57**: 301-329.

Sirois A, Vet R J, Lamb D, 2000. A comparison of the precipitation chemistry measurements obtained by the CAPMoN and NADP/NTN networks[J]. Environ Monitor and Assess, **62**: 273-303.

Vet R J, Sirois A, Jeffries D S, et al, 1988. Comparison of bulk, wet-only, and wet-plus-dry deposition measurements at the Turkey Lakes Watershed[J]. Canadian J of Fish and Aquat Sci, 45: 26-37.

表 A.1 GAW 降水化学测量的数据质量目标(DQOs)

测量要素	检测限	精度		网络间偏差		校准水平	完整性
		总体	实验室	总体	实验室		
pH (pH 单位)	*	±0.1 pH>5 ±0.03 pH<5	±0.04 pH>5 ±0.02 pH<5	±0.24 pH>5 ±0.12 pH<5	±0.07 pH 单位	4.0 和 7.0 低离子强度标准液	90% PCL(1) 70% TP(2)
电导率($\mu s \cdot cm^{-1}$)	±2	*	*	*	±7%	第 2 和第 98 百分位浓度范围之间	90% PCL(1) 70% TP(2)
酸度($\mu mol \cdot L^{-1}$) 碱度($\mu mol \cdot L^{-1}$)	*	*	*	*	±25%	第 2 和第 98 百分位浓度范围之间	90% PCL(1) 70% TP(2)
SO_4^{2-}($mg \cdot L^{-1}$)	0.06	0.06	0.03	0.42	±7%	第 2 和第 98 百分位浓度范围之间	90% PCL(1) 70% TP(2)
NO_3^{2-}($mg \cdot L^{-1}$)	0.09	0.06	0.03	0.36	±7%	第 2 和第 98 百分位浓度范围之间	90% PCL(1) 70% TP(2)
Cl^-($mg \cdot L^{-1}$)	0.04	0.02	0.02	0.05	±10%	第 2 和第 98 百分位浓度范围之间	90% PCL(1) 70% TP(2)
NH_4^+($mg \cdot L^{-1}$)	0.02	0.02	0.01	0.08	±7%	第 2 和第 98 百分位浓度范围之间	90% PCL(1) 70% TP(2)
Ca^{++}($mg \cdot L^{-1}$)	0.02	0.02	0.01	0.05	±15%	第 2 和第 98 百分位浓度范围之间	90% PCL(1) 70% TP(2)
Mg^{++}($mg \cdot L^{-1}$)	0.01	0.01	0.01	0.02	±10%	第 2 和第 98 百分位浓度范围之间	90% PCL(1) 70% TP(2)
Na^+($mg \cdot L^{-1}$)	0.02	0.01	0.01	0.03	±10%	第 2 和第 98 百分位浓度范围之间	90% PCL(1) 70% TP(2)
K^+($mg \cdot L^{-1}$)	0.02	0.01	0.01	0.02	±20%	第 2 和第 98 百分位浓度范围之间	90% PCL(1) 70% TP(2)
甲酸盐($mg \cdot L^{-1}$)	*					第 2 和第 98 百分位浓度范围之间	90% PCL(1) 70% TP(2)
醋酸盐($mg \cdot L^{-1}$)	*					第 2 和第 98 百分位浓度范围之间	90% PCL(1) 70% TP(2)
标准雨量计 降水量(mm)	0.2	0.1 日 0.3 周	n/a n/a	±5% 雨 ±15% 雪 ±10% 雨+雪	n/a n/a	第 2 和第 98 百分位浓度范围之间	90% PCL(1) 70% TP(2)
样品量(mm)	0.2	0.1 日 0.3 周	n/a n/a	±5% 雨 ±15% 雪 ±10% 雨+雪	n/a n/a	第 2 和第 98 百分位浓度范围之间	90% PCL(1) 70% TP(2)

* ——不可用；

n/a —— 不适用。

1)%PCL 为降水覆盖长度百分比(见 6.10.3)。90%PCL 完整率标准应用于年度和季节总结期。对于年度总结期，一年内每个季节也应达到 60%的完整性标准。

2)%TP 为总降水百分比(见 6.10.3)。70%TP 完整率标准应用于年度和季节总结期。对于年度总结期，一年内每个季节也应达到 70%TP 的完整性标准。

附录B　GAW降水化学项目站点描述记录表

本附录包含一系列表格，可供NMHS或台站观测员用于对其GAW降水化学观测场地的描述。这些表格不需要向GAW降水化学项目或世界降水化学数据中心(WDCPC)提交。

这些表格旨在帮助选择新站点的合适位置，以及审核现有站点是否符合选址标准。它们可用于记录重要的站址信息，并通过定期审核和更新，提供站点随时间变化的情况。它们还可用于评估站点是GAW的区域站还是全球站。表格也是进行内部站址评估或审核的有用工具。

鼓励每个NMHS采用这些表格作为其内部质量控制程序的一部分，或根据他们的具体需求创建类似的表格。

GAW降水化学项目站点描述记录表

日期(日/月/年)：____________　　(圈选一项)1. 新址　　2. 站址变化　　3. 调整

1. 站点概述

站址确认	名称：　　　站号(由GAW-PC分配的)：	
站址地址(包括国家)		
站址类型	1. 全球　　2. 区域　　3. 其他(请说明)	
站址坐标(以小数度表示)	纬度　北/南	经度　东/西
站址海拔(m，海平面以上或以下)		

2. 站点管理

站点联系人		
站点邮寄地址/E-mail		
站点电话/传真号码		
实验室联系人		
实验室邮寄地址/E-mail		
实验室电话/传真号码		
站址所有权		
运行机构		
如果站点属于其他网络，请给出网络的名称		

3. 站点仪器

仪器	类型/型号	承水口距地高度(m)
降水采样器		
雨量计		

4. 站点区域描述

区域尺度(10～50 km),请在表中附示意图

表中请勿留空白,请填写“无”或“不详”

项目	北方(NW-NE)	东方(NE-SE)	南方(SE-SW)	西方(SW-NW)
主要的固定空气污染源＞10 t/a (SO_x、NO_x、NH_3、HCl 等)。对于全球站点,包括 150 km 范围内每年超过 1000 t 的主要排放源				
每天＞5000 车辆的主要道路(估计交通密度)				
人口＞10000 人的城市 对于全球站点,包括 200 km 范围内人口＞100000 人的城市和估计的人口数量				

5. 站点的局地描述

区域尺度(150 m～10 km),请在表中附示意图

表中请勿留空白,请填写“无”或“不详”

项目	北方(NW-NE)	东方(NE-SE)	南方(SE-SW)	西方(SW-NW)
道路,估计交通密度＞1000 车辆每天				
机场、铁路或航道及估计的交通密度				
灌溉地、农场或仓库和农作物名称和库存量				
固定的空气污染源＞10 t/a 的排放 (SO_x、NO_x、NH_3、HCl 等)				
人口＞1000 人的城市或乡镇,及估计的人口数量				

6. 现场描述

现场(150 m以内),请在表中附示意图

表中请勿留空白,请填写“无”或“不详”

项目	北方(NW-NE)	东方(NE-SE)	南方(SE-SW)	西方(SW-NW)
树木、柱子、栅栏和建筑物及高度				
焚烧炉、家庭供暖、停车场、燃料和农产品储存场、奶牛场或其他牲畜				
场地坡度(度数范围)				
现场地面覆盖类型(%砾石、草覆盖、裸土、岩石等)				
现场的环境类型(森林、河流、湖泊、沼泽、农场或田地、冻土,沙漠、草原等)				
道路及交通密度				

* 描述全球站点每天>100辆车的道路,以及区域站点每天>1000辆车的道路。

附录 C　质量控制溶液的准备

作者：南希兰斯(Nancy Lance)

致谢

作者要感谢 Jayne Simser，质量保证化学家，加拿大安大略省伯灵顿国家研究水、环境和气候变化研究所的质量管理者和能力验证计划以及标准物质生产技术经理，提供了有关杀菌程序和认证标准物质稳定性方面的建议。

C.1　背景

质量控制溶液(QCS)可分为两个不同的类别(Clement et al.，1997)：

1)合成 QCS：使用重量法称量试剂源材料，并在去离子水中制备溶液，或在自然降水中添加试剂源材料进行浓度调节来制备溶液；

2)天然基质 QCS：混合均匀的自然降水，在指定的时间长度内进行重复测试。天然基质 QCS 可以原样使用或如上面 1)中所述作为合成 QCS 的溶质使用。

使用 QCS 来证明分析系统处于控制之中需要使用同质且稳定的溶液。化学稳定性是至关重要的，所以较大的测量数据库可以获得真正具有方法代表性的统计稳定结果。

准备的 QCS 的量应足以持续 6 个月到 1 年。一些物种如羧酸或正磷酸盐是不稳定的，因此准备批量的 QCS 是不实际的。

在降水中添加试剂源材料来制备的合成 QCS 具有一定的优势，即允许实验室将特定物种定制到所需的浓度范围。

C.2　天然基质 QCS 的制备

为制备天然基质 QCS 收集并准备大量的降水，对用于质量控制目的的降水的长期化学稳定性而言，杀菌是至关重要的。

1)选择一个足够大的存储容器，容纳一定体积的溶液并持续一年。配有开关的大容量高密度聚乙烯(HDPE)容器是理想的选择。

2)通过用去离子水填充储存容器并使其静置 24 h 来活化储存容器。清空容器，然后用去离子水冲洗 3 次，并摇出多余的水。

3)收集并合并浓度在所需范围内的降水样品。在此收集期间，将该混合物在 4 ℃条件冷藏。

4)当收集到足够的降水时,按照以下步骤稳定混合物:

①通过离心或使物质沉降到收集容器底部的方法去除不溶性的粗物质,并倒出上层清液。

②使用真空过滤装置(Simser,2016),通过 0.45 μm 孔径的过滤器过滤上层清液。

③用 0.20 μm 孔径的过滤器真空过滤②中的滤液,以去除细菌并有效地稳定滤液。

5)将稳定的滤液加入预活化的储存容器中,通过倒置容器的方式使溶液混合,并使该天然基质 QCS 在使用前平衡 24 h。

C.3 从天然降水基质制备合成 QCS

选择两种方法之一为降水化学实验室制备合成 QCS。

C.3.1 方法一:准备针对特定仪器或分析方法的 QCS

(1) 优势

1)控制标准是定制的,可以更好地满足特定仪器或分析方法的校准范围。例如,比色法倾向的校准范围要比离子色谱法小。

2)可以制备标准样,以避免试剂中出现问题的可能性,例如为稳定溶液中的金属而添加的酸,或者是来自特定分析方法非测试目标的其他试剂的问题。

(2) 劣势

1)每个控制标准都需要一个专用的容器、存储空间和标签。

2)准备每种特定方法的控制标准都需要时间。

C.3.2 方法二:准备适用于所有分析方法的 QCS

(1) 优势

1)对所有方法使用少量的溶液可简化存储和具有易用性。

2)使用少量溶液有助于评估所有分析仪器、方法和人员中实验室质量常规指标随时间的变化。

(2) 劣势

1)如果一种化学成分变质,则必须对所有组分重新配制溶液,并且必须使用新的控制溶液对所有方法进行重新评估。

2)影响校准范围的某些试剂(如酸)可能会出现问题。

通常,对杀菌的天然基质进行感兴趣的物质测试,并加入标准溶液以使浓度达到目标范围。标准溶液可以从标准储备溶液中制备,或者可以从市场上购买。供应商名录列于附录D。使用方法一制备的控制溶液,在实验室操作部分的每种分析方法中都有描述。使用方法二的样例在表 C.1 中给出。

表 C.1 控制溶液示例

成分	控制溶液 1	控制溶液 2
SO_4^{2-}(mg·L^{-1})	6.669	2.544
NO_3^-(mg·L^{-1})	3.811	1.744
Cl^-(mg·L^{-1})	1.157	0.463
NH_4^+(mg·L^{-1})	0.827	0.413
Na^+(mg·L^{-1})	0.751	0.300
K^+(mg·L^{-1})	0.611	0.204
Ca^{2+}(mg·L^{-1})	0.268	0.153
Mg^{2+}(mg·L^{-1})	0.310	0.186
H^+(μe·L^{-1})	100(pH 4.00)	30(pH 4.52)
电导率(25 ℃)(μS·cm^{-1})	61.2	21.7

将控制溶液储存在 4 ℃的容器中。如果容器有开关,在提取溶液使用之前,提取并丢弃少量溶液以清洁开关。建议将溶液从储存容器中提取到二级容器中使用。这样消除了重复进入容器的需要,减少了污染其内容物的机会。

C.4 实验室仪器和工具的校准和操作测试程序

所有实验室仪器和工具都需要进行校准和操作测试。每个过程都需要标准操作规程。必须提供文档和保留结果。去离子水系统需要由专业服务人员进行校准和维修。其他装置和工具可由实验室技术人员校准。下面介绍几种校准和操作测试程序。

C.4.1 分析天平校准

在称量任何化学品之前,请按如下操作检查天平的校准和性能:

1)打开天平,让它预热几分钟。在继续操作之前,确保该区域没有气流并且读数稳定。

2)根据需要检查天平是否水平且干净。根据需要:

①通过转动天平的支脚来调节水平,直至水平气泡居中;

②使用软刷清洁天平上的残留化学品,如有必要,使用去离子水和柔软的 Kimwipe® 纸巾清洁。

3)天平去皮或置零。

4)使用 NIST 标准测试砝码检查天平的性能。选择一个在待称量物质重量的预期范围内的测试砝码。确保测试砝码已由认证过的供应商进行了清洁和验证。

5)**切勿触摸测试砝码**。用镊子抓住砝码并轻轻放在天平托盘上。

6)让天平稳定下来。在实验室日志中记录称量结果。

7)用镊子取下砝码并将其存放在其专用容器中。NIST 标准砝码应放在柔软、无尘的盒子里,砝码间不能相互碰撞。将一组砝码存放在清洁和干燥的地方。

C.4.2 移液器校准

移液器校准程序适用于手持式或数字式移液器，也可用于瓶口分液器。使用校准过的分析天平和电阻率大于18.0 MΩ的1型超纯水。戴上手套。校准步骤如下：

1)将称量皿或小烧杯放在天平的托盘上。校准天平。

2)提取等分的去离子水并转移到称量皿或烧杯中。

3)记录重量。

4)重复10次，**每次校准前应使用新的移液器头**。

5)建立可接受的变率和与预期值间偏差的标准。在没有既定限值的情况下，建议使用1%。

6)通过增大或降低柱塞的停止线对瓶口分液器进行调节或校正。确保止停螺丝不会转动或滑动。

在玻璃柱塞或瓶口分液器上的化学残留物不能结壳或结块。使用去离子水清洁分液器并冲洗柱塞。如果试剂已经结壳或结块到柱塞上，则柱塞可能在第一次使用时破裂。

C.4.3 移液器和瓶口分液器漏液测试

漏液测试适用于手持式或数字式移液器。测试步骤如下：

1)使用干净的移液器头。

2)为准备使用的移液器分配液体。

3)提取液体并观察移液器头10 s。

4)重复使用10个不同的移液器头。

5)**移液器头不得漏液**。漏液的移液器头可能归因于头部与移液管套管的不良结合或是可能变形或制造不良的有缺陷的头部。

6)在实验室记录本中记录观测结果。采取纠正措施以消除漏液。

检查瓶口分液器是否漏液。

1)压下柱塞并密切注意头部是否有漏液。用于羧酸分析的溶剂如氯仿可以从分液器头部吸回或滴下。

2)在实验室记录本中记录观测结果。采取纠正措施以消除漏液。

C.4.4 玻璃器皿校准

玻璃器皿在校准前必须清洁和干燥。使用经过校准的分析天平和电阻率大于18.0 MΩ的1型超纯水。校准步骤如下：

1)将烧瓶放在天平托盘上并校准。

2)小心地将去离子水加入烧瓶中，直到重量与烧瓶的预期体积完全匹配。

3)使用擦不掉的标记在弯液面的底部画一条填充线。这条线就是烧瓶必须填充以达到预期体积的生产线。

C.4.5 玻璃器皿存储

1)将玻璃器皿分配给每个相应的分析区域和程序。玻璃器皿将为区域或程序中化学品的使用提供必要条件。

2)在室温条件下,存放仪器校准过程中使用的玻璃器皿,装满去离子水并塞住。在使用之前,用校准溶液冲洗并清空 3 次或更多次。

参考文献

Clement R,et al,1997. Reference Materials for Environmental Analysis[M]. Boca Raton: Lewis Publishers.
Simser J,2016. Sterilization Techniques for Water Matricies[Z]. Lance N,Interviewer.

附录 D　共识标准和认证参考物质资源

作者：南希兰斯(Nancy Lance)

D.1　共识标准

共识标准是由有兴趣参与这些标准编写和/或使用的所有各方共同合作制定的。达成共识要求考虑所有的建议和反对意见，并努力解决问题。多数而不一定是全体人员达成的共识比简单的概念更重要(Toth，1990)。

可以在 http://webstore.ansi.org/sdo.aspx 网页找到完整的出版商和连接网页，包括国际标准化组织(ISO)、美国材料与试验协会(ASTM)和美国国家标准协会(ANSI)。

D.2　认证标准物质资源

亚洲

Wako Pure Chemical Industries，Ltd.　　模拟雨水

1-2，Doshomachi3-Chome，

Chuo-ku，Osaka 540-8605 Japan

电话：+81-6-6203-3471；传真：+81-6-6203-2029

网址：http://www.wako-chem.co.jp

加拿大—北美

DeltaScienticfic Lab Products Ltd.　　模拟雨水

1287 Matheson Blvd. East

Mississauga，ONL4W 2S7 Canada

电话：+1-905-629-4545 或+1-800-387-3256；

传真：+1-905-629-7249

网址：http://delta-sci.com

Environment Canada 认证标准物质
867 Lakeshore Road Burlington,ONL7S 1A1 Canada
电话:+1-905-336-4653;传真:+1-905-336-8914
网址:N/A;电子邮箱:ec.crmsales.ec@canada.ca

欧洲

IRMM
Institute for Reference Materials and Measurements 认证标准物质
European Commission JRC 模拟雨水 ERM-CA408
Retieseweg 111 B-2440 Geel Belgium
电话:+32-(0)14-571 705;传真:+32-(0)14-590 406
网址:https://crm.jrc.ec.europa.eu/
电子邮箱:jrc-irmm-rm-distribution@ec.europa.eu

Inorganic Ventures Europe 模拟雨水 QCP-RAIN-125ML
电话:+34.942.037272;传真:+34.942.355863
电子邮箱:global@inorganicventures.com

ESSLAB 模拟雨水(由无机企业制造)
Essex Scientific Laboratory Supplies Limited
Crucible House
Endway
Hadleigh
Essex SS7 2AN United Kingdom
电话:+44(0)702 555577
电子邮箱:sales@esslab.com
网址:http://www.esslab.com/

ERA 软水认证标准物质
Waters Technologies Ireland Ltd.
IDA Business Park
Drinagh,Wexford
Ireland
电话:+44(0)161 946 2777
网址:https://www.eraqc.com/

美国—北美

Central Calibration Laboratory 模拟雨水
Illinois State Water Survey 标准参考物质
2204 Griffith Drive
Champaign,IL 61820-7495
电话:217-265-8512
电子邮箱: clehmann@illinois.edu

High-Purity Standards 模拟雨水
P. O. Box 41727
Charleston,South Carolina 29243 USA
电话:843-767-7900;免费电话:866-767-4771;传真:843-767-7906
网址: http://highpuritystandards.com or
http://highpuritystandards.com/water-standards/simulated-rainwater-standards/

Inorganic Ventures 模拟雨水标准 QCP-RAIN-125ML
Christiansburg,Virginia 有机酸标准和储备溶液
电话:800-669-6799;电话(美国):540-585-3030;传真:540-585-3012
电子邮箱:info@inorganicventures.com

ERA 软水认证标准物质
16341 Table Mountain Parkway
Golden,Colorado 80403
电话:800-372-0122;传真:303-431-8454
网址:https://www.eraqc.com/

参考文献

Toth R,1990. Standards Management: A Handbook for Profit[M]. American National Standards Institute. Retrieved from https://ansi. org/.

附录E　利用离子平衡标注降水结果有效或无效：EMPA提出的方法

作者：Jan Schaug 和 Anne-Gunn Hjellbrekke
EMPA 化学协调中心

离子平衡(IB)是降水数据质量的一个指标，因为样品中所有带负电的离子浓度必须等于带正电的离子浓度的总和。当测量了降水样品中所有主要离子的浓度时，差的 IB 可能表明数据的质量较差，建议按如下所述方法对样品结果进行标记。

这个建议旨在对那些被认为质量低于 EMEP 数据质量目标(DQOs)预期的数据进行标记。标记的数据分为两组：那些具有足够高的质量并对 EMEP 有用的数据，被认为是有效的并且应该被使用；其次是被认为无效的数据。相关标准在图 E.2 中进行了总结。

良好的 IB 不能保证良好的数据质量。重要的是要记住，即使良好的 IB 倾向于表明在实验室中有适当的样品处理和良好的分析技能，但其他因素也可能降低 EMEP 的数据适用性和整体数据的质量；例如本地源或采样问题。甚至是样品的污染也不一定能通过离子平衡计算检测出来，如当污染发生在分析开始之前。

建议将下面描述的标志与具体降水样品的每个结果相关联。有关样品结果的其他信息可能会覆盖 IB 标记，并使某些结果有效。

以下使用随机误差作为标准的基础。系统误差被认为是微不足道的或已经进行了校正。

E.1　定义

C_i 是具体样品中的离子类型 i 的浓度，以 $\mu e \cdot L^{-1}$ 表示。下面的样本编号没有使用索引。IS 是所有离子浓度的总和，ID 是阳离子浓度之和与阴离子浓度之和之间的差值。IS 和 ID 均用 $\mu e \cdot L^{-1}$ 表示。在理想情况下，ID 应为零。离子平衡 IB，以差异 ID 占所有浓度之和 IS 的百分比表示。

$$IS = \sum_{\text{cations}} C_i + \sum_{\text{anions}} C_i \tag{E.1}$$

$$ID = \sum_{\text{cations}} C_i - \sum_{\text{anions}} C_i \tag{E.2}$$

$$IB = (ID/IS) \times 10^2 \tag{E.3}$$

实际上，所有测量都会存在一定误差，无论是系统误差还是随机误差，离子差异 ID 和离子平衡 IB 永远不会恰好为零。 S_{ci} 是浓度为 C_i 的大量样品或分析的离子类型 i 的浓度的标准不确定度,用 $\mu e \cdot L^{-1}$ 表示。S_{IB} 是 IB 中相应的标准不确定度,可以从 S_{ci} 的不确定度计算得出。S_{IB} 的单位是 IB 的百分比,由下式给出:

$$S_{IB}^2 = (1/IS^2)\{\sum_{\text{canions}}[(IB+100)^2 S_{ci}^2] + \sum_{\text{cations}}[(IB-100)^2 S_{ci}^2]\} \tag{E.4}$$

浓度的标准不确定度 S_{ci},通常随着浓度本身而增加。S_{IB} 将取决于样品中的成分和浓度,并且随着 IS 的降低而增加,例如,当浓度较低时 S_{IB} 将会较高。

由于假设已经分析了所有离子,并且去除了所有的系统误差,因此 IB 应等于零,式(E.4)可简化为:

$$S_{IB} = \sqrt{\sum_{\text{all\_ions}} S_{ci}^2} \times 10^2/IS \tag{E.5}$$

以下假设正态分布,可以通过重复性分析样品来估计 S_{ci}。

E.2 符合 DQO 的数据中的离子平衡

如果 S_{ci} 可以由 DQO 表示,则可以从 DQO 估计 S_{IB} 而不是从分析中估计 S_{ci}。因此,DQO 是在分析化学工作中给出的最大误差,现在可被视为每种化学物质的 95%的置信区间,而不是严格的上限。假设呈正态分布,在这种情况下,特定离子 i 的 DQO 将在 $\pm 1.96\ S_{ci}$ 的浓度区间范围内。这个假设显然放松了对分析准确度的要求,因为值 5%将超出 DQO。

DQO(EMEP/CCC-Report 1/95)中给出的要求是组分 i 的浓度 C_i,应在 $C_i \pm a \cdot C_i$ 范围内,其中,a 为 0.10 或 0.15(极低浓度除外)。

将此与前一段中的假设相结合:

$$a \times C_i = 1.96 \times S_{ci} \text{ 或} \tag{E.6}$$

$$S_{ci} = \left(\frac{a}{1.96}\right) \times C_i \tag{E.7}$$

这里,对于 SO_4^{2-} 和 NO_3^-,$a=0.10$;对其他离子,$a=0.15$。

式(E.7)和式(E.5)可用于估计 IB 的预期不确定度,如,在上述给定的假设情况下,符合 DQO 的测量值的 IB 限值。

E.3 符合 DQO 的数据中离子平衡的计算

已经按 DQO 对一系列不同浓度和组成的进行了 S_{IB} 的估计。计算表明 S_{IB} 取决于样品的成分以及浓度,并且获得了双组分样品的 S_{IB} 最高值,例如硫酸铵与其他成分在检测限附近。最低的 S_{IB} 出现在所有离子浓度大致相等的样品中(如,对于 EMEP,硫酸盐、硝酸盐和氯化物的浓度均相等,并且是铵、氢离子、钠、镁、钙和钾的浓度的两倍)。对于两种不同的样品类型,图 E.1 给出了从 DQO 中预估的大约 95%的置信区间(即 $\pm 2S_{IB}$)。

假设系统误差可以忽略不计,对于上面提到的两种成分的浓度总和为 100 $\mu e \cdot L^{-1}$,预计 95%的置信区间($\approx 2 \cdot S_{IB}$)对应于 7.1%~10.8%(图 E.1)。当 IS 等于 1000 $\mu e \cdot L^{-1}$ 时,置信区间对应于±4.6%~±9.0%。而对 IS 小于 100 $\mu e \cdot L^{-1}$时,S_{IB} 明显增加。

E.4 pH 大于 5.5 的样品的离子平衡

众所周知,pH 值大于 5.5～6.0 的样品,通常具有明显的阴离子缺失(例如 EMEP/CCC-Report 8/97)。这似乎不同于一个测量站点到下一个测量站点,并且尚未被充分理解。显然,这可以通过没有对具有弱酸性官能团的组分(例如有机物质)进行分析来解释。因此,上述估算方法通常不易应用于 pH 大于 5.5 的降水样品。因此,下面给出了样品 pH 是否大于 5.5 的单独的标准。

E.5 降水样品 pH 小于或等于 5.5 的离子平衡标记标准

利用图 E.1 中两种成分的估计的标准不确定度 S_{IB} 和置信区间已用于设定降水样品的质量标准,所不同的是,样品离子总和 IS 是高于和低于 100 $\mu e \cdot L^{-1}$。

(1) $IS \geqslant 100\ \mu e \cdot L^{-1}$

离子平衡在±10%以内的样品(图 E.1)可认为包含符合 DQO 的有效数据。因此,有效的、无标记的降水数据的离子平衡应在±10%以内。

相应地,建议将离子平衡是图 E.1 中限值的两倍的样品被作为有效,但应给出标记以表明质量预期低于目标。有效但标记的数据应具有−20%～−10%或+10%～+20%的离子平衡。

20%以外的样品可视为无效。20%大致对应于 2DQO 内数据的置信区间。

(2) $IS < 100\ \mu e \cdot L^{-1}$

当所有离子浓度的总和小于 100 $\mu e \cdot L^{-1}$ 时,标准是基于离子差异 ID(单位是 $\mu e \cdot L^{-1}$)而不是 IB,这是由于随着 IS 的减少 IB 会强烈增加。当 IS 恰好是 100 $\mu e \cdot L^{-1}$ 时,IB 限值 10%和 20%恰好对应于等于 10 $\mu e \cdot L^{-1}$ 和 20 $\mu e \cdot L^{-1}$ 的 ID。

对于 $IS < 100\ \mu e \cdot L^{-1}$,建议保持 10 $\mu e \cdot L^{-1}$ 和 20 $\mu e \cdot L^{-1}$ 的这些限值不变,即,离子差异在±10 $\mu e \cdot L^{-1}$ 范围内的样品可认为是有效的,并且在±20 $\mu e \cdot L^{-1}$ 内为有效但要进行标记。

离子差异超出±20 $\mu e \cdot L^{-1}$ 的样品被认为是无效数据。

E.6 降水样品 pH 大于 5.5 的离子平衡标记标准

如上所述,通常存在明显的阴离子缺失,这尚未被充分理解,并且缺失的大小可能在一个站点与下一个站点不同。因此,目前应采用宽松的标准。该标准基于上述讨论以及离子平衡的检查。他们应该关注 EMEP 所具有的离子平衡差异,并在不排除太多数据的情况下注意主要的错误。

(1) $IS \geqslant 100\ \mu e \cdot L^{-1}$

由于阴离子明显存在缺失("过多的阳离子"),因此当发生这种情况时,有效的非标记数据的标准不那么严格。建议对于有效的非标记数据,将 IB 的上限设置为+20%。在较低

pH 值(上述)时的相应限值为 10%。建议有效的非标记数据的标准在“负的 IB 一侧”，保持在 $IB \geqslant -10\%$(对于 pH 小于 5.5)。

当离子平衡大于 $+20\%$ 且数据看起来似乎有效时，应标记它们。这意味着由于仅有高的离子平衡时，数据不会被认为是无效的。

在“负的 IB 一侧”，建议标准保持不变，即如果 IB 在 $-10\%\sim-20\%$，则数据可认为是有效的，但是应对其进行标记。

如果 $IB > -20\%$，则数据被视为无效。

(2)$IS < 100\ \mu e \cdot L^{-1}$

对于 $IS < 100\ \mu e \cdot L^{-1}$ 的低浓度样品，标准可以设置为类似于 $IS \geqslant 100\ \mu e \cdot L^{-1}$ 的样品，但用差异 ID 替换离子平衡 IB。

图 E.2 给出了标准的总结。

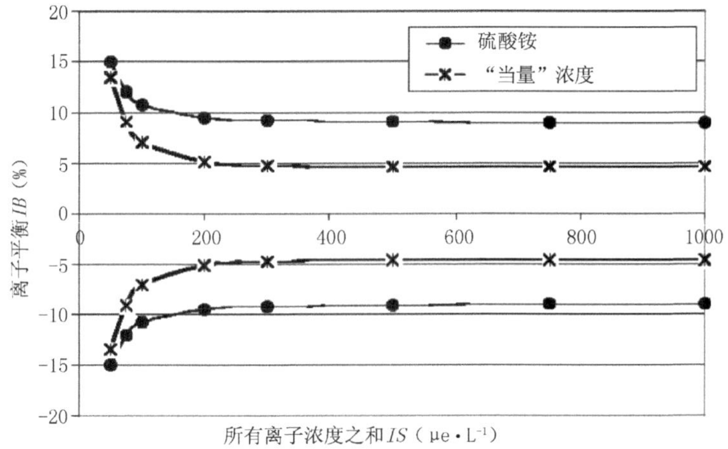

图 E.1 符合 DQO 的数据的离子平衡的近似 95% 置信区间，计算为 $\pm 2S_{IB}$

圆点代表适用于硫酸铵与其他组分在检测限的溶液。另外两条曲线基于具有如上定义的“相等”浓度的溶液。假设已经测量了所有成分并已经消除了任何明显的偏差

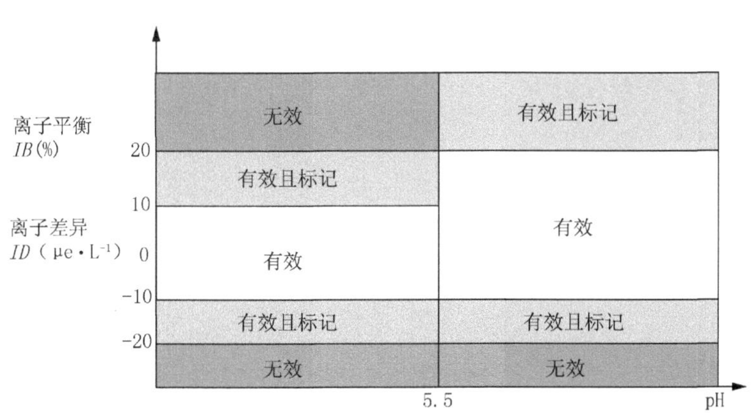

图 E.2 离子总和 $IS \geqslant 100\ \mu e \cdot L^{-1}$ 时，标准基于离子平衡(IB)的百分比

当离子的总和 $IS < 100\ \mu e \cdot L^{-1}$ 时，标准基于阳离子和阴离子浓度(ID)之间的差异，单位为 $\mu e \cdot L^{-1}$

附录 F 向美洲 GAW/SAC 提交 GAW 降水化学数据的指南

本附录详细提供了向美洲 GAW/SAC 提交 GAW 降水化学数据必须使用的数据格式信息。通过使用第 5 章中的数据质量和数据提交信息以及本附录中的详细格式说明，国家气象水文部门已具有了提交可接受的数据所需的所有信息。

必须将数据转换为世界数据中心降水化学数据提交的格式（WDCPC-ds 版本 3.0），以便提交给美洲 QA/SAC。每个机构都应负责以 WDCPC 的数据格式（有关如何获取电子模板或电子表格，请参阅第 5 章）来提交它们的数据（WDCPC-ds）。数据应在收集数据后一年的 12 月 31 日之前以年度增量方式提交给美洲 QA/SAC。

数据提交模板和电子表格由 Sukloff(2001)设计。

本附录包含以下信息：

F.1　完整的 WDCPC 数据提交样例

* WDCPC 标准数据提交模版
* WMO/GAW 降水化学数据

* 本样例包含部分数据

#CONTENT
Class,Category,Level,Form,,,
WDCPC,Wet_Ion_Chemistry,1.0,3.0,,,

* 注意,在#DATA_GENERATION 结构中的逻辑行太长,无法放在单个物理行上
* 因此,对它们进行了换行。

#DATA_GENERATION
* 文件头行
Date, Agency, Version, ScientificAuthority, Laboratory ID, Laboratory Name, Laboratory Address, Laboratory City, Laboratory State or Province, Laboratory Postal Code, Laboratory Country,,,
* 元数据行
2001-06-05,National Atmospheric Deposition Programme(NADP),1.0,John Doe,700003,"Illinios State Water Survey","2204 Griffith Drive",Champaign,IL,61820-7495,USA,,,
#PLATFORM
Type,ID,Name,Country,GAW_ID,,
STN,332021101Q08,Whiteface Mountain,USA,Not Defined,,
#LOCATION
Latitude,Longitude,Height,,,
44.3931,−73.8589,610,,,
#INSTRUMENT
Name,Model,Number,Orifice_Height ,,
Aerochem Metrics,301,111,1.00,,
#RAINGAUGE
Name,Model,Number,Orifice_Height ,,
Belfort,5-780,222,0.03,,
#LAB_INSTRUMENT
Analysis_Method,Name,Model,Number,,
IC,Dionix,3200,444,,

Glass Electrode,Acme,66ABC,555,,
#SAMPLE_PROTOCOL
Sampling_Interval,Sampling_Type,Filter,Filter Used,Preservation,Other Preservative
Weekly,Wet_Only,Not Filtered ,,Not Preserved,

*这是动态区域
*在以下的 Wet_Ion_Data 结构中,一行不适合整个页面。页面尺寸太小。因此,每个数据的逻辑行都由空格和注释行分隔,以使其更易于阅读。在实际的 csv 文件中,这些逻辑行将是一个长的单一的物理行。

#WET_ION_DATA
*文件头行
Sample_id,LST_start_date,LST_start_time,LST_end_date,LST_end_time,Time_zone,UTC_start_date,UTC_start_time,UTC_end_date,UTC_end_time,Precipitation_Type,Sample_Quality,LaboratoryComment,Unusual_Occurances,Standardgauge,Standardgauge Flag,Samplequantity,Samplequantity Flag,pH,pH Flag,Conductivity,Conductivity Flag,Acidity, Acidity Flag, Sulphate (SO4), Sulphate (SO4) Flag, Ammonium (NH4),Ammonium(NH4)Flag,Nitrate(NO3),Nitrate(NO3)Flag,Chloride(Cl),Chloride (Cl)Flag,Calcium(Ca),Calcium(Ca)Flag,Potassium(K),Potassium(K)Flag,Magnesium (Mg),Magnesium (Mg) Flag, Sodium (Na), Sodium (Na) Flag, Fluoride (F), Fluoride (F)Flag

*类型或单位行:
alphanumeric,yyyy-mm-dd,hh:mm,yyyy-mm-dd,hh:mm,alphanumeric,yyyy-mm-dd,hh:mm,yyyy-mmdd,hh:mm,alphanumeric,alphanumeric,alphanumeric,alphanumeric,mm,flag,g,flag,pH units,flag,μS/cm,flag,μeq/L,flag,mg/L,flag,mg/L,flag,mg/L,flag,mg/l,flag,mg/L,flag,mg/L,flag,mg/L,flag,mg/L,flag,mg/L,flag

*方法行:
none,none,none,none,none,none,none,none,none,none,none,none,none,none,Scale,none,mass,none,glass_electrode,none,conductivity_cell,none,none,none,IC,none,IC,none,IC,none,IC,none,IC,none,IC,none,IC,none,IC,none,IC,none

*检测限行:
none,none,none,none,none,none,none,none,none,none,none,none,none,none,0.1,none,0.1,none,0.01,none,0.5,none,0.5,none,0.01,none,0.01,none,0.01,none,0.01,none,0.01,none,0.01,none,0.01,none ,0.01,none,0.01,none

* 第一行数据:
XX123,1999-06-08,09:00,1999-06-15,08:59,EST ,1999-06-08,14:00,1999-06-15,13:59,Rain,Clean and Clear,,,8,V0,15,V0,3.89,V0,61.6,V0,-9999.9,M1,2.58,V0,0.622,V0,0.1,V0,0.587,V0,0.13,V0,0.086,V0,0.02,V0,0.251,V0,0.14,V0

* 第二行数据:
XX124,1999-06-15,09:00,1999-06-22,08:59,EST ,1999-06-15,14:00,1999-06-22,13:59,Rain,Partial Sample,Exceeded Holding Time ,,17,V6,28,V6,4.5,V6,17.1,V6,-9999.9,M1,0.533,V6,0.112,V6,0.13,V6,0.383,V6,0.055,V6,0.07,V6,0.022,V6,0.245,V6,0.056,V6

* 第三行数据:
XX125,1999-06-22,09:00,1999-06-29,08:59,EST ,1999-06-22,14:00,1999-06-29,13:59,No Precipitation Occurred,Not Applicable ,,,-9999.9,M1,-9999.9,M1,-9999.9,M1,-9999.9,M1,-9999.9,M1,-9999.9,M1,-9999.9,M1,-9999.9,M1,-9999.9,M1,-9999.9,M1,-9999.9,M1,-9999.9,M1,-9999.9,M1,-9999.9,M1

* 第四行数据:
XX126,1999-06-29,09:00,1999-07-06,08:59,EST ,1999-06-29,14:00,1999-07-06,13:59,Rain,Clean and Clear ,,Construction,11,V5,19.5,V5,3.68,V5,98,V5,-9999.9,M1,3.983,V5,0.608,V5,0.1,V5,0.337,V5,0.052,V5,0.078,V5,0.019,V5,0.249,V5,0.104,V5

F.2 创建有效的 WDCPC-ds 文件的准则

必须应用以下规则来定义有效的 WDCPC-ds 文件。

1)WDCPC-ds 文件可以包含任意数量的行,这些行可以具有不同的长度。

2)静态结构的顺序如上所示是固定的。但是,当文件中含有实验室比对调查结果时,可以省略 #PLATFORM、#LOCATION、#INSTRUMENT 和 #RAINGAUGE 结构。同样,当报告站点监视数据时应省略 #INTERCOMPARISON_INFORMATION 结构。

3)以星号(*)开头的行是备注或文件注释。这些文件注释可以放在文件中的任何位置,可被数据处理软件忽略。文件注释旨在用作可读性辅助或非关键文件注释。所有可报告的数据和元数据必须是其中一个结构的一部分。

4)允许空行,但可以通过 WDCPC 数据处理软件删除它们。

5)每个结构关键字前面都有井号:#。

6)良好的定义结构应由关键字组成,后面跟着数据字段描述符列表,再跟恰好一行的元数据或数据。#LAB_INSTRUMENT、#RAINGAUGE、#WET_ION_DATA、#TRACE_METAL_DATA、#WET_ORGANIC_DATA 和 #OTHER_WET_ION_DATA 结构是例

外的。对于分析采集样品中每个物质的设备,在#LAB_INSTRUMENT结构中都应有一行元数据相对应。同样,在#RAINGAUGE结构中,站点使用的每个降水雨量计(某些观测站使用单独的仪表来测量液体与结冰的降水量)也有一行元数据相对应。#WET_ION_DATA、#TRACE_METAL_DATA、#WET_ORGANIC_ DATA和#OTHER_WET_ION_DATA结构有三行元数据,后面跟着一行或多行的实际数据。第一行元数据描述测量单位;第二行元数据描述分析方法;第三行元数据给出检测限。

7)每条记录的分隔符是回车换行符。

8)标准字段的分隔符是逗号(“,”)字符。

9)分号“;”和制表符[tab]字符也可作为字段分隔符,但它们被认为是非标准的。QA/SAC的数据处理软件对使用非标准分隔符和使用逗号作为字段分隔符的文件的处理方式略有不同。首先,假设数字字段中的句号和逗号按欧洲惯例正在使用,因此需要将它们转换为北美的用法。其次,将非标准字段的分隔符替换为逗号。

10)没有其他的字符被识别或作为字段的分隔符。

11)如果需要在文本字段中嵌入字段分隔符,则整个文本字段必须用双引号字符("")括起来。大多数的电子表格程序都可以设置为自动使用双引号括起文本。

12)允许在行尾添加额外的字段分隔符,但它们将被WDCPC的数据处理软件删除。

13)每个文件必须只包含一类数据,因此#WET_ION_DATA、#TRACE_METAL_DATA、#WET_ORGANIC_DATA或#OTHER_WET_ION_DATA中只能有一种数据结构出现在文件中。

14)数据提交者可以选择想要报告的任何时间段的数据。但是,在那个时间段内,数据记录必须在时间上完整并且连续。例如,如果数据提交者创建一个文件拟提交6个月的数据,并且观测网络的采样周期为周采样,那么该文件应该在26周中每一周都至少有一条记录。即使在采样周期内没有收集到降水的情况下,也需要输入一条记录。对于这种情况,代码“无降水发生”应出现在降水类型字段中。

15)无论文件中的数据量如何(如指南中先前所述),最终经过检验的降水化学数据将以一年的数据块提交给WDCPC,每年一次,不迟于数据收集后1年。例如,2002年1月1日至12月31日的数据,应在2003年12月31日前提交WDCPC。数据块中可能包含多个文件,如4个季度的文件。

16)样品采集的日期和时间必须以当地标准时间(LST)和世界时(UTC)报告。格式中有开始日期和时间以及结束日期和时间的字段。

17)如果在#WET_ION_DATA、#WET_ORGANIC_DATA、#TRACE_METAL_DATA或#OTHER_WET_ION_DATA结构中特定字段的数据丢失或无效,请不要将其留空,而是输入代码:-9999.9。在相关的标识字段中,根据需要编码“M1”(缺失)或“M2”(无效)。

18)**对于低于检测限(BDL)的值**,有两种方式报告BDL数据:

①输入分析测定的值,并将其相关的数据质量标识设置为“V1”(有关BDL报告和标识的进一步信息请参见5.6.4节);

②用检测限替换分析测定的值,并将其相关的数据质量标识设置为“V7”(有关BDL报

告和标识的进一步信息请参见 5.6.4 节)。

19)**不要报告无效的数据值。**无论任何原因(例如污染)将数据视为无效,则应将该值替换为－9999.9 并将数据标识记为“M2”。

F.3　详细的结构说明

以下描述基于 Hare 和 Carty(1999)建立的格式。

注意:以下结构:Wet_Ion_Chemistry、Other_Wet_Ion_Chemistry、Wet_Trace_Metal_Chemistry 和 Wet_Organic_Chemistry 在“描述”列中统称为 SAMPLE_DATA。

注意:带有上标星号(*)的字段名称在 Excel 电子表格模板中具有内置选择列表(或选择列表)。

注意:数据质量标志列表可在数据质量标识表中找到。必须在数据结构的标识字段中使用这些标识代码。**每个测量参数必须具有与之关联的数据质量标识。**

结构名称	字段名称	描述
#CONTENT	CLASS 等级	要遵循的数据的一般“等级”,通常是数据中心的首字母缩写词。对于降水化学数据,值为:WDCPC。
	Category* 种类	提交的子组数据。 对于 PC 数据,有 5 个允许值:Wet_Ion_Chemistry、Wet_Ion_Intercomparison、Other_Wet_Ion_Chemisty、Wet_Trace_Metal_Chemistry 和 Wet_Organic_Chemistry。 种类的选择定义了元数据部分之后的数据集结构。
	Level 级别	数据级别。级别是指数据产品,对于降水化学数据,此字段默认为:1.0。
	Form 数据格式版本号	要遵循的数据格式的版本。本文档中描述的版本是 3.0。请查看 QA/SAC 网站,并下载最新版本。
#DATA_GENERATION	Date 日期	处理和/或生成文件的日期。日期以 ISO 8160 格式标准表示,即 yyyy-mm-dd。示例:2001-03-21。
	Agency* 机构	数据提交机构的名称。
	Version 版本	提交机构指定的数据版本。该字段跟踪数据提交者所做的更改和更正。初始值为 1.0。
	Scientific Authority 科学负责人	负责数据质量的人员。
	Laboratory ID 实验室识别号	进行样品分析的实验室的 WMO / GAW 实验室识别号。识别号的范围从 700001 到 700150。如果你不知道你的识别号,请使用编码 700000 并联系美洲 QA /SAC 寻求帮助。
	Laboratory Name 实验室名称	样品分析实验室的名称。如果此名称与“机构”字段输入的名称相同,则可省略实验室名称。
	Laboratory Address 实验室地址	实验室的街道地址。用逗号分隔每个部分。

续表

结构名称	字段名称	描述
# DATA_GENERATION	Laboratory City 实验室城市名称	实验室所在城市的名称。
	Laboratory State or Province 实验室所在省或州	实验室所在的州或省。
	Laboratory Postal Code 实验室邮编	实验室的邮政编码。
	Laboratory Country* 实验室所在国家	实验室所在的国家/地区代码。国家或地区是3个字母的ISO-3166代码。例如,芬兰是FIN,瑞士是CHE等(注意:这可能与该站所在的国家不同)。
#PLATFORM 注意:在报告实验室比对结果时,本结构可省略	Type* 平台类型	观测平台的类型:固定(STN)或移动{例如:机载(FLT)、船载(SHP)}。没有已知的移动降水化学站;因此,预计该字段的值将为:STN。但是,如果建立了一个活动来执行移动监测,则可能会使用其他代码之一。
	ID* 站点识别号	每个世界数据中心分配和维护的唯一站点或飞行ID。对于降水化学数据,ID的格式为:AANNNNNNNQ08。AA部分是ISO-3166标准中两个字母的符国家代码。NNNNNNN部分是站点的数字代码。ISO-3166标准的一个例外是美国。对于美国,AA部分是每个州或领地的数字代码。完整的台站列表,可访问美洲QA/SA网站http://www.qasac-americas.org/。
	Name* 台站名称	台站名称。
	Country* 台站所在国家	台站所在的国家/地区代码。国家或地区是3个字母的ISO-3166代码。例如,芬兰是FIN,瑞士是CHE等(注意:这可能与实验室所在的国家不同)。
	GAW_ID GAW识别号	这是GAW站点信息系统(GAWSIS)使用的标识符。有关更多信息请访问GAWSIS网站:http://www.empa.ch/gaw/gawsis/。 在发布时,通用的GAW_ID格式仍未确定。在建立通用格式之前,请输入"未定义"。
#LOCATION 注意:在报告实验室比对结果时,本结构可省略	Latitude 纬度	降水化学采样器的基准纬度。格式为十进制度(度),精度为四位小数。北纬是正"+",而南纬是负"-"。默认标识为正(即北纬)。
	Longitude 经度	降水化学采样器的基准经度。格式为十进制度(度),精度为四位小数。东部经度是正"+",而西部经度是负"-"。默认标识为正(即东经)。
	Height 海拔高度	降水化学采样器所在地面的高度。请勿使用仪器承水口的高度。这将在#INSTRUMENT和#RAINGUAGE结构中确定。格式为高于海平面米(m. a. s. l.)。

续表

结构名称	字段名称	描述
#INSTRUMENT 注意:在报告实验室比对结果时,本结构可省略	Name 名称	对于降水化学,必须在#INSTRUMENT 结构的字段中输入有关降水采样器安装地点的信息。仪器的"名称"是采样器或其制造商的通用名称。例如:Aerochem Metrics。
	Model 型号	型号识别码(如适用)。对于上面提到的仪器名称,相应型号是 301。
	Number 序列号	仪器的序列号(如果存在)。
	Orifice-Height 孔口高度	采样器承水口距地面的高度。
#RAINGAUGE 注意:在报告实验室比对结果时,本结构可省略		这是标准雨量计的信息。假设雨量计与采集样品用于分析的采样器不同。如果在台站使用了多个雨量计,则在每行上单独输入每个雨量计。(例如,一些计划有一个专门用于测量雨水的采样器,而另一个采样器测量固态降水)。
	Name 名称	与#INSTRUMENT 结构相同。
	Model 型号	与#INSTRUMENT 结构相同。
	Number 序列号	与#INSTRUMENT 结构相同。
	Orifice-Height 孔口高度	雨量计承水距地面的高度。
#LAB_INSTRUMENT	Analysis_Method* 分析方法	实验室仪器采用的分析方法。同样的分析方法名称或代码也输入#SAMPLE_DATA 结构中。(方法的记录是#SAMPLE_DATA 结构中的第三个元数据行)。假设#SAMPLE_DATA 结构中指定的每个方法都对应于#LAB_INSTRUMENT 结构中列出的分析方法之一。
	Name 名称	与#INSTRUMENT 结构相同。
	Model 型号	与#INSTRUMENT 结构相同。
	Number 序列号	与#INSTRUMENT 结构相同。
#SAMPLE_PROTOCOL	Sampling_Interval* 采样间隔	从降水采样器中移出样品的频率是多少? 有效的间隔为:事件、每日和每周。每月(批量)采样也可以接受。但是,观测网络必须首先向美洲 QA/SAC 提供证据,证明样品的浓度在很长一段时间内保持稳定。
	Sampling_Type* 样品类型	从此列表中选择:Automated_Wet_Only、Manual_Wet_Only、Bulk。仅湿沉降方案需要能够在湿沉降开始时打开、在湿沉降事件结束时关闭采集容器的采样器。任何其他方案都被认为是总体样本采样。注意:如果观测网络以前未获得美洲 QA/SAC 提交总体样本数据的批准,则可能会拒绝或隔离数据。

续表

结构名称	字段名称	描述
#SAMPLE_PROTOCOL	Filter* 过滤	在分析之前,样品是否已在实验室过滤? 选择:已过滤或未过滤。如果选择"已过滤",则在 Filter_Used 字段中输入过滤器的类型。 一些方案是在采集容器采集降水时进行过滤(例如,插入玻璃棉以防止碎屑进入采集容器)。虽然不建议这样做,但这类信息应包含在项目的质量保证文档中,但不要在此将其输入此字段。该字段为实验室进行过滤而预留的。
	Filter_Used 使用过滤器的类型	如果在"过滤"字段中选择"已过滤",则输入实验室使用的过滤器或方法类型。
	Preservation* 保存	样品是否已保存?使用了什么样的保存方法?从此列表中选择:未保存的、冷冻、添加氯仿、添加百里香、添加其他防腐剂。 如果选择了"其他防腐剂",则在 Other_Preservative 字段中填写防腐剂或保存方法。
	Other_Perservative 其他防腐剂	如果在保存字段选择了"其他防腐剂",则在本字段中填写使用的防腐剂或保存方法。
#INTERCOMPARISON_INFORMATION 注意:在报告台站监测数据时,本结构可省略		这个结构仅在向 QA /SAC 报告实验室比对结果时使用(即 #CONTENT 结构中类别设置为:Wet_Ion_Intercomparison)。对于所有其他类别的数据,可省略。
	Intercomparison_Number 比对编号	比对编号,比对的年份和月份。有关此字段的定义和格式,请参阅"Intercomparison Number"表。
#WET_ION_DATA		字段名称列表后面的三行,提供了从第四行开始的实际数据属性的元数据。第一行给出了测量单位;第二行给出了测量方法;第三行给出了检测限。#SAMPLE_DATA 结构取决于 #CONTENT 结构中类别字段的编码。这个版本的 #SAMPLE_DATA 结构将用于 Wet_Ion_Chemistry 和 Wet_Ion_Intercomparison。
	Sample_id 样品标识符	样品标识符。允许使用字母数字字符的任意组合。唯一的要求是每个样本必须具有唯一标识符。代码"字母数字"代表测量单位,代码"无"代表测量方法和检测限。
	LST_start_date 开始日期	以本地标准时间(LST)采集样品的开始日期。单位是 yyyy-mm-dd(ISO-8601 标准)。测量和检测限的方法是"无"。对于实验室比对数据,本字段请输入分析的日期。
	LST_start_time 注意:对于 Intercomparison 数据,可以留空	以本地标准时间(LST)采集样品的开始时间。单位是 hh:mm(ISO-8601 标准)。测量和检测限的方法是"无"。
	LST_end_date 注意:对于 Intercomparison 数据,可以留空	以本地标准时间(LST)采集样品的结束日期。单位是 yyyy-mm-dd(ISO-8601 标准)。测量和检测限的方法是"无"。对于实验室比对数据,本字段请输入分析的日期。

续表

结构名称	字段名称	描述
#WET_ION_DATA	LST_end_time 注意：对于 Intercomparison 数据，可以留空	以本地标准时间（LST）采集样品的结束时间。量单位是 hh:mm（ISO-8601 标准）。测量和检测限的方法是“无”。
	Time_zone* 注意：对于 Intercomparison 数据，可以留空	采样器所在的时区。此字段指明本地标准时间和世界标准时（UTC）之间的时差。有关允许的代码列表，请参阅时区表 F.8
	UTC_start_date 注意：对于 Intercomparison 数据，可以留空	以世界标准时（UTC）采集样品的开始日期。单位是 yyyy-mm-dd（ISO-8601 标准）。测量和检测限的方法是“无”。对于实验室比对数据，本字段请输入分析日期。
	UTC_start_time 注意：对于 Intercomparison 数据，可以留空	以世界标准时（UTC）采集样品的开始时间。单位是 hh:mm（ISO-8601 标准）。测量和检测限的方法是“无”。
	UTC_end_date 注意：对于 Intercomparison 数据，可以留空	以世界标准时（UTC）采集样品的结束日期。单位是 yyyy-mm-dd（ISO-8601 标准）。测量和检测限的方法是“无”。对于实验室比对数据，本字段请输入分析日期。
	UTC_end_time 注意：对于 Intercomparison 数据，可以留空	以世界标准时（UTC）采集样品的结束时间。单位是 hh:mm（ISO-8601 标准）。测量和检测限的方法是“无”。
	Precipitation _Type* 降水类型	采集的降水类型。如果在采样期间没有发生降水，则选择“无降水发生”。完整的响应列表，请参阅降水类型表 F.1。这是必填栏。
	Sample_Quality* 样品质量	由台站观测员确定的总体样品的质量。当没有观察到任何问题时，从关联的选择列表中选择“清洁透明”。完整的响应列表，请参阅样品质量表 F.2。这是必填栏。
	Laboratory Comment* 实验室注释	这个字段为实验室的技术人员提供了在样品到达后对样品状况进行评论的机会。完整的响应列表，请参阅实验室注释表 F.3。如果技术人员没有发现任何错误，则该字段可以留空。
	Unusual_Occurances* 异常事件	这一列包含了可能会或可能不会影响样品质量的异常事件的列表。完整的响应列表，请参阅异常事件表 F.4。如果台站观测员注意到其中一个事件已发生，则从列表中选择它。否则，这个字段可以留空。
	Standardgauge 雨量	由标准雨量计或雪量计记录的雨量。单位为毫米（mm）。
	Standardgauge Flag 雨量质量标识	数据质量标识。

续表

结构名称	字段名称	描述
#WET_ION_DATA	SampleQuantity 采样量	采样器采集的降水量。单位为升。测量方法可以是质量或体积。
	SampleQuantity Flag 采样量质量标识	数据质量标识。
	pH pH 值	pH 单位,测量方法和检测限。
	pH Flag pH 质量标识	数据质量标识。
	Conductivity 电导率	电导率单位,测量方法和检测限。
	Conductivity Flag 电导率质量标识	数据质量标识。
	Acidity 酸度	酸度单位,测量方法和检测限。
	Acidity Flag 酸度质量标识	数据质量标识。
	SO_4 硫酸根	硫酸盐(SO_4^{2-})单位,测量方法和检测限。报告硫酸盐而不是硫。
	SO_4 Flag 硫酸根质量标识	数据质量标识。
	NH_4 铵根	铵盐(NH_4^+)单位,测量方法和检测限。报告铵盐而不是氮。
	NH_4 Flag 铵根质量标识	数据质量标识。
	NO_3 硝酸根	硝酸盐(NO_3^-)单位,测量方法和检测限。报告硝酸盐而不是氮。
	NO_3 Flag 硝酸根质量标识	数据质量标识。
	Cl	氯离子(Cl^-)单位,测量方法和检测限。
	Cl Flag	数据质量标识。
	Ca	钙离子(Ca^{2+})单位,测量方法和检测限。
	Ca Flag	数据质量标识。
	K	钾离子(K^+)单位,测量方法和检测限。
	K Flag	数据质量标识。
	Mg	镁离子(Mg^{2+})单位,测量方法和检测限。

续表

结构名称	字段名称	描述
#WET_ION_DATA	Mg Flag	数据质量标识。
	Na	钠离子(Na^{+})单位,测量方法和检测限。
	Na Flag	数据质量标识。
	F	氟离子(F^{-})单位,测量方法和检测限。
	F Flag	数据质量标识。
#WET_TRACE_METAL_DATA		字段名称列表后面的三行,提供了从第四行开始的实际数据属性的元数据。第一行给出了测量单位;第二行给出了测量方法,第三行给出了检测限。#SAMPLE_DATA 结构取决于#CONTENT 结构中类别字段的编码。这个版本的#SAMPLE_DATA 结构将用于 Wet_Trace_Metal_Chemistry。
	Sample_id 样品标识符	样品标识符。允许使用字母数字字符的任意组合。唯一的要求是每个样本必须具有唯一标识符。代码"字母数字"代表测量单位,代码"无"代表测量方法和检测限。
	LST_start_date 开始日期	以本地标准时间(LST)采集样品的开始日期。单位是 yyyy-mm-dd(ISO-8601 标准)。测量和检测限的方法是"无"。对于实验室比对数据,本字段请输入分析日期。
	LST_start_time 注意:对于 Intercomparison 数据,可以留空	以本地标准时间(LST)采集样品的开始时间。单位是 hh:mm(ISO-8601 标准)。测量和检测限的方法是"无"。
	LST_end_date 注意:对于 Intercomparison 数据,可以留空	以本地标准时间(LST)采集样品的结束日期。单位是 yyyy-mm-dd(ISO-8601 标准)。测量和检测限的方法是"无"。对于实验室比对数据,本字段请输入分析日期。
	LST_end_time 注意:对于 Intercomparison 数据,可以留空	以本地标准时间(LST)采集样品的结束时间。量单位是 hh:mm(ISO-8601 标准)。测量和检测限的方法是"无"。
	Time_zone* 注意:对于 Intercomparison 数据,可以留空	采样器所在的时区。此字段指明本地标准时间和世界标准时(UTC)之间的时差。有关允许的代码列表,请参阅时区表 F.8。
	UTC_start_date 注意:对于 Intercomparison 数据,可以留空	以世界标准时(UTC)采集样品的开始日期。单位是 yyyy-mm-dd(ISO-8601 标准)。测量和检测限的方法是"无"。对于实验室比对数据,本字段请输入分析日期。

续表

结构名称	字段名称	描述
#WET_TRACE_METAL_DATA	UTC_start_time 注意：对于 Intercomparison 数据，可以留空	以世界标准时(UTC)采集样品的开始时间。单位是 hh:mm(ISO-8601 标准)。测量和检测限的方法是“无”。
	UTC_end_date 注意：对于 Intercomparison 数据，可以留空	以世界标准时(UTC)采集样品的结束日期。单位是 yyyy-mm-dd(ISO-8601 标准)。测量和检测限的方法是“无”。对于实验室比对数据，本字段请输入分析日期。
	UTC_end_time 注意：对于 Intercomparison 数据，可以留空	以世界标准时(UTC)采集样品的结束时间。单位是 hh:mm(ISO-8601 标准)。测量和检测限的方法是“无”。
	Precipitation _Type* 降水类型	采集的降水类型。如果在采样期间没有发生降水，则选择“无降水发生”。完整的响应列表，请参阅降水类型表 F.1。这是必填栏。
	Sample_Quality* 样品质量	由台站观测员确定的总体样品的质量。当没有观察到任何问题时，从关联的选择列表中选择“清洁透明”。完整的响应列表，请参阅样品质量表 F.2。这是必填栏。
	Laboratory Comment* 实验室注释	这个字段为实验室的技术人员提供了在样品到达后对样品状况进行评论的机会。完整的响应列表，请参阅实验室注释表 F.3。如果技术人员没有发现任何错误，则该字段可以留空。
	Unusual_Occurances* 异常事件	这一列包含了可能会或可能不会影响样品质量的异常事件的列表。完整的响应列表，请参阅异常事件表 F.4。如果台站观测员注意到其中一个事件已发生，则从列表中选择它。否则，这个字段可以留空。
	Standardgauge 雨量	由标准雨量计或雪量计记录的雨量。单位为毫米。
	Standardgauge Flag 雨量质量标识	数据质量标识。
	SampleQuantity 采样量	采样器采集的降水量。单位将是升。测量方法可以是质量或体积。
	SampleQuantity Flag 采样量质量标识	数据质量标识。
	Mn	锰元素(Mn)单位，测量方法和检测限。
	Mn Flag	数据质量标识。
	Fe	铁元素(Fe)单位，测量方法和检测限。
	Fe Flag	数据质量标识。
	Cd	镉元素(Cd)单位，测量方法和检测限。
	Cd Flag	数据质量标识。

续表

结构名称	字段名称	描述
#WET_TRACE_METAL_DATA	Cu	铜元素(Cu)单位,测量方法和检测限。
	Cu Flag	数据质量标识。
	Ni	镍元素(Ni)单位,测量方法和检测限。
	Ni Flag	数据质量标识。
	Pb	铅元素(Pb)单位,测量方法和检测限。
	Pb Flag	数据质量标识。
	Zn	锌元素(Zn)单位,测量方法和检测限。
	Zn Flag	数据质量标识。
	Hg	汞元素(Hg)单位,测量方法和检测限。
	Hg Flag	数据质量标识。
#OTHER_WET_ION_DATA		字段名称列表后面的三行,提供了从第四行开始的实际数据属性的元数据。第一行给出了测量单位;第二行给出了测量方法,第三行给出了检测限。#SAMPLE_DATA 结构取决于#CONTENT 结构中类别字段的编码。这个版本的#SAMPLE_DATA 结构将用于 Other_Wet_Ion_Chemistry。
	Sample_id 样品标识符	样品标识符。允许使用字母数字字符的任意组合。唯一的要求是每个样本必须具有唯一标识符。代码"字母数字"代表测量单位,代码"无"代表测量方法和检测限。
	LST_start_date 开始日期	以本地标准时间(LST)采集样品的开始日期。单位是 yyyy-mm-dd(ISO-8601 标准)。测量和检测限的方法是"无"。对于实验室比对数据,本字段请输入分析日期。
	LST_start_time 注意:对于 Intercomparison 数据,可以留空	以本地标准时间(LST)采集样品的开始时间。单位是 hh:mm(ISO-8601 标准)。测量和检测限的方法是"无"。
	LST_end_date 注意:对于 Intercomparison 数据,可以留空	以本地标准时间(LST)采集样品的结束日期。单位是 yyyy-mm-dd(ISO-8601 标准)。测量和检测限的方法是"无"。对于实验室比对数据,本字段请输入分析日期。
	LST_end_time 注意:对于 Intercomparison 数据,可以留空	以本地标准时间(LST)采集样品的结束时间。量单位是 hh:mm(ISO-8601 标准)。测量和检测限的方法是"无"。
	Time_zone* 注意:对于 Intercomparison 数据,可以留空	采样器所在的时区。此字段指明本地标准时间和世界标准时(UTC)之间的时差。有关允许的代码列表,请参阅时区表 F.8。

续表

结构名称	字段名称	描述
	UTC_start_date 注意:对于 Intercomparison 数据,可以留空	以世界标准时(UTC)采集样品的开始日期。单位是 yyyy-mm-dd(ISO-8601 标准)。测量和检测限的方法是"无"。对于实验室比对数据,本字段请输入分析日期。
	UTC_start_time 注意:对于 Intercomparison 数据,可以留空	以世界标准时(UTC)采集样品的开始时间。单位是 hh:mm(ISO-8601 标准)。测量和检测限的方法是"无"。
	UTC_end_date 注意:对于 Intercomparison 数据,可以留空	以世界标准时(UTC)采集样品的结束日期。单位是 yyyy-mm-dd(ISO-8601 标准)。测量和检测限的方法是"无"。对于实验室比对数据,本字段请输入分析日期。
	UTC_end_time 注意:对于 Intercomparison 数据,可以留空	以世界标准时(UTC)采集样品的结束时间。单位是 hh:mm(ISO-8601 标准)。测量和检测限的方法是"无"。
	Precipitation_Type* 降水类型	采集的降水类型。如果在采样期间没有发生降水,则选择"无降水发生"。完整的响应列表,请参阅降水类型表 F.1。这是必填栏。
#OTHER_WET_ION_DATA	Sample_Quality* 样品质量	由台站观测员确定的总体样品的质量。当没有观察到任何问题时,从关联的选择列表中选择"清洁透明"。完整的响应列表,请参阅样品质量表 F.2。这是必填栏。
	Laboratory Comment* 实验室注释	这个字段为实验室的技术人员提供了在样品到达后对样品状况进行评论的机会。完整的响应列表,请参阅实验室注释表 F.3。如果技术人员没有发现任何错误,则该字段可以留空。
	Unusual_Occurances* 异常事件	这一列包含了可能会或可能不会影响样品质量的异常事件的列表。完整的响应列表,请参阅异常事件表 F.4。如果台站观测员注意到其中一个事件已发生,则从列表中选择它。否则,这个字段可以留空。
	Standardgauge 雨量	由标准雨量计或雪量计记录的雨量。单位为毫米。
	Standardgauge Flag 雨量质量标识	数据质量标识。
	SampleQuantity 采样量	采样器采集的降水量。单位是升。测量方法可以是质量或体积。
	SampleQuantity Flag 采样量质量标识	数据质量标识。
	Alkalinity	碱度单位,测量方法和检测限。
	Alkalinity Flag	数据质量标识。
	Br	溴离子(Br^-)单位,测量方法和检测限。

续表

结构名称	字段名称	描述
#OTHER_WET_ION_DATA	Br Flag	数据质量标识。
	HCO_3	碳酸氢盐单位，测量方法和检测限。
	HCO_3 Flag	数据质量标识。
	H	氢离子(H^+)单位，测量方法和检测限。
	H Flag	数据质量标识。
	I	碘离子(I^-)碱度单位，测量方法和检测限。
	I Flag	数据质量标识。
	NO_2	亚硝酸盐(NO_2^-)单位，测量方法和检测限。
	NO_2 Flag	数据质量标识。
	PO_4	正磷酸盐(PO_4^{3-})单位，测量方法和检测限。
	PO_4 Flag	数据质量标识。
	S	硫元素单位，测量方法和检测限。
	S Flag	数据质量标识。
	Strong Acids	强酸单位，测量方法和检测限。
	Strong Acids Flag	数据质量标识。
#WET_ORGANIC_DATA		字段名称列表后面的三行，提供了从第四行开始的实际数据属性的元数据。第一行给出了测量单位；第二行给出了测量方法，第三行给出了检测限。#SAMPLE_DATA 结构取决于#CONTENT 结构中类别字段的编码。这个版本的#SAMPLE_DATA 结构将用于 Wet_Organic _Chemistry。
	Sample_id 样品标识符	样品标识符。允许使用字母数字字符的任意组合。唯一的要求是每个样本必须具有唯一标识符。代码“字母数字”代表测量单位，代码“无”代表测量方法和检测限。
	LST_start_date 开始日期	以本地标准时间(LST)采集样品的开始日期。单位是 yyyy-mm-dd (ISO-8601 标准)。测量和检测限的方法是“无”。对于实验室比对数据，本字段请输入分析日期。
	LST_start_time 注意：对于 Intercomparison 数据，可以留空	以本地标准时间(LST)采集样品的开始时间。单位是 hh:mm(ISO-8601 标准)。测量和检测限的方法是“无”。
	LST_end_date 注意：对于 Intercomparison 数据，可以留空	以本地标准时间(LST)采集样品的结束日期。单位是 yyyy-mm-dd (ISO-8601 标准)。测量和检测限的方法是“无”。对于实验室比对数据，本字段请输入分析日期。
	LST_end_time 注意：对于 Intercomparison 数据，可以留空	以本地标准时间(LST)采集样品的结束时间。量单位是 hh:mm (ISO-8601 标准)。测量和检测限的方法是“无”。

续表

结构名称	字段名称	描述
	Time_zone* 注意：对于 Intercomparison 数据，可以留空	采样器所在的时区。此字段指明本地标准时间和世界标准时(UTC)之间的时差。有关允许的代码列表，请参阅时区表 F.8。
	UTC_start_date 注意：对于 Intercomparison 数据，可以留空	以世界标准时(UTC)采集样品的开始日期。单位是 yyyy-mm-dd(ISO-8601 标准)。测量和检测限的方法是"无"。对于实验室比对数据，本字段请输入分析日期。
	UTC_start_time 注意：对于 Intercomparison 数据，可以留空	以世界标准时(UTC)采集样品的开始时间。单位是 hh:mm(ISO-8601 标准)。测量和检测限的方法是"无"。
	UTC_end_date 注意：对于 Intercomparison 数据，可以留空	以世界标准时(UTC)采集样品的结束日期。单位是 yyyy-mm-dd(ISO-8601 标准)。测量和检测限的方法是"无"。对于实验室比对数据，本字段请输入分析日期。
	UTC_end_time 注意：对于 Intercomparison 数据，可以留空	以世界标准时(UTC)采集样品的结束时间。单位是 hh:mm(ISO-8601 标准)。测量和检测限的方法是"无"。
#WET_ORGANIC_DATA	Precipitation_Type* 降水类型	采集的降水类型。如果在采样期间没有发生降水，则选择"无降水发生"。完整的响应列表，请参阅降水类型表 F.1。这是必填栏。
	Sample_Quality* 样品质量	由台站观测员确定的总体样品的质量。当没有观察到任何问题时，从关联的选择列表中选择"清洁透明"。完整的响应列表，请参阅样品质量表 F.2。这是必填栏。
	Laboratory Comment* 实验室注释	这个字段为实验室的技术人员提供了在样品到达后对样品状况进行评论的机会。完整的响应列表，请参阅实验室注释表 F.3。如果技术人员没有发现任何错误，则该字段可以留空。
	Unusual_Occurances* 异常事件	这一列包含了可能会或可能不会影响样品质量的异常事件的列表。完整的响应列表，请参阅异常事件表 F.4。如果台站观测员注意到其中一个事件已发生，则从列表中选择它。否则，这个字段可以留空。
	Standardgauge 雨量	由标准雨量计或雪量计记录的雨量。单位为 mm。
	Standardgauge Flag 雨量质量标识	数据质量标识。
	SampleQuantity 采样量	采样器采集的降水量。单位将是 L。测量方法可以是质量或体积。
	SampleQuantity Flag 采样量质量标识	数据质量标识。

续表

结构名称	字段名称	描述
#WET_ORGANIC_DATA	HCOO	甲酸盐($HCOO^-$)单位,测量方法和检测限。
	HCOO Flag	数据质量标识。
	CH_3COO	乙酸盐(CH_3COO^-)单位,测量方法和检测限。
	CH_3COO Flag	数据质量标识。
	C_2H_5COO	丙酸盐($C_2H_5COO^-$)单位,测量方法和检测限。
	C_2H_5COO Flag	数据质量标识。

F.4　质量控制信息表

表 F.1　降水类型

降水类型	描述	建议的数据标识
无降水发生	采样期间没有发生降水	M1
雨	采样器采集的降雨	见说明 *
雪	采样器收集的降雪	见说明 *
冻雨	采样器采集的冻雨	见说明 *
混合	采集到的各种类型降水的混合	见说明 *
露	采样器内形成的露	见说明 *
霜	采样器内形成的霜	见说明 *
不确定性降水	存在于采样器中的样品,但无法确定原始降水的类型。例如,风吹的雪可能进入采样器	V6
样品缺失	已知有降水发生,但在采样器中没有发现样品	M1
QC 样品	这是质量控制测试样品。它用于识别 WMO/GAW 实验室比对样品	见说明 *

Precipitation_Occurred 字段是必填字段。这对于确定数据的完整性是必要的。如果没有降水发生,则在#Sample_Data 结构中编码记录,1)测量参数全部设置为缺失;2)Precipitation_Occurred 字段编码为没有降水发生;3)Sample_Quality 字段的编码为不适用的。

*注意:假设在样品分析过程中没有发现任何问题,那么标志应为 V0。如果发现问题,则选择最具描述性的标志。

表 F.2　样品质量

样品质量	描述	建议的数据标识
不适用的	提交 QC 样品时的编码	见说明 *
清澈透明	样品没有发现任何问题。这是默认代码	见说明 *

续表

样品质量	描述	建议的数据标识
污染的样品	台站观测员看到的明显的污染	如果样品被认为是污染的，则使用标志 M2 样品无效
总体样品	采样器出现部分故障。当没有降水发生时，采样器处于打开状态	V6
部分样品	部分降水事件被遗漏。这可能是由于设备故障造成的，或者在降水事件发生时可能已经更换了样品容器	V6
样品溢出或渗漏	样品在称重或确定其体积之前已经溢出或渗漏	V6
手动获取的样品	采集样品，但需要人工干预	V6
采样器故障	采样器出现故障，未采集到样品	M1
标准雨量计问题	标准雨量计表（雨量计或雪量计）无法正常运行。无法准确确定降水量	V6

通常，Sample_Quality 字段的输入，将从台站操作员完成的样品历史记录表单中获取。这是一个必填字段。

* 注意：假设在样品分析过程中没有发现问题，则代码标志为 V0。如果发现问题，则选择最具描述性的标志。

表 F.3　实验室注释

实验室注释	描述	建议的数据标识
在运输中渗漏	样品从容器中泄漏，剩余的量不足以进行分析	M1
等分试样 渗漏-样品完好	在样品运送到实验室时，有些但不是所有的等分试样渗漏了。那些没有受到参漏的等分试样足以进行分析	见说明 *
样品量不足	样品量太小，无法进行完整的分析	V0 表示已分析的参数，M1 表示未分析的参数
太过污染了而不能进行分析	样品在台站采集或运送到实验室时受到污染。污染完全破坏了样品	M2
样品缺失	采集了样品，但未能送到实验室。假设样本丢失了	M1
超出保存时间	在建议的保存时间期限结束后分析样品。否则，样品符合质量控制标准	V6
样品未保存	对于那些需要保存样品的方案，这个样品未正确保存。否则，样品符合质量控制标准	V6
稀释样品用于分析	为了完成分析，必须稀释样品以增加样品量	见说明 *

除现场操作员的评估外。实验室注释字段为分析实验室的技术人员提供了评估样品质量的机会，但是，如果样本的分析是标准的，则此字段可以留空。

* 注意：假设在样品分析过程中没有发现问题，则代码标志为 V0。如果发现问题，则选择最具描述性的标志。

表 F.4　异常事件

异常事件	描述	建议的数据标识
粉尘	现场有大量的空气尘埃	V5
破坏性耕作	附近农场正在其农田或土地上进行耕种、喷洒或施肥	V5
施工	在现场或附近有施工活动	V5
烟雾	现场有大量的烟雾	V5
飞灰	现场有大量的灰烬	V5
气味	现场有异常的气味或臭味	V6
恶劣天气	站点经历了恶劣天气，如飓风、龙卷、强雷暴或冰雹。采样器可能已受到影响	V6
火山活动	附近的火山活动可能影响到了样品	V5
地震活动	附近的地震活动可能影响到了采样器	V6
采集到风吹雪	采集到了风吹雪，已经由观测员进行了证实	V6

F.5　元数据表

表 F.5　单位

单位	说明
mm	毫米
pH 单位	pH 单位
$mS \cdot cm^{-1}$	毫西门子每厘米
$\mu S \cdot cm^{-1}$	微西门子每厘米
$\mu mol \cdot L^{-1}$	微摩尔每升
$mg \cdot L^{-1}$	毫克每升
$\mu g \cdot L^{-1}$	微克每升
$\mu e \cdot L^{-1}$	微当量每升
g	克
L	升

备注：
当“μ”字符不可用时，可以用“u”字符或“micro”进行替换。

当数据库系统识别所有上述单位的编码时，报告的值将被转换为使用标准化的单位，然后将它们保留在数据库中。标准化单位为：

pH 单位　　　　用于 pH 测量
$mg \cdot L^{-1}$　　　　用于离子和痕量金属浓度
$\mu e \cdot L^{-1}$　　　　用于酸度和碱度测量
$\mu S \cdot cm^{-1}$　　　　用于电导率测量

表 F.6　方法

方法名称	方法说明
AC	自动比色法
Acid Titration	酸滴定法
Alimarine	海藻酸钠比色法
Alkaline Titration	碱滴定法
CE	毛细管电泳
Chronovoltamper	计时伏安法
Conductivity Cell	电导池
Conductometric	电导滴定
Coulometric	库仑滴定
EDTA	EDTA 滴定
FAAS	火焰原子吸收分光光度法
FES	火焰发射分光光度法
FIS	流动注射分析
Flameless AA	无焰原子吸收分光光度法
GFAA	石墨炉原子吸收分光光度法
Glass Electrode	玻璃电极
Greiss	镉还原格里斯试剂法
$Hg(CNS)_2$	$Hg(CNS)_2$ 滴定法
$Hg(NO_3)_2$	$Hg(NO_3)_2$ 滴定法
Hydrazine	肼还原法
IC	离子色谱法
ICP-AES	电感耦合等离子体原子发射光谱法
ICP-MS	电感耦合等离子体/质谱
INAA	仪器中子活化分析
IS	靛酚分光光度法
ISE	离子选择电极(特定离子电极)
IVA	同位素稀释(IVA)
Mass	重量分析法
NEDA1	NEDA1 比色法
Nessler's Reagent	奈斯勒的试剂
Photometric Titration	光度滴定
PIXE	质子诱导 X 射线发射
Potentiometric	电位法

续表

方法名称	方法说明
Scale	雨量计尺
Sodium Phenolate/Hypochlorite	苯酚钠/次氯酸钠法
Spectrophotometer(UV Visible)	分光光度法(紫外/可见光)
Thorin	钍试剂法
Tipping Bucket	翻斗式雨量计
Turbidimetric	浊度法
UV	紫外线
Volume	容量法
Weighing Gauge	称重式雨量计
XRF	X 射线荧光光谱法

表 F.7　数据质量标识

标识码	标识含义*
V0	有效值
V1	有效值,但低于检测限
V2	WDCPC 未使用
V3	WDCPC 未使用
V4	有效值,尽管未能满足某些 QC 或统计标准
V5	有效值,但由于合理的污染而合格(例如,污染源)
V6	有效值,但由于非标准采样条件而合格(例如,仪器)
V7	有效值,但低于检测限并设置为等于检测限
M1	缺失值,因为没有可用的值
M2	缺失值,因为数据提交者标记为无效
H1	尚未评估或验证的历史数据

* 取自 Sukloff(2001)。

表 F.8　时区

使用这些时区代码确定本地标准时间与世界标准时(UTC)之间的时差。

时区代码	UTC 时差	时区描述
UTC−12	−12	
NT	−11	诺姆
AHST	−10	阿拉斯加和夏威夷标准
HST	−10	夏威夷标准
CAT	−9	阿拉斯加中部

续表

时区代码	UTC 时差	时区描述
PST	−8	北美太平洋标准
MST	−7	北美山地标准
CST	−6	北美中部标准
EST	−5	北美东部标准
AST	−4	北美大西洋标准
UTC−3	−3	巴西,大西洋中部
AT	−2	亚速尔群岛
WAT	−1	西非(非洲西部)
GMT	0	格林威治平均时
WET	0	西欧时间,摩洛哥
UTC	0	世界标准时,协调世界时
CET	+1	中欧时间,安哥拉,利比亚
EET	+2	东欧时间,加里宁格勒(俄罗斯 1 区),南非
MSK	+3	莫斯科时间(俄罗斯 2 区),沙特阿拉伯,肯尼亚
BT	+3	巴格达时间
UTC+3.5	+3.5	伊朗
UTC+4	+4	俄罗斯 3 区,印度洋时间,留尼旺岛
IST	+4.5	印度标准
UTC+5	+5	俄罗斯 4 区,巴基斯坦,中印度洋
MAWT	+6	莫森,俄罗斯 5 区
UTC+6.5	+6.5	东印度洋群岛
WAST	+7	西澳大利亚标准,俄罗斯 6 区
CCT	+8	中国海岸,俄罗斯 7 区
JST	+9	日本标准,韩国,俄罗斯 8 区
ACST	+9.5	澳大利亚中部标准
AEST	+10	澳大利亚东部标准,俄罗斯 9 区
GST	+10	关岛标准
UTC+11	+11	俄罗斯 10 区
UTC+11.5	+11.5	诺福克岛
NZST	+12	新西兰标准,俄罗斯 11 区
UTC+12.75	+12.75	查塔姆群岛

表 F.9 实验室间比对

使用这些值作为实验室间比对编号字段的输入。

37th-2007O	27th-2002O	17th-1994
36th-2007A	26th-2002A	16th-1993
35th-2006O	25th-2001O	15th-1992
34th-2006A	24th-2001A	14th-1991
33rd-2005O	23rd-2000	13th-1990
32nd-2005A	22nd-1999	12th-1989
31st-2004O	21st-1998	11th-1988
30th-2004A	20th-1997	10th-1987
29th-2003O	19th-1996	9th-1986
28th-2003A	18th-1995	8th-1985

注:2001 年之前的实验室比对是每年进行的。从 2001 年开始,比对改为每半年进行一次,样品在 4 月和 10 月送到实验室。

参考文献

Hare E W, Carty E J, 1999. WMO/GAW Programme: Recommendations for a Harmonised, Metadata Header for Data File Submissions to the WMO World Data Centres [Z]. Meteorological Service of Canada.

Sukloff W,2001. The NARSTO Data Exchange Template[M]. Meteorological Service of Canada.

附录 G　GAW 降水化学计划的实验室和台站注册登记表格

本附录包含两种表格。

1)WMO/GAW 降水化学实验室注册登记表。该表格用于向美洲 QA/SAC 注册新的实验室和降水化学观测网络,或更新观测计划中已有的实验室或观测网络信息。

2)WMO/GAW 降水化学台站注册登记表。该表格用于向美洲 QA/SAC 注册新的降水化学台站或更新已有台站的信息。WMO/GAW 主要关注具有全球或区域代表性的数据。请不要注册仅具有局地代表性的台站。

世界气象组织/全球大气观测
降水化学实验室注册登记表

该表格用于向美洲 QA /SAC 注册新的实验室和降水化学观测网络，或更新计划中已有实验室的信息。更新时，**必须填写实验室编号**。如果它们没有变化，可将字段留空。

请打印或填入信息。

1. **实验室编号**(如果知道)：

7	0	0			

2. **主要联系人**(请使用大写字母输入姓氏或姓氏)

圈选一个：博士　　先生　　夫人　　女士

姓　　名：________________

____

职务职称：________________

3a. **机构名称**(英文填写)

3b. **机构名称**(当地语言填写)

4a. **地址**(英文填写)(请用街道地址，不要使用信箱)

4b. **地址**(当地语言填写)(请用街道地址，不要使用信箱)

5a. **国家**(英文填写)

5b. **国家**(当地语言填写)

6. **电话号码**

7. **传真号码**

8. **电子邮箱地址**

9. **测量要素**

圈选一项：

主要离子(包括 pH 和电导率)

痕量金属

有机酸

干沉降

10. **网站网址**

11. **其他联系人**(列出实验室的其他联系人，包括职务职称、传真号码和电子邮件地址。如果需要，可以在背面填写。)

将完成后的表格发送到：

QA/SAC Americas
Atmospheric Sciences Research Centre
251 Fuller Road
Albany，NY 12203 USA

Fax：+1 518 437 8758
email：asac@qasac-americas. org

Version 2003-04-11

世界气象组织/全球大气观测 降水化学台站注册登记表

该表格用于向美洲 QA /SAC 注册新的降水化学台站，或更新计划中已有台站的信息。更新时，**必须填写台站编号**。如果它们没有变化，可将字段留空。如果有多个台站，则每个台站均需要填写一张表格。请打印或填入信息。

1a. 台站名称

____

1b. 台站编号(如果知道)

									Q	0	8

2. 是运行中的 GAW 台站吗？ 圈选一项：

是　　不是

之前状况(解释)

3. GAWSIS 号码

(为 QA/SAC 使用)

4. 实验室(分析台站样品的实验室)

实验室编号　　　　实验室名称

7	0	0			

5. 台站纬度(南纬度用负值表示)

\+/－　　(用小数点表示)

6. 台站经度(西经用负值表示)

\+/－　　(用小数点表示)

7. 台站海拔高度

(单位为米)

____

* 注意：纬度和经度是以降水采样器为中心的台站的坐标。

8. 台站开始运行的时间

y y y y － m m － d d

9. 台站停止运行的时间(如果台站还在运行，留空)

y y y y － m m － d d

10. 主要气候

圈选一项：

温和湿润

温和干旱

热带

沙漠

其他(解释)

11. 台站 100 公里内是否有海洋？ 圈选一项：

是　　否

12. 降水的典型 pH 值？ 圈选一项：

酸性(pH＜5)

碱性(pH＞7)

中性(5＜pH＜7)

13. 台站代表性(见 GAW 降水化学计划手册第 2 章的完整定义)圈选择一项：

全球尺度(位于偏远地区，不受局地或区域的污染、火山爆发、火灾、沙尘等影响)

区域尺度(位于远离大型人口中心和工业活动的乡村地区)

14. 评论和偏离选址标准(参见 GAW 降水化学计划手册第 2 章中的标准)(如果需要更多空间，可在背面继续填写)

将完成后的表格发送到：

QA/SAC Americas
Atmospheric Sciences Research Centre
251 Fuller Road
Albany, NY 12203 USA

Fax：+1 518 437 8758
email：asac@qasac-americas.org

Version 2003-04-11

附录 H　WDCPC 非海盐硫酸盐修正算法

H.1　概述

受海洋气团的影响，台站采集的降水样品可能含有来自海洋和非海洋源区的硫。Keene 等(1986)和 Hawley 等(1988)指出长期的海洋盐度稳定到足以估算海盐硫酸盐(SS)和非海盐硫酸盐(NSS)，主要基于海水中钠和镁的质量浓度作为参考①。算法与 WDCPC 已经应用的海盐示踪物的算法一致，用以估算 SS 和 NSS 硫酸盐对湿沉降样品的贡献。

该算法采用一系列级联范围测试，将样品的离子比与海水的离子比进行比较。根据钠、镁或氯化物三种离子中哪一个具有最佳的校正方法，相应地选用以下公式之一：

$[NSS\_SO_4]=[SO_4]-(0.25\times[Na])$ 或

$[NSS\_SO_4]=[SO_4]-(2.09\times[Mg])$ 或

$[NSS\_SO_4]=[SO_4]-(0.14\times[Cl])$

注意：通常使用钠作为示踪物。因为它是非保守物质，只有当钠和镁样品浓度不可用时才使用氯示踪物。常数是硫酸盐与示踪物质的海水比(Keene et al.,1986)。

算法不会改变硫酸盐测量的浓度值。相反，连同测量的总硫酸盐硫浓度 SO4_S，算法在 WDCPC 数据库中创建并存储三个生成值：

1)计算的 NSS 硫成分(变量 XSO4_S)；

2)NSS 估算方法代码(变量 XSO4MET)；

3)计算的具有低于检测限标志的 NSS 硫组分(变量 XSO4_SB)。

为了从原始样品中测量的硫浓度获得 SS 硫，数据用户需要从原始样品总 SO4_S 测量值中减去 NSS 的量。

在算法完成执行之前，检查$[NSS_SO_4]$的负值。负值表示方法的精密度不够，不足以表明存在非海盐硫酸盐。如果$[NSS_SO_4]$出现负值，则将其替换为+0.00。

H.2　定义

所有浓度的单位为 $mg\cdot L^{-1}$。

NSS 估算方法代码(xso4met)：

1：基于[na]的计算；

---

① 两篇文献的作者都对降水中的海盐成分做出了两个重要的假设：1)在气团形成或沉降过程中不发生分离，2)样品中发现的保守参考物质仅由海盐组成。由于这两种假设，钠和镁作为海盐的示踪物比氯化物更合适。

2：基于[mg]的计算；
3：基于[cl]的计算；
4：[NSS_SO_4]设置为[so4]，因为[so4]是 BDL；
5：[NSS_SO_4]设置为缺失，因为所有示踪物离子都缺失①；
6：[NSS_SO_4]设置为缺失，因为缺少[so4]；
7：[NSS_SO_4]设置为[so4]，因为所有示踪物离子都是 BDL；
8：[NSS_SO_4]设置为[so4]，因为异常或非标准条件；
9：[NSS_SO_4]设置为[so4]，因为台站距离海洋不在 100 km 范围内。
NSS 低于检测限(BDL)标志(xso4_sb)：
0：[NSS_SO_4]高于检测限；
1：[NSS_SO_4]是 BDL，但为正值；
2：当初始计算浓度为负值时，[NSS_SO_4]设置为＋0.00。

H.3 详细的伪代码

将硫酸盐转换为硫，硫酸盐[so4_s]转化为[so4]/ ＊数据库将硫酸盐储存为硫，而不是硫酸盐＊ /。

假设[NSS_SO4]不是 BDL。(xso4b＝0)

以下常数是根据硫酸盐及其潜在示踪物的海水浓度确定的($mg \cdot L^{-1}$)：

```
so4_sw＝2700—海水中硫酸盐的浓度
mg_sw＝1290—海水中镁的浓度
na_sw＝10800—海水中钠的浓度
cl_sw＝19374—海水中氯化物的浓度
na_corr＝so4_sw/na_sw；—海水硫酸盐的钠校正因子＝0.25
mg_corr＝so4_sw/mg_sw；—海水硫酸盐的镁校正因子＝2.09
cl_corr＝so4_sw/cl_sw；—海水硫酸盐的氯化物校正因子＝0.14
IF  该站不在海洋 100 km 范围内，THEN  DO
    不要计算海盐分数，但是设置 xso4＝so4
    设置 xso4met＝9   /＊台站不在 100 km ＊/
    END  IF
ELSEIF(不是海洋衍生盐)OR(发生恶劣天气)THEN  DO
    不计算海盐分数，但设置 xso4＝so4
    设置 xso4met＝8   /＊非标准条件＊/
    END  ELSEIF
ELSE  DO/＊在标准条件下处理 100 km 以内的站点＊/
    CASE 当硫酸盐浓度缺失时  DO
      设置 xso4met＝6   /＊ 硫酸盐缺失＊/
```

① 此外，当至少一个示踪物缺失而其他示踪物全部是 BDL 时，xso4net 设为 5 且[NSS_SO_4]设置为缺失。

```
    设置 xso4 =  '缺失'值；
    END CASE
  CASE  当硫酸盐浓度为 BDL 时 DO
    设置 xso4met=4   / * 硫酸盐是 BDL * /
    设置 xso4b=1   / * NSS 是 BDL * /
    设置 xso4=[so4]   / * 假设所有的硫酸盐都是 NSS * /
    END  CASE
  CASE 当[cl]不是(缺失或 BDL)AND
         [mg]不是(缺失或 BDL)AND
         [na]不是(缺失或 BDL)DO
```

计算样品中示踪物离子与海水中示踪物离子的比率。当 mg 与 na 的比率(比率 A)接近 1 时，选择 na 校正因子。当 A 不是接近于 1 时，则在下一种情况比较绝对值时，会影响 na 与 cl 的比率(比率 B)或 mg 与 cl 的比率(比率 C)接近 1 的选择。

```
      A=([mg]/[na])/(mg_sw/na_sw)
      B=([na]/[cl])/(na_sw/cl_sw)
      C=([mg]/[cl])/(mg_sw/cl_sw)
      CASE 当(0.75<= A<= 1.25)DO
            设置 xso4=[so4]-na_corr[na]
            设置 xso4met=1
            END Case
      CASE 当(ABS(B-1)<ABS(C-1))DO
            设置 xso4=[so4]-na_corr[na]
            设置 xso4met=1
            END Case
      OTHERWISE DO
            设置 xso4=[so4]-mg_corr[mg]
            设置 xso4met=2
            END Otherwise
      END Case
```

如果这些 CASE 语句已达到目标，则至少有一个示踪物离子 na、mg 或 cl 是缺失的或低于检测限。按照 na、mg 和 cl 的顺序检查每个示踪物，并选择第一个高于检测限的非缺失值的示踪物。

```
CASE  当 [na] 不是(缺失或 BDL)DO
    设置 xso4=[so4]-na_corr[na]
    设置 xso4met=1
    END Case
CASE  当 [mg] 不是(缺失或 BDL)DO
    设置 xso4=[so4] - mg_corr[mg]
    设置 xso4met=2
    END Case
CASE  当 [cl] 不是(缺失或 BDL)DO
```

```
        设置 xso4=[so4] - cl_corr[cl]
        设置 xso4met=3
        END Case
  OTHERWISE DO   /* [na]、[mg]和[cl]都是缺失或 BDL */
            IF [na]、[mg]和[cl]都是 BDL THEN DO
                  /* SS部分可视为忽略不计 */
            设置 xso4met=7
            设置 xso4=[so4]   /* 假设所有的硫酸盐是 NSS */
            END If
        ELSE DO   /* 至少一个示踪物缺失而其他的全是 BDL */
            设置 xso4met=5
            设置 xso4='缺失值'/* NSS 无法确定 */
            END Else
        END Otherwise
  END Else
```

检查公式是否产生了负的 NSS 值。如果是,则将其设置为 0.01。

(在将硫酸盐转化为硫并修约,NSS 值,xso4_s 变为 0.00)。

```
IF xso4met<4 THEN      /* 是否选择了 NSS 估算公式之一? */
   IF xso4<=0 THEN DO
      xso4=0.01
      xso4b=2
      END IF
将 xso4 转换为 xso4_s   /* 将硫酸盐转换为硫 */
修约 xso4_s 至百分之一
设置 xso4_sb=xso4b
/* 算法结束 */
```

注意:在 WDCPC 中,此算法以 SAS 数据语言实现。SAS 按顺序逐步执行 CASE 结构,并执行第一个满足条件的 CASE 语句。其后相同选择结构中的 CASE 语句,无论是否满足其条件,都会被忽略。

参考文献

Keene W C, Pszenny A A P, Galloway J N, et al, 1986. Sea-salt corrections and interpretation of constitutent ratios in marine precipitation[J]. J Geophys Res, 91(D6): 6647-6658.

Hawley M E, Galloway J N, Keene W C, 1988. Standard error calculations for non-sea salt constituents in marine precipitation[J]. Water, Air, and Soil Pollution, 42: 87-102.